DeepSeek实战

从提示词到部署和实践

张成文 编著

電子工業出版社
Publishing House of Electronics Industry
北京 · BEIJING

内 容 简 介

本书旨在提供一份全面、易懂的 DeepSeek 大模型实战内容，通过深入浅出的讲解，帮助读者快速掌握 DeepSeek 的核心技术和应用场景。本书不仅涵盖了 DeepSeek 的技术原理、架构设计和训练方法，还详细介绍了如何通过 API 调用、本地部署和云服务等方式将 DeepSeek 集成到实践项目中。此外，本书通过大量实例和案例分析，展示了 DeepSeek 在不同领域的应用实践，帮助读者更好地理解和应用这一强大的工具。

本书图文并茂，理论翔实，案例丰富，适合从事 DeepSeek 开发的科研人员以及广大的开发者作为技术参考和培训资料，亦可作为高校本科生和研究生的教材。

图书在版编目（CIP）数据

DeepSeek 实战 ： 从提示词到部署和实践 / 张成文编著. -- 北京 ： 电子工业出版社, 2025. 4. -- ISBN 978-7-121-50031-2

Ⅰ. TP18

中国国家版本馆 CIP 数据核字第 2025DL1656 号

责任编辑：章海涛　　　　文字编辑：纪　林
印　　刷：三河市良远印务有限公司
装　　订：三河市良远印务有限公司
出版发行：电子工业出版社
　　　　　北京市海淀区万寿路 173 信箱　　邮编：100036
开　　本：787×1 092　1/16　　印张：18.5　　字数：335 千字
版　　次：2025 年 4 月第 1 版
印　　次：2025 年 4 月第 1 次印刷
定　　价：68.00 元

凡所购买电子工业出版社图书有缺损问题，请向购买书店调换。若书店售缺，请与本社发行部联系，联系及邮购电话：（010）88254888，88258888。

质量投诉请发邮件至 zlts@phei.com.cn，盗版侵权举报请发邮件至 dbqq@phei.com.cn。

本书咨询联系方式：192910558（QQ 群）。

前　言

随着人工智能技术的飞速发展，大语言模型已经成为推动智能应用和创新的关键力量。从自然语言处理到多模态交互，从代码生成到复杂推理，大模型的应用场景不断拓展，深刻改变了我们生活和工作的方方面面。在这个浪潮中，DeepSeek（深度求索）作为国产开源大模型，凭借其卓越的技术创新和强大的性能，迅速成为全球人工智能领域的新焦点。

2025 年年初，DeepSeek-R1 的发布引发了广泛关注。这款模型不仅在技术上实现了突破性创新，更以其开源和高性价比，为中小企业和开发者提供了前所未有的机遇。DeepSeek 不仅挑战了传统科技巨头在大模型领域的主导地位，还为全球人工智能的发展注入了新的活力，它不仅是一个技术产品，更是一个推动创新、促进普惠的平台。

DeepSeek 的开源生态为开发者提供了广阔的创新空间。无论是个人用户还是中小企业，都可以通过 DeepSeek 实现高效的任务处理、智能内容生成和复杂问题解决。从智能客服到代码生成，从教育辅导到医疗辅助，DeepSeek 的应用场景广泛且多样，不仅提升了工作效率，还为用户带来了全新的交互体验。

在撰写本书的过程中，我们始终坚持以读者为中心，力求做到内容准确、通俗易懂。我们希望通过本书，让更多的读者能够快速上手 DeepSeek，掌握其核心技能，并将其应用到实际工作中。无论您是人工智能领域的初学者，还是希望提升工作效率的职场人士，或是对新技术充满好奇的爱好者，本书都将为您提供优质的知识和实用的指导。

随着人工智能技术的不断发展，DeepSeek 也将持续进化。我们希望本书能够成为您探索人工智能世界的起点，帮助您在未来的创新道路上迈出坚实的步伐。让我们一起迎接人工智能带来的无限可能，共同探索 DeepSeek 的广阔天地。

关于大模型技术的赋能方与大模型应用的业务方的融合方面的知识和资源，读者可以关注微信公众号“智源齐说”，该公众号分享了关于大模型人才培养、大模型应用产业融合等方面的内容。

本书主要内容

本书共 10 章。

其中，第 1 ~ 3 章为理论介绍部分。这部分阐释大模型的基础知识、DeepSeek 模型的创新点及应用场景，介绍 DeepSeek 的模型架构（包括混合专家模型 MoE、多头潜在注意力 MLA、多 Token 预测 MTP）、训练架构（包括 FP8 混合精度训练、DualPipe 算法、组相对策略优化 GRPO、知识蒸馏）。

第 4 章介绍如何写出高质量的提示词（包括提示词的设计技巧、企业层面的提示词应用场景）。

第 5 ~ 10 章介绍面向个人的 DeepSeek 模型部署（包括硬件需求与配置建议、软件环境安装与配置、使用 Web UI 构建对话界面）、面向企业的 DeepSeek API 调用和云服务部署（包括模型推理加速框架、常用 DeepSeek 云服务部署方式）、DeepSeek 的模型训练（包括 Unsloth 微调 DeepSeek 模型、TRL 训练 DeepSeek 模型）、RAG 实践（包括构建简单的本地 RAG 系统、开源 DeepSeek RAG 应用案例）、Agent 实践（包括构建简单的智能体应用、基于 Swarm 框架构建智能体应用、开源 Agent 应用框架）等内容。

特别说明：书中生成的内容为利用 DeepSeek 自动生成的，作为演示，未做修改。

本书的内容主要来自北京邮电大学 MAIR 团队的科研实践，参与编写的有 MAIR 团队的负责同学王轩以及 MAIR 团队的骨干成员张毅、王金浩、文怀斌等同学。

MAIR 团队还开发了与本教材配套的 DeepSeek 实训平台，读者可以与本书配套使用，开展实训练习。

在编写过程当中，难免出现纰漏，还请读者批评指正。

张成文

目　录

第 1 章　DeepSeek 初探 …… 1

1.1　大模型的定义 …… 2

1.2　从 GPT 到 DeepSeek …… 3

1.2.1　GPT 模型的发展脉络 …… 4

1.2.2　DeepSeek 模型的发展脉络 …… 7

1.2.3　技术突破：从全球竞速到本土创新 …… 10

1.2.4　应用生态的进化：从工具到生态伙伴 …… 11

1.3　DeepSeek 的核心能力和独特优势 …… 12

1.3.1　核心能力 …… 12

1.3.2　独特优势 …… 14

1.4　DeepSeek 的应用场景 …… 16

1.4.1　智能客服 …… 16

1.4.2　辅助办公 …… 18

1.4.3　智能家居 …… 20

1.4.4　医疗诊断 …… 21

1.4.5　教育学习 …… 22

1.4.6　金融投资 …… 24

1.4.7　智能政务 …… 24

1.5　DeepSeek 带来的机遇 …… 25

1.5.1　DeepSeek 模型带给个人的机遇 …… 26

1.5.2　DeepSeek 带给中小企业的机遇 …… 28

小结 …… 30

第 2 章　DeepSeek 的模型架构 …… 32

2.1　DeepSeek-V3/R1 模型的架构 …… 33

2.2　混合专家 …… 35

2.2.1 稠密 MoE 架构和稀疏 MoE 架构 …… 36
2.2.2 DeepSeekMoE …… 37
2.2.3 无辅助损耗负载均衡 …… 39
2.3 多头潜在注意力 …… 41
2.3.1 键值缓存简介 …… 41
2.3.2 RoPE 简介 …… 43
2.3.3 传统 MHA 的缓存机制的不足 …… 46
2.3.4 低秩键值联合压缩的注意力机制 …… 47
2.4 多 Token 预测 …… 52
2.4.1 块级并行解码策略 …… 53
2.4.2 Meta 的 MTP 方法 …… 53
2.4.3 DeepSeek 的 MTP 方法 …… 54
小结 …… 56

第 3 章 DeepSeek 的训练架构 …… 57

3.1 DeepSeek 的训练 …… 58
3.1.1 基础技术 …… 58
3.1.2 训练过程 …… 61
3.2 DeepSeek 在硬件层面的训练亮点 …… 62
3.2.1 FP8 混合精度训练 …… 62
3.2.2 DualPipe 算法 …… 63
3.3 DeepSeek 在算法层面的训练亮点 …… 66
3.3.1 组相对策略优化 …… 67
3.3.2 知识蒸馏 …… 69
3.4 DeepSeek 的数据优化手段 …… 70
小结 …… 72

第 4 章 高质量提示词 …… 74

4.1 提示词概述 …… 75
4.1.1 提示词的定义 …… 75

4.1.2 提示词的种类 ······76
4.2 新手常见误区和陷阱 ······77
4.3 提示词的设计技巧 ······79
4.3.1 STAR 法则：让问题更有条理 ······79
4.3.2 5W2H 法则：全面提问的利器 ······80
4.3.3 CO-STAR 框架：精准表达需求 ······82
4.3.4 CRISPE 框架：激发创意和拓展深度 ······85
4.3.5 BROKE 框架：目标导向和持续优化 ······86
4.3.6 借助大模型优化提示词 ······88
4.4 企业层面的提示词应用场景 ······92
4.4.1 传播策略制定 ······92
4.4.2 执行发展制定 ······93
4.4.3 品牌故事生成 ······94
4.4.4 产品定位 ······96
小结 ······97
第 5 章 面向个人的 DeepSeek 部署 ······98
5.1 DeepSeek 的模型 ······99
5.1.1 DeepSeek 模型的常见版本 ······99
5.1.2 DeepSeek 模型的版本说明 ······100
5.1.3 DeepSeek 模型的开源协议 ······101
5.2 硬件需求和配置建议 ······103
5.2.1 存储精度 ······103
5.2.2 显存占用估算 ······105
5.3 软件环境安装和配置 ······107
5.3.1 Ollama 安装 ······107
5.3.2 使用 Ollama 部署 DeepSeek 模型 ······111
5.3.3 Ollama 常用 API ······113
5.4 DeepSeek 模型下载和部署 ······121
5.4.1 Hugging Face 社区简介 ······121

5.4.2 模型下载 ……121
5.4.3 常见大模型文件类型 ……125
5.5 使用 Web UI 构建对话界面 ……126
5.5.1 Open-WebUI ……126
5.5.2 Hollama ……129
5.5.3 ChatBox ……132
小结 ……133

第 6 章 面向企业的 DeepSeek API 调用 ……135

6.1 API 调用的优势 ……136
6.2 常用 DeepSeek API 调用方式 ……137
6.2.1 DeepSeek 官方开放平台 ……137
6.2.2 DMXAPI ……144
小结 ……148

第 7 章 面向企业的 DeepSeek 云服务部署 ……149

7.1 本地部署与云服务部署的对比 ……150
7.1.1 本地部署的特点 ……150
7.1.2 云服务部署的特点 ……151
7.2 模型推理加速框架 ……152
7.2.1 推理加速框架的必要性 ……153
7.2.2 BladeLLM ……153
7.2.3 SGLang ……156
7.2.4 vLLM ……159
7.3 常用 DeepSeek 云服务部署方式 ……164
7.3.1 阿里云 ……164
7.3.2 腾讯云 ……171
7.3.3 华为云 ……176
7.3.4 火山引擎 ……181
7.3.5 AutoDL ……187

小结 198

第 8 章 DeepSeek 模型训练 199

8.1 常用训练框架 200

8.1.1 Unsloth 200

8.1.2 TRL 201

8.2 DeepSeek 模型的 SFT 训练 202

8.2.1 算力租用 202

8.2.2 模型下载和部署 204

8.2.3 数据预处理 207

8.2.4 模型训练 208

8.2.5 模型推理 210

8.3 DeepSeek 模型的 GRPO 训练 212

8.3.1 加载模型 212

8.3.2 配置 PEFT 模型 213

8.3.3 数据集准备 213

8.3.4 模型训练 216

8.3.5 模型推理 217

小结 219

第 9 章 DeepSeek 的 RAG 实战 220

9.1 用 LangChain 构建简单的 RAG 本地系统 221

9.1.1 RAG 管道构建 221

9.1.2 向量数据库构建 223

9.1.3 Web 页面启动 225

9.2 开源 DeepSeek RAG 应用案例 227

9.2.1 Local PDF Chat RAG 227

9.2.2 RAG Flow 231

小结 239

第 10 章 DeepSeek 的 Agent 实战 …… 241

10.1 基于 LlamaIndex 项目构建简单的智能体应用 …… 242

10.1.1 软件安装和模型下载 …… 243

10.1.2 构建本地知识库 …… 245

10.1.3 实现基于本地知识库的智能体问答 …… 246

10.2 基于 Swarm 框架构建智能体应用 …… 250

10.2.1 Swarm 框架介绍 …… 251

10.2.2 DeepSeek 模型接入 …… 253

10.2.3 调用外部工具 …… 255

10.3 开源 Agent 应用框架 …… 260

10.3.1 Browser Use …… 260

10.3.2 Camel …… 268

小结 …… 279

参考文献 …… 281

第 1 章

DeepSeek 初探

DeepSeek 高性能开源大模型的出现，为人工智能领域带来了显著的技术进步，为整个行业注入了新的活力。对于个人用户而言，掌握大模型的使用技能已经成为工作和学习的必备能力，能够显著提升效率，助力个人在竞争激烈的环境中脱颖而出。而对于中小企业来说，DeepSeek 以丰富的开源模型群和较低的部署推理成本，使得原本因高昂成本而望而却步的中小企业，也能够开始部署和训练自己的高性能大模型，从而在数字化转型的浪潮中找到属于自己的立足点。

DeepSeek 为中小企业使用大模型赋能自身业务带来了无限的商业潜力，成为推动创新和增长的重要工具，助力它们在市场中实现弯道超车。

在本章，我们将带领读者深入了解什么是大模型，探讨 DeepSeek 与之前的大模型相比有哪些独特之处，分析它的技术优势，并具体阐述它为个人和中小企业带来的机遇和变革。

1.1 大模型的定义 

大模型，是指具有大量参数（参数规模十亿及以上，如 DeepSeek-R1 模型的参数规模是 6710 亿）和复杂结构的经过海量数据预训练的人工智能模型。这类模型具备强大的多任务处理能力，如情感分析、文本摘要等，部分多模态大模型更是同时具有文本、图像和音频处理能力。

为了更好地理解大模型，我们首先需要了解什么是“模型”。在人工智能领域，“模型”是一个核心概念。简单来说，模型（Model）是对数据进行学习和训练后能够处理一定的下游任务的工具，能够根据输入的数据进行预测、分类、识别等任务。例如：

① 在图像识别任务中，模型可以分析用户输入的一张图片，判断照片中的事物是猫、狗，还是汽车、房子。

② 在自然语言处理任务中，模型可以理解一段文字，并根据用户的指令回答问题、翻译语言或生成摘要；而大模型是模型家族中的“顶尖选手”。

大模型的“大”主要体现在如下 2 方面：

① 训练数据规模庞大。大模型的训练数据量非常惊人，以 DeepSeek-R1 模型为例，

在第二个监督微调（Supervised Fine-Tuning，SFT）训练过程中使用了 60 万条与推理相关的样本和 20 万条与推理无关的写作、事实问答、自我认知和翻译数据。通过对这些数据的深入学习，模型能够挖掘出数据中的规律，从而不断提升自己的能力。

② 参数量巨大。大模型通常拥有数十亿甚至上万亿参数，一般，模型的参数越多，模型学到的知识就越丰富，处理复杂任务的能力也就越强。2020 年，OpenAI 的研究团队就已经发现大语言模型遵循着尺度定律（Scaling Law），简单来说，模型的最终性能主要与算力、模型参数量和数据量三者相关[1]。

而在训练数据方面，为了增强大模型的泛化能力，训练数据不仅在数量上极为庞大，更需要涵盖足够广泛的任务领域。以 DeepSeek 于 2023 年 11 月发布的 DeepSeek LLM 67B Base 模型为例，其训练数据量达到了 2 万亿 Token 的庞大数据集，而数据种类包含数字、代码、书籍等，庞大且多样的数据集造就了大模型强大的通用能力，能够有效处理各种任务。

Token 是大模型处理的最小单位或基本元素，是模型理解和生成的基础。Token 可以是一个单词、一个汉字、一个标点符号、一个子词片段，甚至是一个空格，具体取决于所使用的分词策略，也可以是图像中的一块儿。

在自然语言处理领域，早期的语言模型可能只有几百万个参数，虽然能处理一些简单的任务，但在理解复杂语义或生成长文本时往往力不从心。而如今的大语言模型，如 DeepSeek-R1、GPT-4 等，参数规模已经达到数千亿甚至上万亿。这些模型不仅能理解语言的语法和语义，还能捕捉上下文和情感倾向，从而给出更准确、更自然的回答。

1.2 从 GPT 到 DeepSeek

自 OpenAI 发布 GPT（Generative Pre-trained Transformer，生成式预训练转换器）系列模型以来，生成式人工智能开启了 AGI（Artificial General Intelligence，通用人工智能）的新纪元。

2022 年 11 月，OpenAI 发布了 ChatGPT，该模型能够根据用户的指令生成流畅、连贯且符合用户需求的文本，几乎可以媲美人类的写作水平，引发了第一次大语言模型应用与研究热潮。2023 年 3 月至 2024 年 5 月，OpenAI 相继发布 GPT-4、GPT-4V（ision）

和 GPT-4o 模型，凭借其强大的多模态处理能力和自然语言生成水平，重塑了人们对人工智能潜力的认知。然而，其高昂的训练成本和封闭的生态模式逐渐显露出技术普惠化的瓶颈。在此背景下，我国的 DeepSeek 以“高性价比”和“高性能开源模型”为核心竞争力，成为全球大模型竞争中的一匹黑马。

DeepSeek 的崛起得益于其在模型架构、训练策略方面的创新。不同于以往稠密架构的大语言模型，DeepSeek 使用 MoE（Mixture of Experts，混合专家）架构，通过动态激活部分参数实现高效推理，资源利用率显著优于传统稠密架构的大语言模型；而在训练策略方面，DeepSeek 提出了组相对策略优化（Group Relative Policy Optimization，GRPO）、四阶段的强化学习训练过程、多 Token 预测（Multi-Token Prediction，MTP）等方法，在显著降低训练所需资源的同时，提高模型表现。

从 GPT 到 DeepSeek 的演进历程是人类在 AGI 探索道路上的一次范式突破。这场持续的技术进化正在重塑知识生产的底层逻辑，构建起人机协作的全新篇章。为方便读者了解 GPT 系列模型和 DeepSeek 系列模型的发展脉络，绘制了图 1-1，供读者参考。

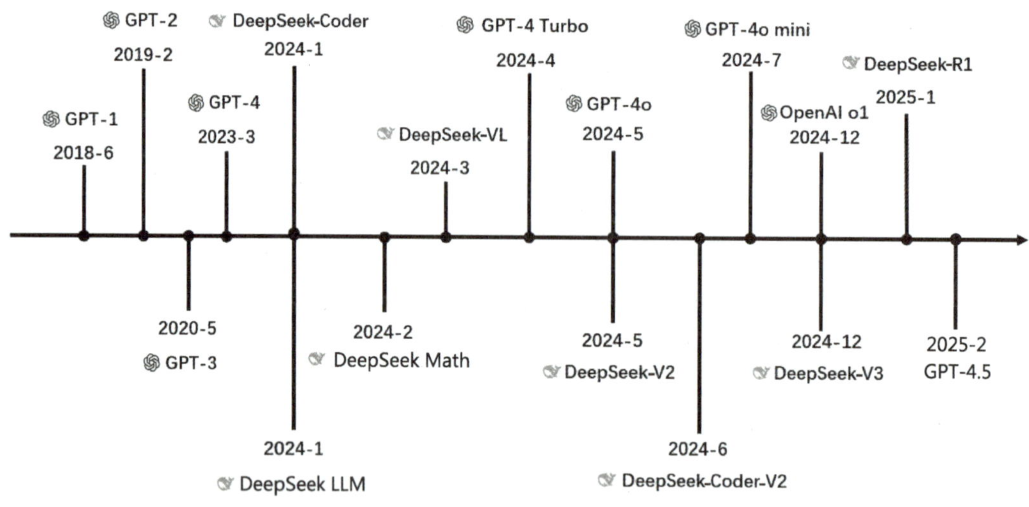

图 1-1　GPT 系列模型与 DeepSeek 系列模型的发展脉络

1.2.1　GPT 模型的发展脉络

自 2018 年以来，OpenAI 推出的 GPT 系列模型不断刷新人们对人工智能的认知，推动了大模型技术的快速发展。从最初的 GPT-1 到 GPT-4.5，每一代模型都在参数规模、任务处理能力和应用场景上实现了显著突破。下面将详细介绍 GPT 系列模型的演进历程，帮助大家更好地了解大模型的发展脉络。

1. GPT-1：大模型的起点

2018 年 6 月，OpenAI 推出了 GPT-1，这是 GPT 系列的开山之作。GPT-1 采用了 Transformer 架构中的 Decoder（Transformer 架构分为 Decoder 和 Encoder 两部分，即编码器和解码器）部分，拥有 1.17 亿个参数。GPT-1 通过无监督学习的方式预测下一个单词来学习语言模式。尽管参数规模相对现在的大模型小了许多，但是 GPT-1 在文本生成、阅读理解等基础自然语言处理任务上取得了初步成果，为后续研究奠定了基础。

2. GPT-2：泛化能力的突破

2019 年 2 月，GPT-2 问世，参数规模达到 15 亿。GPT-2 在更大规模的数据集上训练，展现出了更强的泛化能力，能够生成更长、更连贯的文本，并且在多种自然语言处理任务上无须微调就能表现出色。GPT-2 的成功进一步证明了大模型在语言理解和生成方面的潜力。

3. GPT-3：规模和性能的飞跃

2020 年 5 月，GPT-3 以 1750 亿的庞大参数数量震惊了人工智能研究领域。GPT-3 在海量的互联网文本数据上进行训练，具备了强大的语言理解和生成能力，在文本生成、问答、翻译等任务中表现出色，甚至能够根据简单的提示生成高质量的文本内容，许多情况下难以与人类撰写的文本区分开来。其衍生模型，如 Instruct GPT 和 ChatGPT，更是创新性地采用了 RLHF（Reinforcement Learning from Human Feedback，基于人类反馈的强化学习）技术，有效降低了模型输出内容的有害性。GPT-3 的发布标志着大模型技术进入了一个新的高度。

4. GPT-4：多模态时代的开启

2023 年 3 月，GPT-4 实现了从单模态到多模态的重要跨越，不仅能处理文本，还能接收图像输入并生成文本回复。GPT-4 在回答准确性、推理能力和处理复杂任务方面相比 GPT-3 有了显著提升，在考试、专业任务等场景中的表现更加接近人类水平。

5. GPT-4 Turbo：开发者友好的升级

2024 年 4 月，OpenAI 推出了 GPT-4 Turbo。相比 GPT-4，GPT-4 Turbo 支持更长的上下文对话，运行成本更低，并新增了 JSON 模式、可复现输出、并行函数调用等功能。这些改进使开发者能够更灵活地调整模型输出，进一步降低了使用门槛。

上下文长度，是指模型在单次推理过程中可处理的全部 Token 序列的最大长度，如当用户打开开启新的 DeepSeek 会话，输入提示词后得到模型的输出结果，这就是一个单次推理过程。在这个简单的一来一回过程中，所有内容（输入+输出）的文字（Tokens）总和不能超过 64K（DeepSeek-R1 模型的上下文窗口长度为 64K，约 6 万多字）。

6. GPT-4o：多模态能力的全面拓展

2024 年 5 月，GPT-4o 的发布进一步拓展了 GPT-4 的能力边界，能够接收文本、音频和图像的组合输入，并生成文本、音频和图像的任意组合输出。GPT-4o 的反应速度极快，能在 232 ms 内对音频输入做出反应，处理速度比 GPT-4 Turbo 提升了 200%。此外，它支持 50 种语言，速率限制也提高了 5 倍，最高可达每分钟 1000 万个 Token。

7. GPT-4o mini：轻量化与便捷化

2024 年 7 月，GPT-4o mini 诞生。作为 GPT-4o 的简化版本，GPT-4o mini 在保持一定性能的同时，针对特定场景或用户对轻量化、便捷化的需求进行了优化。GPT-4o mini 进一步降低了大模型的使用门槛，能够更广泛地应用于多种场景。

8. OpenAI o1 模型：高效推理和多模态能力的新突破

2024 年 12 月，OpenAI 发布 OpenAI o1 模型。OpenAI o1 模型是 OpenAI 推出的新一代人工智能模型，专注于提升复杂任务的推理效率和多模态处理能力。作为 GPT 系列的重要迭代，OpenAI o1 在架构设计上融合了稀疏激活机制和动态计算分配技术，显著降低了计算资源消耗，同时保持高精度输出。其核心突破在于“任务自适应推理”，能根据问题复杂度动态调整计算路径。例如，对简单查询快速响应，对数学推导或代码生成等复杂任务则调用更深层网络模块，兼顾效率和性能。

9. GPT-4.5：让模型具备高情商

2025 年 2 月，OpenAI 发布 GPT-4.5 模型。GPT-4.5 模型的对话更加自然流畅，能够更好地理解用户意图，并在对话中展现出更高的“情商”（EQ），如在处理情感性问题时提供更恰当的回应。

从 GPT-1 到 GPT-4.5，GPT 系列模型的演进不仅体现在参数规模的增长上，更在于其任务处理能力、多模态支持和应用场景的不断拓展，为后续的大模型发展起到了重要的奠基作用。

1.2.2 DeepSeek 模型的发展脉络

自 2023 年成立以来，DeepSeek 在短短两年内推出了一系列具有里程碑意义的大模型，涵盖了代码生成、自然语言处理、数学推理、视觉 - 语言理解等领域。这些模型不仅在技术上实现了突破，还在开源生态中树立了新的标杆，为人工智能的普惠化发展做出了重要贡献。

1. DeepSeek LLM：长期主义拓展开源

2024 年 1 月，DeepSeek 推出了包含 670 亿参数的 DeepSeek LLM，标志着 DeepSeek 走向“以长期主义扩展开源”的新路线[2]。DeepSeek LLM 开源了 7B、67B 的基座版和对话版模型，在推理、编码、数学和中文理解方面超越了开源模型领头羊 LLaMa2-7B-Base 模型，DeepSeek LLM 67B Base 模型更是在中文表现上超越了闭源的 GPT-3.5 模型。

2. DeepSeek-Coder：代码大模型的开源先锋

2024 年 1 月，DeepSeek 发布了首个开源代码大模型 DeepSeek-Coder[3]。该模型从零开始在涵盖 2 万亿 Token 的数据集上训练，其中 87%为代码数据，13%为中英文自然语言数据。DeepSeek-Coder 支持 16K 的上下文窗口，并引入了填空任务，以增强模型的代码理解能力。

DeepSeek-Coder 开源了 7B、33B 系列模型。其中，7B 参数版本在代码能力上达到了与 CodeLlama 34B 模型的相同水平，并在国际权威数据集 HumanEval 上超越了已有的开源模型，展现了强大的代码生成和理解能力，如图 1-2 所示。

3. DeepSeek Math：数学推理的佼佼者

2024 年 2 月，以 DeepSeek-Coder-v1.5-7B 为基础进行训练开发的 DeepSeek Math 发布[4]。该模型在数学相关数据上进行预训练，并引入了 GRPO 强化学习算法（如图 1-3 所示，3.3.1 节进行详细介绍），与 OpenAI 所主导的 PPO（Proximal Policy Optimization，近端策略优化）算法相比，GRPO 放弃了价值模型（Value Model），从分组得分中估计，显著减少了训练资源。

DeepSeek Math-RL-7B 在竞赛级 MATH 基准测试中取得了 51.7%的优异成绩，未依赖外部工具包和投票技术，性能接近 Gemini-Ultra 和 GPT-4。这个成果展示了 DeepSeek 在数学推理领域的强大实力。

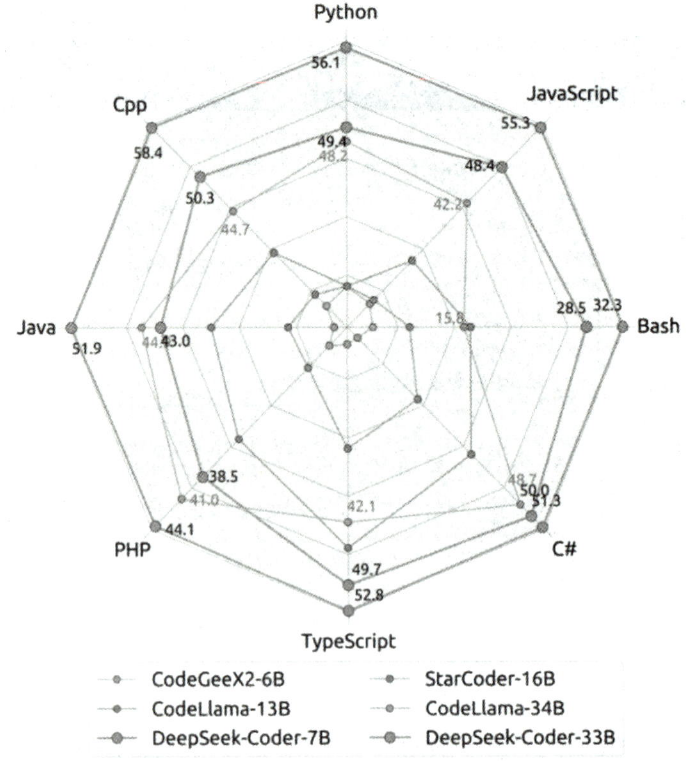

图 1-2 DeepSeek-Coder 与其他模型在代码能力上的对比[3]

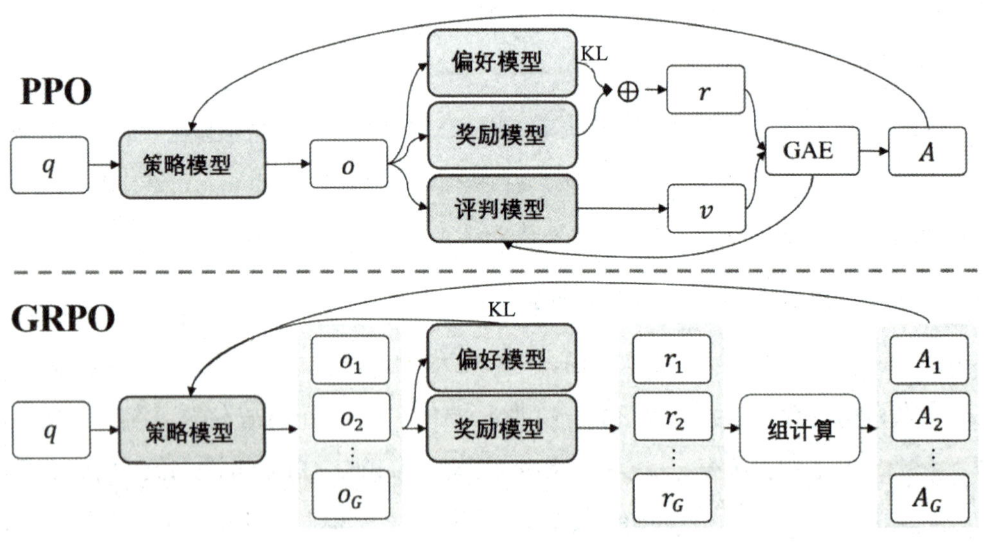

图 1-3 GRPO 和 PPO 对比[4]

4. DeepSeek-VL：视觉－语言模型的开源探索

2024 年 3 月，DeepSeek 推出了开源的视觉－语言模型 DeepSeek-VL[5]。该模型采用混合视觉编码器，能够在固定 Token 预算内高效处理高分辨率图像，同时保持较低的计算开销。

DeepSeek-VL 系列（包括 1.3B 和 7B 模型）在广泛的视觉－语言基准测试中达到了最先进或可竞争的性能，为多模态人工智能的发展提供了新的可能性。

5. DeepSeek-V2：采用 MoE 架构，实现创新突破

2024 年 5 月，DeepSeek-V2 发布[6]。该模型在技术架构上实现了一系列创新，在稀疏的 MoE 架构上，以 236B 的总参数量和 21B 的激活参数量，达到了 70B～110B 稠密模型的性能水平，同时显存消耗仅为同级别稠密模型的 1/5～1/100。DeepSeek-V2 在中文综合能力上表现出同时期最强的水平，英文综合能力与 LLaMa3-70B 相当，整体性能接近 GPT-4。

6. DeepSeek-Coder-V2：代码能力的全面升级

2024 年 6 月，DeepSeek-Coder-V2[7]发布。该模型基于 DeepSeek-V2 的 MoE 架构，进一步预训练了 6 万亿 Token，显著提升了编码和数学推理能力。该模型支持的编程语言从 86 种扩展到 338 种，上下文长度从 16K 扩展到 128K。在标准基准评估中，DeepSeek-Coder-V2 在编码和数学任务上超越了 GPT-4 Turbo、Claude 3 Opus 和 Gemini 1.5 Pro 等闭源模型，展现了开源模型的强大竞争力。

7. DeepSeek-V3：性能和效率的双重飞跃

2024 年 12 月，DeepSeek-V3 发布[8]，增加了审核和过滤等安全机制。DeepSeek-V3 在知识类任务上接近 Claude-3.5-Sonnet-1022，在数学竞赛中大幅超越其他模型，生成速度达到 60 TPS（每秒事务处理量，即每秒处理 60 个 Token），相比 DeepSeek-V2.5，提升了 3 倍。其训练成本仅为 557.6 万美元，每 100 万个 Token 的价格为 0.48 美元，在同时期展现了极高的性价比。

8. DeepSeek-R1：推理模型的里程碑

2025 年 1 月，DeepSeek-R1 正式发布[9]。作为新一代推理模型，DeepSeek-R1 直接将强化学习应用于基础模型，无须依赖监督微调，具备自我验证、反思和生成长思维链的能力。DeepSeek-R1 在数学、代码和推理任务上的性能可与 OpenAI o1 相媲美，标志着 DeepSeek 在推理领域的重要突破。

在 DeepSeek-R1-Zero 的训练过程中，研究人员观察到了一个特别有趣的现象：“啊哈（aha）”时刻的发生。如图 1-4 所示，DeepSeek-R1-Zero 模型在经历了一系列数学分

Question: If $a > 1$, then the sum of the real solutions of $\sqrt{a-\sqrt{a+x}}=x$ is equal to

Response: <think>
To solve the equation $\sqrt{a-\sqrt{a+x}}=x$, let's start by squaring both $\cdots$
$\left(\sqrt{a-\sqrt{a+x}}\right)^2 = x^2 \implies a-\sqrt{a+x}=x^2$.
Rearrange to isolate the inner square root term:
$(a-x^2)^2 = a+x \implies a^2-2ax^2+(x^2)^2 = a+x \implies x^4-2ax^2-x+(a^2-a)=0$
$\ldots$
Wait, wait. Wait. That's an aha moment I can flag here.
Let's reevaluate this step-by-step to identify if the correct sum can be $\cdots$
We started with the equation:
$\sqrt{a-\sqrt{a+x}}=x$
First, let's square both sides:
$a-\sqrt{a+x}=x^2 \implies \sqrt{a+x}=a-x^2$
Next, I could square both sides again, treating the equation: $\cdots$
$\ldots$

图 1-4 DeepSeek-R1-Zero 的“啊哈”时刻[9]

析后，突然“顿悟”，并开始重新评估自己的初始方法。这种独特的行为是模型推理能力增长和强化学习有效性的重要证明，模型确实能够自主发展先进的问题解决策略。“啊哈”时刻有力地提醒了我们，强化学习有潜力解锁人工系统中的新智能水平，为未来更加自主和适应性强的模型铺平了道路。

1.2.3 技术突破：从全球竞速到本土创新

2018 年 6 月，GPT-1 的诞生标志着自然语言处理进入预训练时代。基于 Transformer 架构、具有 117M 参数的 GPT-1 模型首次展示了迁移学习的惊人潜力。OpenAI 团队创造性地采用“无监督预训练 + 有监督微调”的两阶段范式，在文本生成、问答等任务中展现出超越传统 RNN（Recurrent Neural Network，循环神经网络）模型的性能。这种模式突破了特征工程的局限，使模型能够自主捕捉语言的内在规律。

技术突破在 GPT-3 迎来了质变节点。1750 亿参数的庞然大物在少样本学习（Few-shot Learning）中展现出令人震撼的泛化能力，其生成的文本在流畅性、逻辑性方面接近人类水平。更关键的是，GPT-3 模型开始展现出知识涌现特征，在数学推导、代码生成等复杂任务中表现出超出训练数据范畴的能力。这预示着大模型已突破单纯模式匹配的局限，开始构建某种程度的概念化认知。2023 年，GPT-4 引入了多模态理解能力，将语言模型的感知维度扩展至视觉领域，标志着通用人工智能的重要里程碑。

而 DeepSeek 模型的出现打破了 GPT 原本绝对领先的地位。DeepSeek 通过创新的混合架构设计（如动态稀疏激活和分阶段训练），显著降低了训练成本。这一突破打破了“算力至上”的固有范式，为中小型企业部署人工智能模型提供了可能。

1.2.4 应用生态的进化：从工具到生态伙伴

人工智能大模型的应用场景极为广泛，几乎覆盖了教育、医疗、商业等领域，为用户提供了极大的便利。然而，GPT 的高使用门槛（如付费订阅、网络限制、闭源等）限制了其在国内的普及和发展。相比之下，DeepSeek 模型通过开放 API 接口、开源模型代码、推出轻量化客户端等一系列举措，为用户带来了全新的体验和更多的可能性，推动了人工智能技术的普惠化发展。

自 2022 年 ChatGPT 彻底引爆大模型研究以来，GPT 系列模型已在教育、医疗、商业等领域展现了强大的能力。同时，GPT 的高使用门槛成为其普及的主要障碍。

- 付费订阅：对于个人用户和小型企业来说，GPT 的订阅费用是一笔不小的开支，增加了使用成本。
- 网络限制：由于网络访问问题，许多用户无法顺畅使用 GPT，影响了用户体验。
- 闭源模式：GPT 的闭源特性使得开发者难以对其进行二次开发和定制，限制了其在特定领域的应用拓展。

而 DeepSeek 一直坚持开源（开源协议为 MIT，允许他人自由复制、修改、合并、发布和传播开源项目，并且可以将开源项目用于商业用途）、普惠化举措，通过一系列创新举措，有效降低了人工智能技术的使用门槛，为用户和开发者带来了更多可能性。

- 开放 API：DeepSeek 允许开发者将其功能集成到自己的应用程序中，快速开发出具有智能交互能力的产品和服务。
- 开源模型代码：DeepSeek 开源了多种模型代码，为开发者提供了学习、研究和应用的基础。
- 算法优化策略：DeepSeek 在模型训练算法、硬件优化算法层面提出一系列可行策略，显著降低大模型训练成本。

DeepSeek 的这些举措为国内人工智能市场注入了新的活力，推动了相关产业的发展。随着越来越多的开发者基于 DeepSeek 进行创新，预计将在各领域涌现出更多具有实用性和创新性的人工智能应用。此外，DeepSeek 的发展促进了国内人工智能产业链的完善，带动了算力、数据标注、算法优化等相关产业的协同发展，提升了我国在全球人工智能领域的竞争力。

1.3 DeepSeek 的核心能力和独特优势

随着人工智能技术的飞速发展，DeepSeek 在众多大模型中脱颖而出，展现出了强大的核心能力和独特优势。

1.3.1 核心能力

DeepSeek 系列模型作为新一代人工智能大模型的代表，凭借其强大的推理能力、高效的自然语言处理和多语言支持能力、深度逻辑思考和结构化表达能力、行业知识增强能力、动态资源管理和生成能力，展现了卓越的性能和广泛的应用潜力。以下将从多个维度详细介绍 DeepSeek 模型的核心能力及其在实际场景中的应用。

1. 强大的推理能力

DeepSeek 系列模型的代表模型 DeepSeek-R1 采用强化学习进行训练，使其在推理过程中能够进行大量的反思和验证，从而不断优化推理路径和结果。例如，在解决数学问题时，它能够像人类一样逐步推导，展示完整的解题思路，而不仅仅是给出答案。在面对 AMC（American Mathematics Competition，美国数学竞赛）中难度最高的 AIME（American Invitational Mathematics Examination，美国数学邀请赛）题目时，DeepSeek-R1 的表现甚至超越了 GPT-4 等模型。

此外，DeepSeek-R1 的思维链长度可达数万字，使其能够处理极其复杂的推理任务。无论是逻辑推理、代码编写，还是多步骤的问题分析，DeepSeek-R1 都能深入考虑多种可能性，最终得出准确且合理的结论。

2. 高效的自然语言处理和多语言支持能力

DeepSeek 在自然语言处理方面表现出色，能够精准理解从日常对话到专业文献的复杂文本输入。在文本生成方面，DeepSeek 可以根据主题和要求生成流畅、自然且富有逻辑的文本。例如，在对话系统中，DeepSeek 能与用户进行自然流畅的交流；在文本创作领域，DeepSeek 能生成高质量的文章、故事和报告。

DeepSeek 还具备强大的多语言支持能力，能够处理多种语言的输入和输出。无论是中文、英文、西班牙文还是其他语言，DeepSeek 都能准确理解和处理。在机器翻译任务中，DeepSeek 生成的译文不仅准确，还符合目标语言的语法和表达习惯，满足了跨语言交流和国际业务的需求。

此外，DeepSeek 在文本摘要、问答系统、情感分析等任务中也表现出色。例如，DeepSeek 能够快速提炼文本的关键信息，精准回答用户问题，并判断文本的情感倾向，为企业市场调研和用户反馈分析提供了有力支持。

3. 深度逻辑思考和结构化表达能力

DeepSeek 不仅能够展示完整的思考路径，还能帮助用户梳理复杂问题。它的回答结构清晰、逻辑严谨、层次分明，并且会进行总结。

例如，在设计课程计划时，它会将内容分为多个板块，每个板块都包含具体的教学内容、方法和资源建议，方便用户理解和使用。

对于复杂问题，DeepSeek 能够进行系统分析和解答。以商业策划为例，DeepSeek 会从市场调研、目标定位、产品设计、营销策略、财务预算等多个维度进行考虑，为用户提供全面、详细且有条理的方案，帮助用户清晰了解项目的整体框架和实施步骤。

4. 行业知识增强能力

DeepSeek 能够与各行业的专业知识深度融合。例如，在法律行业，能够为律师提供法律研究、合同审查和案件分析等服务；在医疗领域，能够辅助医生进行疾病诊断和治疗方案制定。

此外，DeepSeek 支持定制化开发和优化。例如，通过微调等手段，为金融机构定制的版本可以更好地处理金融市场数据、风险评估和投资策略制定；为制造业定制的版本则能在生产流程优化、质量控制和供应链管理等方面发挥作用，满足企业的个性化需求。

5. 动态资源管理和生成能力

DeepSeek-R1 采用混合专家架构，仅需激活 37B 参数即可高效处理任务，资源利用率显著提升。其生成速度达到 60 TPS（每秒 60 个 Token），是前代模型的 3 倍。这种高效的动态资源管理和生成能力使得 DeepSeek 在处理大规模任务时更加快速和经济。

无论是在教育、医疗、商业，还是在智能客服、金融、制造业等领域，DeepSeek 都能为用户提供高效、精准的解决方案。随着技术的不断进步，DeepSeek 有望在更多领域实现突破，推动人工智能技术的普惠化和普及化，为全球人工智能发展注入新的动力。

1.3.2 独特优势

在人工智能领域，大语言模型正逐渐成为推动技术进步和应用创新的核心力量。然而，随着模型规模的不断扩大，如何在降低成本的同时提升性能，成为行业面临的重要挑战。DeepSeek 模型以独特的技术优势，在这一领域脱颖而出，成为了一个值得关注的案例。它不仅在训练和使用成本上表现出色，还在性能、技术架构、开源和定制化等方面展现了强大的竞争力。以下将从 4 方面详细探讨 DeepSeek 的优势，并对比其他主流模型，帮助读者更好地理解其独特之处。

1. 更低的训练和使用成本

在人工智能模型的研发与应用中，训练和部署成本是至关重要的因素。高昂的成本限制了技术的普及，让许多中小企业和研究机构望而却步。相比来说，DeepSeek 模型在这方面展现出了巨大的优势。

以 DeepSeek-V3 为例，它在训练过程中使用了 2048 个 H800 显卡，总训练成本约为 557.6 万美元。相比之下，GPT-4 的训练成本高达 1 亿美元。这种显著的成本优势使得更多资金有限但富有创新精神的团队能够负担得起模型的训练费用，从而推动人工智能技术的广泛应用。

如表 1-1 所示，在 API 服务价格方面，DeepSeek 同样表现出色。截至 2025 年 3 月，DeepSeek-R1 的定价较为低廉，每百万输入 Token 的价格为 1 元（缓存命中）/4 元（缓存未命中），每百万输出 Token 为 16 元。而 GPT-4o 的价格分别为 9 元（缓存命中）/18 元（缓存未命中）和 72 元。对于需要频繁使用 API 的用户来说，DeepSeek 的价格优势显而易见，能够显著降低使用成本，提高经济效益。

此外，DeepSeek 在本地部署方面也具有低成本和灵活性的优势。与 GPT 相比，DeepSeek 对硬件的要求很低，在推理时仅激活部分参数，如在处理每个输入时仅激活约 370 亿参数，大大降低了计算能耗。

表 1-1 2025 年 3 月 DeepSeek 与 GPT 的 API 调用定价对比

模 型	输入费用（人民币/每百万 Token）（缓存命中/缓存未命中）	输出费用（人民币/每百万 Token）
DeepSeek-V3	0.50 / 2.00	8.00
DeepSeek-R1	1.00 / 4.00	16.00
GPT-4o	9.00 / 18.00	72.00

2. 更好的性能表现

DeepSeek 在性能上的出色表现使其在众多大语言模型中脱颖而出。在生成速度方面，DeepSeek-V3 的生成速度达到 60 TPS，远超 GPT-4o 的预估速度。这意味着在处理大规模文本生成任务时，DeepSeek 能够更快地输出结果，显著提高工作效率。

在专业能力方面，DeepSeek 在数学竞赛、算法代码生成等专业场景中表现出色，能够快速理解复杂的数学问题，并生成高质量、结构清晰的代码。据测试数据，DeepSeek 在专业领域推理准确率上比 ChatGPT 高出 18%，这使其在金融、医疗、科研等对准确性要求极高的领域中具有广阔的应用前景。

值得一提的是，DeepSeek 在中文处理方面具有独特优势，不仅能够精准解析文言文，还能紧跟网络热词，支持方言的学术化转译，并模仿古代诗人风格进行创作。这种对中文语言的深度理解和创作能力，使其在中文语义理解准确率上表现出色，为用户带来了丰富的文化体验。

3. 先进的技术架构

技术架构的优劣对模型性能起着决定性作用。DeepSeek-V3 采用了混合专家与稠密架构相融合的创新方式，通过动态路由机制合理分配计算资源。在处理任务时，DeepSeek-V3 仅需激活 370 亿参数，即可高效完成任务，极大地提升了资源利用率。

DeepSeek 的稀疏注意力机制进一步优化了计算效率，降低了内存需求，使其在处理大规模数据时表现出色。

4. 开源和定制化

DeepSeek 的开源策略为开发者提供了巨大的便利。与 GPT 仅提供 API 的闭源模式不同，DeepSeek 完全开源模型权重和推理代码，开发者可以深入剖析模型的工作原理，并根据自身需求进行定制。

此外，DeepSeek 支持本地私有化部署和行业知识库定制。企业和研究机构可以在本地服务器上部署模型，确保数据安全，同时根据行业特点构建专属知识库，提升模型的专业性。相比之下，GPT 的定制化能力相对受限，用户无法深入修改模型底层逻辑，难以满足特殊业务需求。

1.4 DeepSeek 的应用场景

在数字化转型的大浪潮中，各行业都在积极探索利用人工智能技术来增强自身竞争力、优化业务流程、创新服务模式。DeepSeek 以其优秀的分析推理能力，以及低成本、开源的显著优势，为众多行业提供了一系列解决方案。各大厂商竞相快速接入 DeepSeek，促使其在诸多应用场景中迅速落地，并且在更多行业里表现出了巨大的应用潜力。无论是在金融领域的风险预测与投资决策、医疗领域的疾病诊断与药物研发，还是在工业领域的生产优化与质量控制等方面，DeepSeek 均表现出了强大能力。本节将重点聚焦 DeepSeek 的实际应用场景，深入剖析它是如何助力行业发展并创造更大价值的。

1.4.1 智能客服

大模型为智能客服赋能显著。比如，在银行场景中，可以依据客户模糊描述，关联多方面信息生成解释方案；在保险理赔等复杂业务中，可以借助动态表单技术实现渐进式交互，极大提升客户自助服务体验。

在运营优化方面，大模型助力可以构建数据驱动的运营优化体系，实现客户洞察与预见性服务。例如，通过整合多维度数据，预测客户需求并制定个性化干预策略，提高客户转化率。在服务质量管控上，实现实时监控与原因分析、智能质检闭环、客户反馈深度挖掘，全面提升服务质量。

客服对话质量评价一直是客服行业的难题，而大模型可以对客服话术进行精准结构化评价，先给出结论，再展示评价标准和归类，最后阐述原因，为企业优化话术、提升客服能力提供有力支持。

大模型使智能客服在复杂文本问答上准确率大幅提升，减少人工干预，降低人力成本。多语言客服系统支持多种语言，成本仅为传统多语言客服的十分之一，还能 24 小时不间断工作，显著提高服务效率。

DeepSeek 作为新一代人工智能大模型，凭借其独特的优势，正在智能客服领域掀起一场技术革新，推动多行业服务效率与用户体验的全面提升。

具体来说，基于 DeepSeek 的智能客服具有以下显著优势。

1. 高效响应

智能客服能够快速处理大量客户咨询，显著提升客服效率。例如，一汽丰田接入 DeepSeek 后，智能在线客服机器人独立解决率从 37%提升为 84%，月均自动解决客户咨询问题 1.7 万次。

2. 降低成本

通过自动化处理常见问题，减轻人工客服的工作负担，能有效降低人工客服成本。

3. 增强服务一致性，提升复杂文本问答准确率

提供标准化、一致性的回答，避免人工客服可能出现的偏差。例如，中关村科金智能客服产品在完成 DeepSeek 的全面接入后，其评测结果显示，在金融行业复杂文本问答场景中，DeepSeek-V3 准确率达 95.1%，DeepSeek-R1 达 94.9%，远超其他通用开源大模型，降低复杂咨询转人工率。

4. 提升数据分析能力

实时收集和分析客户数据，为企业决策提供重要依据。

5. 个性化服务

分析用户的历史对话记录和行为偏好，为用户提供个性化的服务建议和解决方案。如图 1-5 所示，中青旅遨游旅行 App 全面接入 DeepSeek 大模型后，实现了诸多创新与优化。其首期上线的 DeepSeek 智能客服系统，为用户提供了 7×24 小时实时咨询服务。通过与遨游旅行大数据的结合，能够快速准确地回答全球签证办理、目的地信息查询、行程设计规划等常见问题。

同时，智能客服系统能全面提升旅游定制服务体验，用户只需输入出行时间、预算、出行偏好等个性化需求，无须等待，就能快速生成精准到每日的个性化旅行方案，并可根据需求灵活调整。

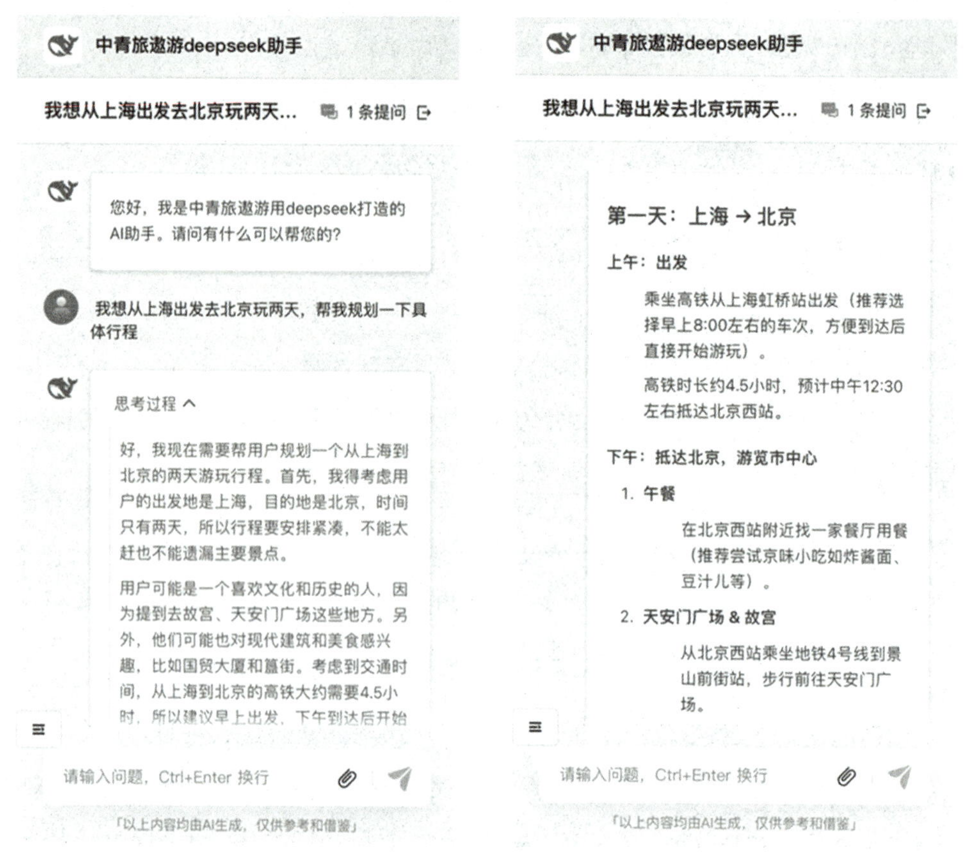

图 1-5　中青旅遨游旅行 App 界面

6. 多语言支持

智能客服可以精准识别不同语言背景客户的问题，并提供准确解答。DeepSeek 多语言客服系统能支持 100 多种语言，理解客户问题并用地道语言回复，还可以根据文化习惯调整回复方式，成本仅为传统多语言客服的十分之一。

7. 灵活扩展

智能客服能够适应企业业务规模的不断扩大，满足增长的需求。

8. 安全可靠

智能客服遵循严格的数据安全标准和隐私保护原则，可以保障用户信息的安全。

1.4.2 辅助办公

DeepSeek 模型作为一款人工智能工具，凭借强大的自然语言处理和推理分析能力，正在不断重塑现代办公场景的效率和智能化高度。

在信息收集和处理方面，DeepSeek 支持联网搜索，可实时获取行业报告、新闻热点等公开信息，并运用自然语言处理技术精准筛选出高相关性内容。比如，在策划市场活动时，用户输入关键词，DeepSeek 便能自动整合社交媒体动态、权威机构数据以及竞品分析报告，生成条理清晰的结构化摘要。同时，用户上传 PDF、图片等格式文件后，DeepSeek 能迅速提取文字内容并精准识别关键信息，像扫描合同文档时，就可快速定位条款细节和数据表格，大幅缩短人工核对时间。

在文档处理上，DeepSeek 也能大显身手。DeepSeek 能够对长篇报告自动提取核心观点并生成摘要，如法律团队可以借助该功能快速梳理案件卷宗要点；其内置的翻译引擎不仅支持专业术语的精准转换，还能将文档一键转换为 PPT 大纲或 Markdown 格式，以满足不同场景的需求；在多人编辑场景中，DeepSeek 可以对比版本差异，提出语法修正和逻辑优化建议，并自动标注争议内容，有效降低沟通成本。

文章撰写是 DeepSeek 的常见应用场景之一。DeepSeek 能够高效进行智能文案生成，用户输入主题后，即可自动生成新闻稿、营销文案等初稿，还支持调整语言风格，如正式、幽默或学术化等。例如，电商团队利用它可快速生成契合节日氛围的产品描述。此外，DeepSeek 模型支持复杂内容创作，启用深度思考模式后，系统会通过多层级推理生成内容框架。例如，在撰写行业白皮书时，模型能结合政策趋势、市场数据与案例库，输出包含可行性建议的完整方案，并且通过比对公开数据库，能够检测文本重复率并提供改写建议，助力用户规避版权争议。

在数据分析方面，作为大模型的典型代表，DeepSeek 极大地提升了数据分析效率，支持导入 Excel、CSV 等格式文件，可自动清洗异常数据并生成统计图表。例如，财务部门通过下达“分析 2024 年成本波动原因”的指令，就能够获取可视化分析报告，同时能够基于历史数据对未来的趋势和需求进行预测。在广告领域，DeepSeek 通过分析用户数据，可以将广告精准推送给目标受众，提高广告点击率和转化率，进而有效提升广告收入。

在程序开发上，DeepSeek 大模型能显著提高程序开发的效率和质量。开发人员输入功能描述，就可利用它生成完整代码片段，并附带关键逻辑说明，支持 Python、Java、C 等多种编程语言；还可实现代码自动补全，根据输入的代码片段自动提供可能的代码建议，也能依据编程习惯和项目需求，进行个性化的代码推荐，从而提高编程效率；开发人员还可以将已完成的代码交给 DeepSeek 模型进行优化，以提高代码准确性和算法效率。当遇到系统 bug 时，只需将问题描述和代码段发送给 DeepSeek 模型，它便能定位代码错误并给出改正方案。目前，DeepSeek 模型已集成到 VS Code 的插件中，开发人员可直接在 VS Code 中与 DeepSeek 模型对话来辅助编程。

1.4.3 智能家居

随着 DeepSeek 的强势登场，智能家居行业迎来了前所未有的发展浪潮，助力智能家居实现了从基础智能到真正意义上“智能”的转变。

DeepSeek 具备卓越的自然语言处理能力，在它的赋能下，智能家居系统可以摆脱单纯执行预设指令的局限。用户无须再遵循特定的指令格式，只需像日常聊天一样自然地表达需求。比如，一句简单的“我想看电影”，DeepSeek 模型就能迅速领会并发送指令给相关家电，从而自动调暗室内灯光，开启电视和影音设备，还会根据用户的个人偏好，精心挑选合适的影视平台，并贴心推荐相关的影片。

目前，TCL 的伏羲大模型与 DeepSeek 模型已经实现了深度融合，为 TCL 空调注入了更加强劲的 AI 动力。以小蓝翼 C7 新风空调为例，其上线了“DeepSeek 随心聊”功能，使得 C7 智慧语音交互在深度理解、逻辑分析、多指令识别、百科问答、内容生成以及闲聊对话等方面实现了全面升级。这种全新的语音体验彻底打破了传统语音空调的交互瓶颈，更重新定义了智能家居语音交互的未来，为用户开启了一种更加便捷、高效且充满智慧健康的全新生活方式。

而海信自研的星海大模型在接入 DeepSeek 模型后，也成功推动了海信全屋智能生态的跨场景智慧升级。海信电视用户无须进行烦琐的操作流程，只需按下遥控器上的小聚 AI 键，或者直接通过语音指令，就能打开 DeepSeek 模型，便捷地体验智能家居带来的全新服务，如图 1-6 所示。

深度融合了 DeepSeek 模型的星海大模型矩阵，借助模型蒸馏、强化学习等先进技术，大幅提升了深度思考与推理能力，能够更加精准地理解用户的深层意图和个性化需求，为用户提供更加流畅、简洁、自然的交互体验和全方位的优质服务。

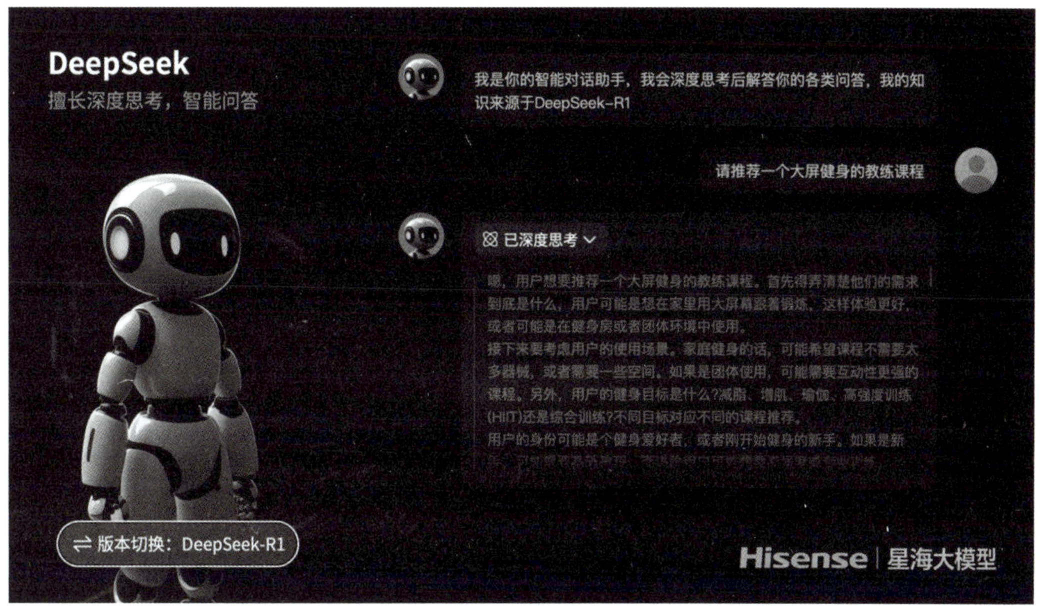

图 1-6　海信星海大模型接入 DeepSeek 模型

1.4.4　医疗诊断

DeepSeek 凭借卓越的高效推理能力、开放的开源生态、极具竞争力的成本优势，在医疗领域掀起了一场深刻的技术变革。从辅助诊断到药物研发，从医疗资源优化到中医药智能化转型，DeepSeek 的应用场景广泛且深入，为医生、患者和医疗机构带来了前所未有的变革。

在辅助诊断领域，例如，浙江一位医生在接诊肺结节患者时，DeepSeek 仅用几十秒就结合最新医学指南，为医生提供了极具参考价值的诊断建议。又如，在安徽省六安市人民医院感染科的临床实践中，面对病情复杂、患有合并症的患者，DeepSeek 同样仅用几十秒，便迅速制定出科学合理的抗生素降档方案。

在医学影像方面，DeepSeek 模型可以根据医生给出的文字描述，生成完整的用药建议，而随着多模态版本 DeepSeek 模型的发布和开源，借助 DeepSeek 模型，辅助医生高效处理海量医学影像也将成为一种新常态。

在病历书写与质控这一重要环节，DeepSeek 模型同样可以发挥关键作用，能够帮助医生高效分析医学影像、病历和药物反应数据，并精准推荐合适的药物和剂量。同时，DeepSeek 模型还能辅助医生进行电子病历的书写，将医生从烦琐的书写任务中解放出来，让他们有更多时间和精力投入病情观察和诊断分析等核心工作。目前，国外的斯坦福医院已经率先启动了 AI 辅助生成电子病历的应用，国内的医疗机构也在积极跟进，大力推进这一智能化变革。

在个人健康管理与互联网医疗领域，DeepSeek 模型也成为大众的贴心伙伴。患者可以通过 DeepSeek 模型便捷地查询症状及处理方法。例如，在秋冬的甲流高发期，许多人借助 DeepSeek 模型获取了专业、可靠的答案，缓解了内心的焦虑。利用接入 DeepSeek 的“AI 个人健康助手”，用户不仅可以随时随地进行健康自诊、准确解读体检报告，还能获得专业的用药指导。此外，DeepSeek 能深入挖掘用户的健康管理需求，提供个性化的健康方案。

在医学科研领域，接入 DeepSeek 模型的“AI 学术互动助手”可大幅提高文献检索的速度和阅读效率，为医护人员节省大量时间，显著提升科研工作的效率。众多科研机构纷纷引入 DeepSeek 模型。例如，昌平实验室通过招募专业人才，深入探索大模型对多组学数据的分析方法，挖掘基因调控网络的潜在模式，为医学科研注入新的活力。

在中医药领域，DeepSeek 模型同样有着广泛而深入的应用。中国中医科学院研制的中医科信云门诊系统集成了多项先进技术，DeepSeek 模型的加入助力该系统实现了智能问诊、辅助诊断和自动处方等核心功能。在未来，DeepSeek 模型还将进一步推动中医药文化的传播，辅助中医师进行智能诊疗，帮助他们更准确地辨证施治，同时优化门诊流程，为患者提供更便捷、高效的就医体验。

DeepSeek 模型在医疗领域的应用丰富多样且成效显著，凭借强大的技术实力，从精准的辅助诊断到便捷的个人健康管理，从高效的病历书写到前沿的医学科研，再到充满传统文化魅力的中医药领域，全方位提升了医疗服务的质量和效率。随着技术的不断进步和创新，DeepSeek 模型有望在医疗行业发挥更加重要的作用，为全球医疗智能化的发展注入源源不断的动力，为人类的健康事业做出更加卓越的贡献。

1.4.5 教育学习

DeepSeek 模型在教育领域同样展现出广泛且极具价值的应用场景，正重塑教育教学模式，推动教育向智能化、个性化大步迈进。

DeepSeek 模型在教学辅助方面功能强大，堪称教师的得力“智能助教”。教师可以借助 DeepSeek 模型实现智能备课，节省大量时间和精力，教师只需输入教学目标、知识点、课程时长等关键信息，DeepSeek 就能迅速生成结构清晰、内容丰富的教案框架。

以语文老师设计《荷塘月色》教案为例，DeepSeek 模型不仅能提供关于景物描写分析、情感主旨探讨的教学内容，还能结合教学实际，给出如配乐朗诵、组织学生小组讨论文中修辞手法运用等生动有趣的教学环节设计建议。

物理老师在设计“牛顿第二定律实验”教案时，DeepSeek 模型能够详细提供实验原理、步骤、注意事项，甚至推荐实验过程中可能用到的拓展知识，帮助教师打造更具深度的课堂。

借助联网搜索功能，DeepSeek 模型还具备强大的资料搜集整合能力，可以快速筛选整合最新的教学资源，无论是学术论文还是教学案例，都能精准获取，并自动生成参考文献，让教师从烦琐的资料查找工作中解脱出来，将更多精力投入到教学策略设计和学生个性化指导上。

此外，在未来的 AI 双师课堂建设中，DeepSeek 模型可以作为 AI 助手，辅助真人教师教学。当学生在课堂上对某个知识点提出疑问时，DeepSeek 模型能迅速给出清晰准确的解答；根据每个学生的学习情况，提供个性化的学习建议，如为基础薄弱的学生推荐巩固知识点的练习，为学有余力的学生提供拓展性学习资料；还能整合图片、视频、动画等多媒体资料以及互动练习，丰富课堂内容，提升教学效果与学生学习体验。

在作业与评价环节，通过设计合适的提示词，DeepSeek 模型可以实现对选择题、填空题、作文、解答题等多种题型的自动批改，批改精准度高。批改英语作文时，不仅能指出语法错误，还能给出高级词汇替换建议、优化句子结构的方案，帮助学生提升写作水平；借助 DeepSeek-R1 模型的深度思考能力，在批改数学大题时，会详细展示解题思路，让学生清楚了解自己的失分原因，掌握正确的解题方法。同时，DeepSeek 模型能根据学生答题情况生成个性化评语，针对学生的优点给予鼓励，针对不足提出具体的改进方向，让学生明确努力目标，增强学习动力。通过分析学生作业、测试数据，DeepSeek 模型能为教师提供全面的学习评价分析报告，涵盖知识点掌握程度、学习进度、学习态度等多个维度。例如，通过分析学生在数学作业中不同知识点的错误率，教师可以精准判断学生对函数、几何图形等板块的掌握情况，进而调整教学重点和方法，做出更合理的教学决策。

1.4.6 金融投资

DeepSeek 模型的出现为众多金融机构带来了全新的业务模式与发展机遇。其广泛的应用场景覆盖了金融服务的各个关键环节，从客户服务到风险控制，从数据分析到运营管理，深刻地改变着金融行业的运作方式。

一方面，在智能投资领域，DeepSeek 模型表现出色。它能够根据用户的风险偏好、资产状况和投资目标，运用复杂的算法和模型，为用户提供定制化的投资建议和资产配置方案。上海恒生聚源的 WarrenQ 智能投研平台接入 DeepSeek 模型后，服务的精准度和智能化水平得到了质的飞跃，为投资者提供了更加专业、可靠的投资决策支持。

另一方面，在风险控制与管理作为金融业务的核心环节，DeepSeek 模型也能发挥关键作用。在信用评分与风险评估方面，它通过对用户消费行为、还款记录等多维度数据的深度分析，构建出精准的信用评分模型，为信贷审批提供科学、客观的依据，帮助金融机构合理确定放款额度和利率，有效降低信用风险。

1.4.7 智能政务

DeepSeek 模型在政务领域同样大有作为，在 DeepSeek-R1 发布不久，多地政府便纷纷宣布接入 DeepSeek 模型。凭借 DeepSeek 模型的强大性能，为提升政务服务效率、优化公共服务质量、推动城市精细化治理注入新动力。

在公文处理与行政流程优化方面，DeepSeek 模型表现卓越。借助 DeepSeek-R1，深圳福田区的“AI 数智员工”的“执法文书生成助手”能将执法笔录、审批文件等公文的初稿生成时间压缩至分钟级，实现秒级创作。同时，公文格式修正准确率超 95%，审核时间缩短 90%，错误率控制在 5%以内。赣州的公文写作助手不仅支持政策解读、文件起草，还具备智能校对功能，其拟办意见自动生成功能可结合政务语境智能提取关键信息，大幅提升行政办公效率，减少人工处理公文的时间与精力消耗，降低错误率。此外，大鹏新区的智慧政务协同平台（OA）依托 DeepSeek 模型实现边聊边办功能，使得会议室预订、请休假流程发起等业务办理更加便捷，让日常办公流程自动化程度更高。

在民生与公共事务管理领域，DeepSeek 模型也发挥着关键作用。在民生政策解读上，广州计划利用 DeepSeek 模型建立 AI 中台，深入探索在民生政策解读场景的应用。

苏州部署 DeepSeek 并上线数字政务智能助手，搭建可定制化的政务服务知识库，方便民众咨询政策。12345 热线服务借助 DeepSeek 模型得到显著优化，广州将其应用于工单分派，江苏宿迁市宿城区 12345 热线集成 DeepSeek 模型实现语音转文字、工单自动分派，准确率接近 100%，响应时间缩短至 5 秒。无锡通过 DeepSeek-R1 模型优化住房保障、公积金管理等服务，在户籍办理、社保查询、医疗预约等方面实现一网通办个性化推荐，简化办事流程，提升民众办事体验。

城市治理与决策支持同样离不开 DeepSeek 模型的助力。呼和浩特将 DeepSeek-R1 集成至城市大脑，实现文本、图像、视频等多模态数据融合分析，能够实时分析自然灾害、事故隐患等风险，为城市安全运行保驾护航。深圳市大鹏新区基于 DeepSeek 模型的人工智能政务应用，在旅游交通治理领域打造“视频+AI+应用场景”的集约化模式，形成公交车调度、重点车辆管理等 AI 场景矩阵。DeepSeek 模型还能通过分析城市发展的历史和现状数据，结合人口、经济、环境等多方面因素，为城市规划提供数据支持和决策参考，助力政府制定更科学合理的城市规划方案。

在智能客服与信息查询场景中，DeepSeek 模型让政务服务更加便民。北京市丰台区上线的“丰小政”数智助手，能帮助工作人员快速解答市民问题；韶关接入 DeepSeek 模型后，全市市县镇村四级 4000 多个单位 8.7 万公务人员可使用智能问答功能。在政务服务大厅，数字人“小城”“小运”依托 DeepSeek 模型上岗，为群众提供智能导览和业务咨询服务，解决了传统智能客服“不解人意”的难题。

DeepSeek 模型在政务领域的广泛应用，从提升政府内部办公效率，到优化面向民众的公共服务，再到助力城市科学治理与风险防控，都取得了显著成效。随着技术的不断进步和应用的持续深入，DeepSeek 模型有望在政务领域开拓更多创新场景，推动政务服务向更加智能、高效、便民的方向迈进，为国家治理体系和治理能力现代化建设贡献更大力量。

1.5 DeepSeek 带来的机遇 

DeepSeek 模型不仅拥有卓越的性能，还兼具了线上免费使用、低 API 服务费、低部署成本、开源等优势，这无疑大大降低了优秀大模型技术的使用门槛，为个人与中小企业开辟了充满无限可能的发展新路径，带来前所未有的巨大机遇。

1.5.1 DeepSeek 模型带给个人的机遇

1. 助力个人成长和发展

DeepSeek 让普通人也能拥有高效的 AI 助手，全方位提升效率。

文案编写曾让创作者们绞尽脑汁，耗费大量时间精力。如今，用户输入产品特点、目标受众、文章主题等关键信息和要求，DeepSeek 便能凭借强大语言能力，快速生成逻辑严谨、内容翔实且创意十足的文案，风格也能依需求切换，无论是商务的严谨正式，还是新媒体的活泼生动，都不在话下。

DeepSeek 还能增强工作能力。比如，它能迅速提炼会议记录的核心要点、重要决策，并安排后续任务，自动生成精准简洁的会议摘要，既节省人力，又保障信息准确完整，减少错漏。

在全球化加速、跨国交流频繁的当下，语言障碍不再是难题。DeepSeek 的多语言即时沟通功能能快速准确翻译，语法词汇无误，还能结合语境、文化灵活调整，让商务洽谈、学术交流及日常社交中的交流自然流畅。

信息爆炸时代，海量信息令人应接不暇。DeepSeek 具有强大的检索和分析能力，如同指南针，能够短时间内挖掘、分析互联网信息，按用户需求精准筛选，清晰直观呈现信息。无论是行业动态、热点新闻，还是市场调研、学术研究，DeepSeek 都能助力用户迅速获取信息，做出明智决策。

DeepSeek 还是良师益友。英语学习时，它是专业的写作老师，能检查语法、拼写等错误，从文章结构等方面给出修改建议，还能提供个性化练习与范文。学习其他学科时，DeepSeek 可以规划路线，查找学习资料、论文、案例，加深知识理解，提升学习效率。

2. 提供更多就业选择

DeepSeek 的发展为就业市场带来众多新岗位。在 AI 专业领域，大模型算法、RAG（Retrieval-Augmented Generation，检索增强生成）开发、训练及应用开发工程师等岗位涌现，给专业人才提供广阔发展空间与丰厚回报。

对非专业人员而言，目前也迎来了新机遇。例如，提示词工程师，凭借敏锐语言感知、丰富想象及对人工智能模型的深入理解，巧妙设计提示词，以便输出优质内容；数据标注师负责标注、分类大量数据，为人工智能训练提供支撑，此工作门槛低，经简单培训，有耐心、细心即可上手，让很多人得以进入人工智能领域。

随着人工智能与各行业深度融合，“行业 +AI”复合人才备受青睐。以医疗行业为例，人工智能在影像诊断、智能设备、疾病预测及药物研发等方面应用广泛，需要既懂医学又熟悉人工智能技术的人才，将二者结合开发先进医疗工具与制定方案，提升医疗服务质量与效率。教育、金融、制造业等行业同样对这类复合人才需求巨大。传统行业从业者想转型，或人工智能爱好者想拓宽职业道路，均可通过学习掌握相关知识与技术，在新就业市场站稳脚跟。

3. 创新创业新机遇

在创新创业领域，DeepSeek 开启了低代码创业的新模式，让创业变得高效。过去开发应用程序，创业者需要组建专业技术团队，投入大量时间与资金进行开发测试。如今，依托 DeepSeek 及低代码开发平台，即便没有深厚编程基础，通过简单的拖曳、设置操作，也能快速搭建功能完备的应用程序。这极大缩短了开发周期、降低了成本，使众多有创意的人得以将创业梦想变为现实。创业者得以把更多精力放在产品创新和市场推广上，增加了创业成功的概率。

在设计领域，由 DeepSeek 赋能的 AI 设计工具正革新传统设计模式。用户输入设计需求和灵感关键词后，工具能迅速生成多种风格的设计方案，涵盖平面、UI、室内设计等领域，为设计师提供海量创意灵感与设计思路。设计师可在 AI 生成方案基础上，融入个人创意进行个性化完善，大幅提升设计效率与质量。同时，AI 设计工具依据用户反馈和使用数据持续优化方案，实现智能化和个性化设计。

自媒体行业也因 DeepSeek 迎来了新机遇。短视频创作者借助 DeepSeek，依据主题、风格和目标受众等信息，能快速获取详细的短视频脚本，包括镜头、台词和剧情脚本，其中包含拍摄内容、角度、时长等信息及丰富创意情节，助力创作者更好展现想法。文案创作者利用 DeepSeek，输入主题和要求后，可快速生成各类生动、富有感染力且精准把握用户需求的文案，如短视频、公众号、微博文案等。在竞争激烈的自媒体市场中，DeepSeek 助力创作者打造更具吸引力和影响力的内容，收获更多粉丝与关注。

DeepSeek 引发了深刻的科技变革，在个人成长、就业、创新创业等方面带来无限可能，可以提升工作学习效率，拓宽职业道路，激发创新活力。

1.5.2 DeepSeek 带给中小企业的机遇

1. 技术和成本的双重普惠

对于中小企业而言，在数字和智能化转型的道路上，技术难题和高昂成本是两座难以逾越的大山。传统的人工智能技术研发往往需要大量的资金投入，用于购置昂贵的算力设备，并且需要组建专业的研发团队。对于资金和人才储备相对薄弱的中小企业来说，这无疑是沉重的负担。

DeepSeek 为这一困境带来了转机。它创新性地采用“算法效率替代算力军备竞赛”的理念，通过优化算法，大幅提升了模型训练和推理的效率，从而显著降低了所需的算力成本。这一突破使得中小企业即使在有限的预算下，也能够应用先进的人工智能技术，开启智能化转型的征程。

DeepSeek 的开源生态更是为中小企业提供了广阔的发展空间。企业可以基于其开源模型，根据自身的业务需求，快速构建私有化部署方案。同时，结合腾讯云、阿里云等成熟的云服务平台，中小企业能够进一步降低开发难度和成本，避免与大型企业在技术研发上的正面竞争。这种模式让中小企业能够以较低的风险和成本，享受到先进人工智能技术带来的红利。

2. 垂直类场景应用快速落地

DeepSeek 的开源特性极大地降低了技术应用的门槛，使得中小企业能够迅速将人工智能技术应用到垂直领域，实现场景化落地。

在金融领域，市场瞬息万变，对信息的处理和分析能力要求极高。例如，恒生电子接入 DeepSeek 后，对智能投研平台进行了深度优化。通过人工智能技术对海量金融数据的实时分析，能够快速捕捉市场动态，为投资决策提供有力支持。同时，合规审核工具也得到了升级，利用自然语言处理技术，能够快速准确地识别合规风险，大大提高了金融业务的运营效率和风险控制能力。

制造业作为国民经济的重要支柱，面临着降本增效的迫切需求。中控技术基于 DeepSeek 开发的工业 AI 产品，致力于覆盖从研发设计、生产制造到供应链管理的全流程。在研发环节，人工智能可以通过模拟和优化，缩短产品研发周期；在生产过程中，能够实现设备的智能监控和故障预测，减少停机时间；在供应链管理方面，通过数据分析优化库存和物流配送，降低成本，提高整体运营效率。

利用 DeepSeek 开发的智能展业助手，保险行业的中小险企为代理人提供了强大的支持。代理人可以通过智能助手快速获取客户信息、产品知识和销售策略，提升服务能力。同时，智能风控系统利用人工智能技术对风险进行精准评估，提高了自动化决策率，有效降低了运营成本。

3. 降本增效，打破资源壁垒

在过去，中小企业在资金、人才和技术方面与大型企业存在巨大差距，这使得它们在市场竞争中往往处于劣势。然而，DeepSeek 等人工智能技术为中小企业打破了这一资源壁垒。

在自动化流程方面，DeepSeek 展现出了强大的能力。DeepSeek 可以自动处理复杂的 Excel 表格，对数据进行清洗、分析和可视化展示，大大节省了人力成本。在生成业务报告时，DeepSeek 能够根据预设的模板和数据，快速生成高质量的报告，提高工作效率。同时，利用 DeepSeek，可以实现报销、报账等财务流程的自动化，减少人工操作带来的失误和时间成本。在法务领域，智能合同质检和风险条款识别功能，能够快速准确地审查合同，降低法律风险。

智能客服的应用让中小企业的客户服务水平得到了质的提升。集成 DeepSeek 的 AI 助手能够实时响应客户的咨询，无论是政策解读、产品答疑还是售后问题，都能快速给出准确的回答。这不仅提高了客户满意度，还将人力从烦琐的重复劳动中解放出来，专注于处理更复杂、高价值的客户沟通。接入企业 IM（Instant Messaging，即时通信）系统后，AI 助手还能自动生成会议纪要、待办事项提醒等，优化团队协作流程，提高工作效率。

DeepSeek 还能够深入挖掘业务数据的价值，为企业提供数据驱动的决策支持。例如，基金公司可以利用其对市场趋势、行业动态和企业财务数据的分析，制定更加科学合理的投资策略，提高投资回报率。

4. 就业结构和商业模式转型

中小企业的灵活性是其在市场竞争中的一大优势，而 DeepSeek 进一步放大了这一优势。中小企业能够快速测试和部署 AI 解决方案，抢占市场空白点，实现业务的快速增长。

此外，借助人工智能技术，中小企业具备了大规模个性化服务的能力，通过对客户数据的深入分析，能够实现精准的客户洞察，为客户提供个性化的产品推荐和服务。这种能力让中小企业在细分市场中建立起了强大的竞争壁垒，能够更好地满足客户的多样化需求。

中小企业还可以积极探索增量市场，挖掘 AI 原生需求。例如，在智能健身领域，通过人工智能技术，为用户提供个性化的健身计划和实时指导；在数字人服务领域，开发虚拟主播、客服等数字人产品。这些新兴领域具有巨大的发展潜力，中小企业可以凭借其敏捷的开发能力，快速试错，抢占市场先机。

DeepSeek 在不同行业中都展现出了广泛的应用潜力。金融企业可以利用其进行智能风控和个性化金融服务，制造企业可以用于智能制造和供应链优化，医药企业可以用于药物研发和市场预测等。这不仅帮助中小企业拓展了业务边界，进入新的领域，还激发了企业的创新活力。DeepSeek 的开源生态为中小企业提供了丰富的技术资源和创新平台，企业可以基于其开发出更多定制化的应用和服务，以差异化竞争在市场中占据一席之地。

DeepSeek 为中小企业带来了全方位、多层次的发展机遇，不仅降低了技术应用的门槛和成本，加速了垂类场景的应用落地，还帮助中小企业打破资源壁垒，实现降本增效，推动了就业结构和商业模式的转型。在未来的发展中，中小企业应紧紧抓住这一机遇，积极拥抱人工智能技术，不断创新和优化业务模式，实现自身的可持续发展，在激烈的市场竞争中脱颖而出。

小 结

本章对大模型的基本定义以及 GPT 系列模型和 DeepSeek 系列模型的发展脉络进行了介绍，并围绕 DeepSeek 模型展开了多方面探讨，呈现其在大模型领域的重要地位和广泛影响。

本章深入探究了 DeepSeek 模型的核心能力和优势。DeepSeek 模型具备的训练和使用成本低、性能出色、技术架构先进、开源且支持定制化的特点使其在市场竞争中脱颖而出，为技术的广泛应用和推广提供有力支撑。

在应用场景上，DeepSeek 模型覆盖智能客服、辅助办公、智能家居、医疗诊断、教育学习、金融投资、智能政务等行业，有效提升各行业的效率、优化服务质量、推动智能化转型，并在智能终端设备、智能制造、自动驾驶等创新领域展现出巨大的赋能潜力。

对个人和中小企业而言，DeepSeek 模型带来了前所未有的机遇。个人借助其强大功能提升工作学习效率、增强能力，在就业市场获得更多选择，在创新创业领域拥有更广阔空间。中小企业则能够突破技术和成本瓶颈，实现垂直类场景快速应用，降本增效，打破资源壁垒，推动就业结构和商业模式转型。

DeepSeek 在大模型领域的创新成果和广泛应用，不仅改变了技术发展的格局，也为社会经济的各层面带来了积极变革。随着技术的不断发展和完善，DeepSeek 有望在未来发挥更大的价值，持续推动各行业的智能化发展，为人们的生活和工作创造更多可能。

第 2 章

DeepSeek 的模型架构

第 1 章介绍了 DeepSeek 系列模型的核心能力和独特优势，本章将在架构层面解析 DeepSeek 模型达到优异效果的核心原因。

在大模型快速发展的背景下，架构设计已成为决定模型性能、计算效率和可扩展性的关键因素。作为一款先进的开源大模型，DeepSeek 在架构层面融合了多项创新技术，能够有效提升训练效率、优化推理性能，并显著降低计算成本。因此，深入理解其架构不仅有助于掌握 DeepSeek 的设计思路，还能为未来高效模型的开发提供参考。

DeepSeek 的诞生源于对深度学习模型复杂性、效率与通用性之间平衡的深刻思考。DeepSeek 不仅继承了传统架构的优点，还通过一系列创新机制，重新定义了模型在表达能力、计算效率和资源利用方面的可能性。DeepSeek 不仅实现了在技术架构上的创新，更是在应用领域引爆了全民热潮。从混合专家（Mixture of Experts，MoE）到多头潜在注意力（Multi-Head Latent Attention，MLA）机制，每个技术的创新都标志着 DeepSeek 在大模型领域的突破，指引着未来大模型的发展方向。

本章将深入探讨 DeepSeek 架构的设计理念，解读 DeepSeek 架构的独特之处。通过本章的学习，读者将全面了解 DeepSeek 架构的设计原理，并掌握其在构建高效、智能系统中的关键作用。

2.1 DeepSeek-V3/R1 模型的架构 

DeepSeek-V3 和 DeepSeek-R1 具有极其相似的模型架构，R1 模型是在 V3 模型的基础上训练出来的具有强大推理能力的大模型。

如图 2-1 所示，DeepSeek-R1 是通过对 DeepSeek-V3 进行一系列特殊训练而来的。DeepSeek-V3 是一个混合专家语言模型，具有 6710 亿参数，其中每个 Token 的计算激活量约为 370 亿参数。DeepSeek 模型架构设计的核心理念在于平衡推理效率、训练经济性和模型性能。为了实现目标，DeepSeek-V3 在架构上引入了两项关键技术：多头潜在注意力（MLA）机制和混合专家（MoE）技术。

多头潜在注意力（MLA）机制是一种创新的注意力机制，由 DeepSeek 提出并首次应用于 DeepSeek-V2 模型中。与传统的自注意力机制相比，MLA 通过引入潜在变量来减少计算复杂度，同时保留对长距离依赖关系的建模能力。这种设计不仅显著提升了推

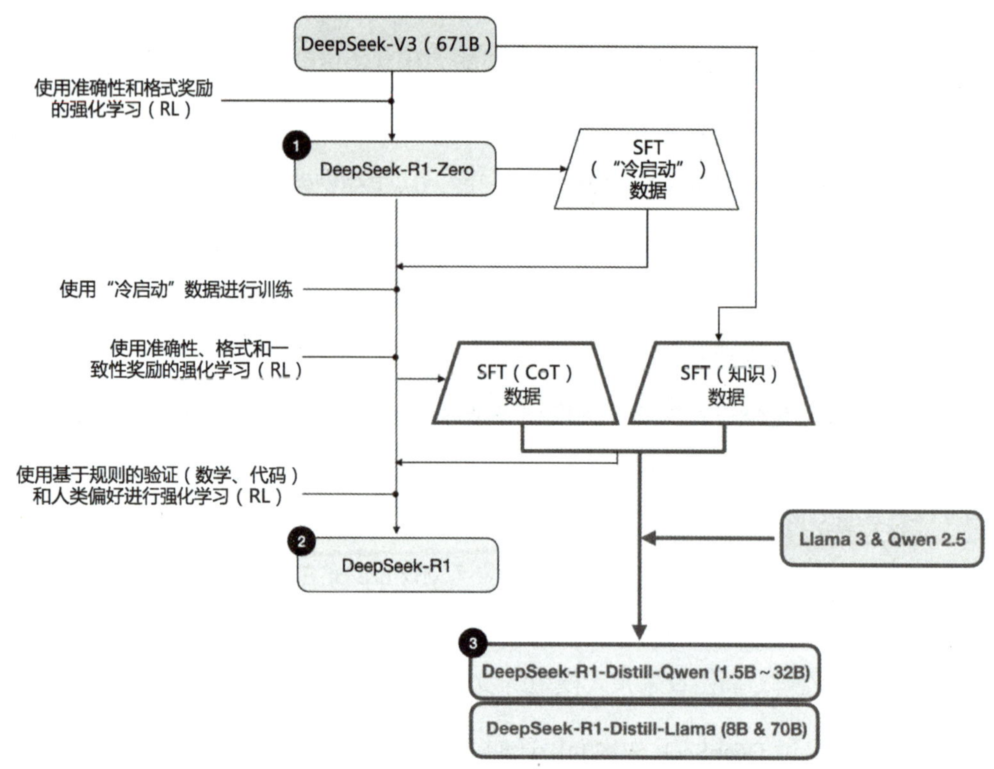

图 2-1 DeepSeek-R1 模型的强化学习训练流程与蒸馏

理效率，还降低了显存占用，使得模型能够在更大规模的数据集上运行而无须过多硬件资源。此外，MLA 的灵活性使其能够适应不同的任务场景，无论是自然语言处理、代码生成还是多模态任务，都能表现出色。

DeepSeek-V3 还采用了特殊优化过的 MoE 技术。传统的 MoE 架构通过多个专家模块并行处理不同的数据子集，以提高计算效率并减少计算瓶颈。然而，传统的 MoE 设计往往伴随着较高的通信开销和参数冗余问题。DeepSeekMoE[10]采用了一种更优化的专家调度和负载均衡策略，使得计算资源的利用更加高效，并显著降低了训练成本。此外，该方法结合了动态路由机制，使得每个输入样本可以选择最适合的专家，提高模型的整体训练效率和泛化能力。相比于密集模型，DeepSeekMoE 不仅能够实现更高效的训练，还能更好地扩展到超大规模参数量。该特性使得 DeepSeek-V3 成为当前最具经济性的深度学习模型之一。

如图 2-2 所示，DeepSeek-V3 的基础架构依然采用 Transformer[11]架构，并继承了该架构在深度学习领域的强大表达能力和扩展性。为了实现更高效的推理和更经济的训练，DeepSeek-V3 进一步优化了底层设计，采用 MLA 和 DeepSeekMoE。这些优化方案

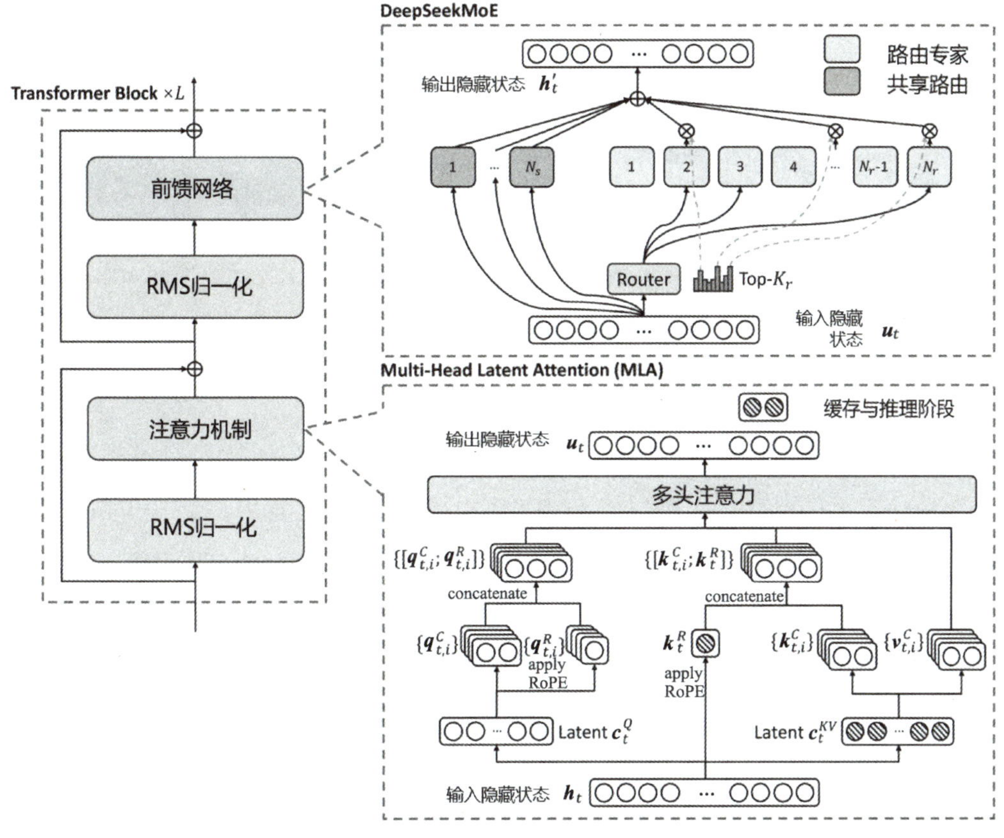

图 2-2　DeepSeek-V3 模型架构图[8]

已在 DeepSeek-V2 模型中得到充分验证，并证明能够在计算效率与模型性能之间取得良好平衡。

与 DeepSeek-V2 相比，DeepSeek-V3 在架构层面进行了一项重要改进，即引入了无辅助损失的负载均衡策略，以优化 DeepSeekMoE 的计算效率，减轻因确保负载均衡而导致的性能下降。下面将详细介绍 MLA 和 DeepSeekMoE 的设计细节。

2.2　混合专家 

混合专家（MoE）是一种通过组合多个专家模型来提升深度学习模型性能和计算效率的架构。它的核心思想是，引入多个专家模型，并通过门控机制（Router）动态选择每个输入数据所需的专家，而不是让所有专家都参与计算。这种机制使得模型能够在不显著增加计算复杂度的情况下，利用更多参数进行训练，从而提升模型的表达能力。然而，传统 MoE 存在训练不易收敛的问题。为了解决这个难题，DeepSeek 提出了创新的

DeepSeekMoE 架构，通过细粒度专家分割和共享专家隔离策略，显著提升了模型的性能和效率。

2.2.1 稠密 MoE 架构和稀疏 MoE 架构

目前，MoE 一般应用于 Transformer 架构中的 FFN（Feed Forward Network，前馈神经网络）部分，分为两种架构：稠密 MoE 和稀疏 MoE。它们各有优缺点，适用于不同的场景。下面深入探讨这两种架构，通过对比它们的特点，帮助读者更好地了解它们。

1. 传统的“全连接”模型

“全连接”是最常见的模型结构，特点是所有神经元都相互连接，每一层的神经元都会接收上一层所有神经元的输入，并进行计算。这种设计就像是一个“全能型选手”，每个神经元都参与每一次计算，确保模型能够充分利用数据的特征。“全连接”模型在训练时相对稳定，容易实现高质量的模型。同时，开发者可以通过正则化方法（如 Dropout 或 L2 正则化），有效减少“全连接”模型的过拟合风险，从而在不同数据集上表现更好。

但由于每个神经元都参与计算，“全连接”模型的计算量和存储需求会随着参数规模线性增长。这使得它在处理大规模数据集或复杂任务时效率较低。如果没有对模型进行合适的正则化，“全连接”模型可能过度拟合训练数据，导致在新数据上表现不佳。

2. 稠密 MoE 架构：全员参与的“专家团队”

MoE 架构将模型分成多个“专家”子网络，但稠密门控会激活所有专家网络，在每次迭代时，所有专家都参与计算，对输入数据进行处理，然后将各专家的输出进行加权等操作来得到最终结果。通常，这样能获得更高的预测精度，但由于每次都要计算所有专家的输出，计算开销显著增加，对计算资源的需求较大。

3. 稀疏 MoE 架构：灵活的“专家团队”

稀疏 MoE 架构将模型分成多个“专家”子网络，每个专家负责处理特定的任务或数据特征。稀疏 MoE 的核心在于动态选择合适的专家进行计算，而不是让所有专家都参与计算。这种设计就像是一个“团队合作”模式，每个专家各司其职，共同完成任务。

这种架构的优势在于计算效率极高，稀疏 MoE 模型只激活部分专家进行计算，大大减少了计算量和内存需求，使得它在处理大规模数据集或复杂任务时效率更高。同时，该技术具有更好的灵活性，稀疏 MoE 模型可以根据任务的复杂度动态选择专家数量。

简单任务只需要少数专家，复杂任务则可以调用多个专家共同合作。

但由于稀疏 MoE 模型需要管理专家选择机制，使得模型结构更加复杂，训练难度也更高，在训练过程中也需要更多的管理和优化策略。

稠密 MoE 架构和稀疏 MoE 架构的优缺点对比如表 2-1 所示，其指标对比如表 2-2 所示。

表 2-1　稠密 MoE 架构和稀疏 MoE 架构的优缺点对比

	稠密 MoE 架构	稀疏 MoE 架构
优点	训练稳定，容易实现高质量模型	计算资源利用高效，推理速度较快
缺点	计算和存储开销大，容易过拟合	结构复杂，训练过程中需要专家选择机制

表 2-2　稠密 MoE 架构和稀疏 MoE 架构的指标对比

指　标	稠密 MoE 架构	稀疏 MoE 架构
模型结构	所有参数和激活单元都参与每一次前向和反向传播计算	模型由多个专家组成，每次计算时只有一部分专家被激活，从而减少了计算量
计算效率	计算量和内存需求随参数规模线性增长	由于只激活部分专家，计算量和内存需求较少，因此在处理并发查询时具有更高的吞吐量
性能	性能稳定，但需要大量计算资源	可以在保持高效计算的同时，达到与大型稠密模型相似的性能
时延	由于需要加载所有参数，因此时延较高	由于只需加载部分激活的专家模型，因此时延较低，尤其是在并发性较低的情况下
应用场景	适用于需要稳定性能且计算资源充足的任务	适用于需要高效处理并发查询的任务，如大规模在线模型服务

为了更直观地理解这两种架构的区别，我们可以用一个简单的例子来说明。假设你正在准备一场考试，稠密架构就像是你把所有知识都背诵一遍，虽然全面但效率较低；而稀疏架构像是你只复习最有可能考到的知识点，效率更高但需要更精准的判断。

DeepSeek 大大推动了开源 MoE 大模型的发展，并为 MoE 的落地应用提供了更多可能。

2.2.2 DeepSeekMoE

稀疏 MoE 架构虽然能够通过动态选择专家来提升模型性能，但是面临一些挑战。例如，在专家数量有限的情况下，每个专家需要覆盖较广的知识范围，这可能导致参数空间中混杂不同类型的信息，影响模型的专业化能力和计算效率。此外，稀疏 MoE 在训练过程中容易出现不收敛的问题，限制了其在实际应用中的表现。

DeepSeekMoE 的示意图如图 2-3 所示，其中图 (a) 展示了具有常规 Top-2 路由策略的 MoE 层，图 (b) 展示了精细的专家划分策略，图 (c) 则展示集成的共享专家隔离策略，构成了完整的 DeepSeekMoE 架构。

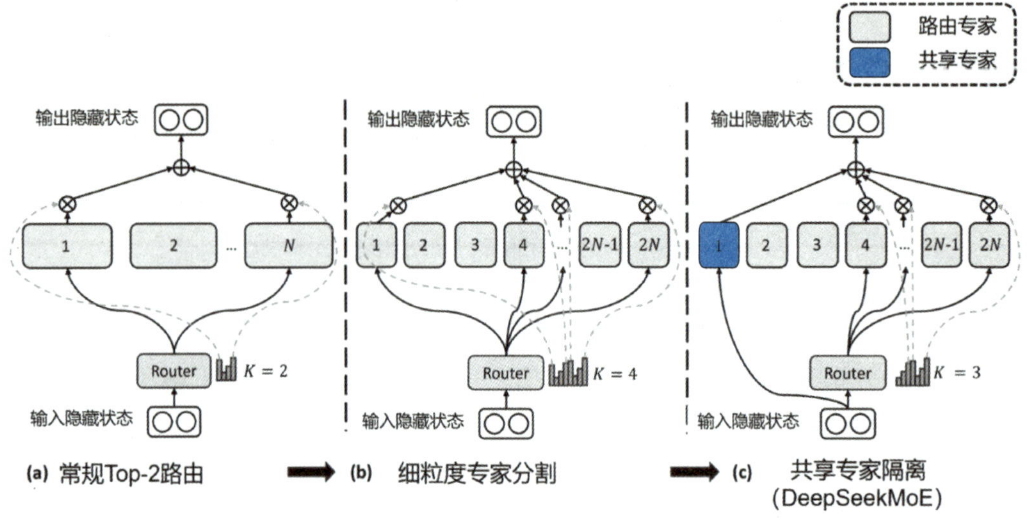

图 2-3　DeepSeekMoE 的示意图[10]

DeepSeekMoE 架构主要由细粒度专家分割和共享专家隔离两大策略支持。

1. 细粒度专家分割

在专家数量受限的情况下，每个专家覆盖的知识范围较广，可能导致参数空间中混杂不同类型的信息，从而影响模型的专业化能力和计算效率。在这样的架构下，单个专家必须处理多个类别的知识，而不同类别的知识可能具有显著的差异，导致训练和推理过程中难以有效利用这些专家。

为了缓解这个问题，DeepSeek 提出了细粒度专家分割（Fine-Grained Expert Segmentation）策略。该策略允许每个 Token 路由到更多但更小的专家，从而增强知识的解耦能力，使不同类别的知识可以被更精准地学习和存储。这种方式既保持了较高的专家专业化程度，又能优化模型推理时的专家利用率，提高计算效率。

如图 2-3 (a) 所示，缩小每个专家的 FFN 层的维度，即将原始专家的 FFN 层的维度缩小至原来的$1/m$，使其变成 m 个更小的专家。相应地，增加激活专家的数量至 m 倍，以确保计算成本不变，例如，如果原始 MoE 采用 Top-2 路由策略（Top-2 路由策略会为每个输入 Token 选择概率最高的两个专家来进行计算），那么在细粒度专家分割后，每个 Token 可以同时使用更多但更小的专家，见图 2-3(b)。

从组合角度，细粒度专家分割显著增加了模型可用的专家组合数量，使其能够更灵活地适应不同的任务需求。例如，在专家数量 $N=16$ 的情况下，原始 MoE 采用 ToP-2 路由策略，那么可能的专家组合总数为 $C_{16}^{2}=120$ 种，而将每个专家进一步拆分为 4 个小专家，那么总专家数变为 64（16×4）；如果使用 Top-8 路由策略，那么可能的专家组合数量变为 $C_{64}^{8}=4426165368$ 种，这种组合的指数增长提高了模型的灵活性，使其能够适应更复杂的任务，同时更精准地分配计算资源。

2. 共享专家隔离

在传统 MoE 架构中，Token 被动态路由到不同的专家。然而，由于不同专家在训练过程中可能学习相似的知识，这可能导致专家参数的冗余，从而降低模型的参数效率。

DeepSeek 通过引入共享专家（Shared Expert）来解决这些问题，这些专家专门负责学习跨任务或跨上下文的通用知识，从而减少重复计算，并提高模型整体的参数利用率。如图 2-3(c)所示，DeepSeekMoE 架构划分了一个共享专家，在执行过程中，这个专家会始终被激活，即无论路由模块的决策如何，每个 Token 都会被确定性地分配到这个专家，确保它专注于学习跨任务的通用知识。由于共享专家会始终参与计算，因此普通专家的计算量需要适当减少，以确保计算资源不会增加。

DeepSeekMoE 的架构在每个 FFN 阶段对输入 $\boldsymbol{u}_t$ 进行加权组合，即

$$\boldsymbol{h}_t'=\boldsymbol{u}_t+\sum_{i=1}^{N_s}\mathrm{FFN}_i^{(s)}(\boldsymbol{u}_t)+\sum_{i=1}^{N_r}g_{i,t}\times\mathrm{FFN}_i^{(r)}(\boldsymbol{u}_t) \tag{2-1}$$

其中，$\boldsymbol{u}_t$ 表示第 t 个 Token 的输入向量，N_s 表示共享专家的数量，N_r 表示路由专家的数量，$\mathrm{FFN}_i^{(s)}(\boldsymbol{u}_t)$ 表示第 i 个共享专家对输入 $\boldsymbol{u}_t$ 的处理，$\mathrm{FFN}_i^{(r)}(\boldsymbol{u}_t)$ 表示第 i 个路由专家对 $\boldsymbol{u}_t$ 的处理，$g_{i,t}$ 表示第 i 个路由专家的 Gating 权重（Gating 权重决定了每个输入 Token 如何分配到不同的专家进行处理，具有选择专家、负载均衡的作用）。

2.2.3 无辅助损耗负载均衡

在学习 DeepSeekMoE 的架构后，另一个重要的创新技术就是无辅助损耗负载均衡。

传统的规避路由崩溃的方法是通过强制实现“平衡路由”（Load Balance），即通过训练策略使得每个专家在训练批次中被激活的次数保持大致相等。这通常通过引入“辅助损失”来实现，以确保各专家的负载均衡。然而，这种强制性的辅助损失可能导致性能下降，特别是在面对结构不均衡的训练数据时。由于数据集的特征不均衡，同领域的专家可能被过度分配到不同的专家模块中，从而使得专家的能力被不合理地分散，进而极大地损害 MoE 模型的整体表现。

理想的 MoE 模型应当具备一些经常访问高频通用信息的专家，以及其他访问较少、专注于特定领域的专家。如果强制平衡路由，模型将失去灵活选择不同专家的能力，从而不能有效地实现这种专业化的路由策略。此外，强制平衡路由会导致在不同专家之间冗余复制信息，这不仅浪费计算资源，还会增加存储需求，影响 MoE 模型的整体效率和性能。因此，在没有辅助损失的负载均衡方案中，能够更自然地实现专家间的分工和信息共享，避免了这些不必要的冗余，并提高了模型的表现。

DeekSeek 采用了“增加共享专家 + 无辅助损耗负载均衡”的方法解决该问题，见图 2-3（c）。

无辅助损耗负载均衡（Auxiliary-Loss-Free Load Balancing）方法通过将特定专家的偏差项引入路由机制和专家亲和力，优化了专家的激活分配，不同于传统的通过梯度下降更新的辅助损失方法，偏差项在训练过程中不会直接进行梯度更新，而是持续被监控并调整，以确保负载平衡。在训练过程中，如果某个专家的激活次数过少，偏差项就会在每次梯度更新时进行微调，从而提升该专家的激活概率。这种动态调整机制使得 DeepSeek-V3 在训练过程中能够超越使用辅助损失进行负载平衡的模型，表现出更优的性能。与强制平衡路由策略不同，DeepSeek-V3 能够更加灵活地适应数据的特性，避免了由于过度平衡而导致的性能损失和冗余计算。

尽管从模型架构角度，DeepSeekMoE 的无辅助损耗负载均衡分配策略还不是理论上的最优方案，但是与传统的强制辅助损失方法相比，它已经在有效性和性能上实现了显著的改进。这种分配策略体现了在优化专家分配和路由策略时的一种更加灵活和高效的路径。

2.3 多头潜在注意力

在 Transformer 架构中，传统的 MHA（多头注意力）依赖键值缓存（KV Cache）来加速推理。然而，键值缓存的存储需求会随着上下文长度线性增长，导致存储开销过大，成为影响推理性能的关键瓶颈。

DeepSeek 通过引入 MLA（多头潜在注意力），创新性地在潜在空间（Latent Space）中进行注意力计算，从而减少键值缓存的需求，同时优化计算效率。

下面将从模型推理的步骤入手，让读者逐步体会 DeepSeek 对传统注意力机制的创新性突破。

2.3.1 键值缓存简介

当前主流的大模型，如 GPT 系列、LLaMA 系列、BERT 系列和最新的 DeepSeek 系列，都采用了 Transformer 架构。Transformer 架构以其高效的并行计算能力和强大的表达能力，成为大模型的核心基础。基于 Transformer 的大模型在推理时通常分为两个阶段：Prefill 阶段和 Decode 阶段。这两个阶段共同协作，完成从输入到输出的生成过程。

1. Prefill 阶段：并行计算

在 Prefill 阶段，模型会对所有输入的 Token（Prompt Tokens）进行一次性计算。这个阶段的核心任务是获取第一个输出 Token。由于 Prefill 阶段是并行计算的，因此它可以同时处理所有输入 Token，从而显著提高计算效率。

假设我们输入一句话“今天天气怎么样”，模型会一次性处理这句话中的所有 Token（如“今天”“天气”“怎么样”等），并生成第一个输出 Token（如“今天”）。

2. Decode 阶段：自回归生成

在 Decode 阶段，模型会进入自回归生成模式。每次只生成一个 Token，并将其作为新的输入继续推理，直到生成 EOS（表示序列的末尾）Token 或达到最大生成长度。这个阶段的特点是逐步生成输出，每次生成一个 Token 后，模型会根据当前的输出重新调整下一步的生成内容。

例如，如果模型在 Prefill 阶段生成了第一个 Token“今天”，那么在 Decode 阶段，它会继续生成下一个 Token“天气”，接着生成“很”，最后生成“好”，直到生成完整的句子“今天天气很好。”。

Transformer 模型的推理过程中，计算消耗的主要来源是堆叠的多层 Transformer 块，包含多头自注意力和 FFN 层。如图 2-4 所示，多头自注意力机制要计算 $\boldsymbol{Q}$、$\boldsymbol{K}$、$\boldsymbol{V}$ 矩阵来做多头注意力的计算。

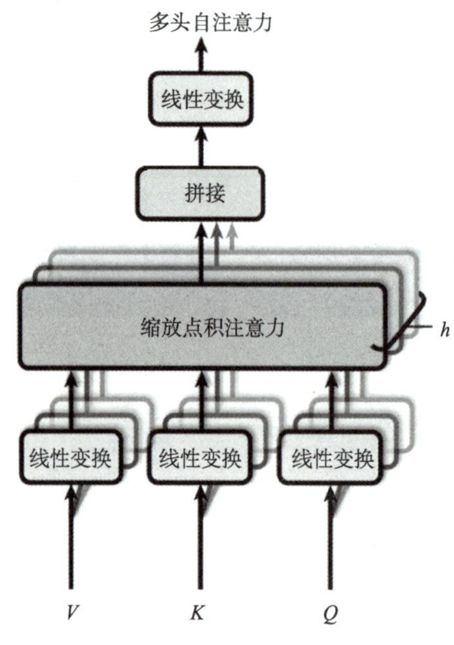

图 2-4　多头注意力机制结构

当使用传统 Transformer 在推理过程中计算并生成 Token 时，模型需要读取所有过去 Token 的上下文，以决定下一个要输出的 Token。最直接的方法是，每次生成新 Token 时都重新执行一次完整的前向传播，即对所有过去的 Token 重新计算注意力权重，从而获取新的输出。然而，这种方法计算成本极高，尤其是当序列长度增长时，计算复杂度将从 $O(n^2)$ 迅速攀升，导致推理效率大幅下降。

传统的基于 Transformer 的模型在推理过程中会为每个新 Token 计算其对应的键（Key）和值（Value）向量。然而，模型实际上并不需要在每一步都重新计算之前所有 Token 的 KV 值，因为这些 Token 在上一步推理时已经被处理过了，重复计算会产生大量计算资源的浪费。

为解决这个问题，目前常用的方法是缓存所有过去 Token 的相关内部状态，主要是注意力机制中的键向量和值向量。这就是“KV Cache”（键值缓存）名称的由来。

$$\boldsymbol{K} = \boldsymbol{X}\boldsymbol{W}_K \tag{2-2}$$

$$\boldsymbol{V} = \boldsymbol{X}\boldsymbol{W}_V \tag{2-3}$$

式(2-2)和式(2-3)分别是 $\boldsymbol{K}$ 和 $\boldsymbol{V}$ 的计算公式。其中，$\boldsymbol{W}_K$ 和 $\boldsymbol{W}_V$ 是模型的可训练参数，不同层有不同的参数；$\boldsymbol{K}$、$\boldsymbol{V}$ 是计算出的键向量和值向量，用于注意力计算；$\boldsymbol{X}$ 代表输入的 Token 向量。

KV Cache 的核心原理用一句话来说就是，在推理时缓存 Transformer 计算出的 $\boldsymbol{K}$ 和 $\boldsymbol{V}$ 向量，避免重复计算，加速自回归生成。在训练时，由于所有 Token 是并行计算的，不需要缓存 KV。而在推理时，模型采用自回归方式生成 Token，每次生成新 Token 都依赖之前的 Token。如果不使用 KV Cache，每次生成新 Token 都需要重新计算所有先前 Token 的 KV 值，计算量极大，效率低下。

2.3.2 RoPE 简介

在大模型的世界里，自注意力机制是不可或缺的核心技术之一。然而，自注意力机制本身无法自动识别 Token 的顺序，因此需要引入特殊的方式，对 Token 的位置信息进行编码。换句话说，它会把输入的 Token 视为无序的集合，这就导致了诸如“the dog chases the pig”和“the pig chases the dog”这样的句子无法被正确区分，因为它们的 Token 组成相同，只是顺序不同。为了解决这个问题，位置编码（Positional Encoding，PE）应运而生，通过给每个 Token 添加位置信息，帮助模型理解 Token 在序列中的顺序。下面将详细介绍位置编码的几种常见方式，以及一种非常巧妙的改进方法——旋转位置编码（Rotary Position Embedding，RoPE）。

位置编码主要分为绝对位置编码（Absolute Positional Encoding，APE）和相对位置编码（Relative Positional Encoding，RPE）。

1. 绝对位置编码

绝对位置编码是基于 Token 在序列中的固定索引来定义的，每个 Token 都会被分配一个唯一的位置编码。这个编码与 Token 本身的向量表示融合后，再输入自注意力机制。这样，模型在输入层就注入了位置信息。最经典的例子是原始 Transformer 论文中使用的三角函数（sin-cos）编码。它的计算公式如下：

$$\mathrm{PE}_{(p,2i)} = \sin\frac{p}{10000^{\frac{2i}{d}}} \tag{2-4}$$

$$\mathrm{PE}_{(p,2i+1)} = \cos\frac{p}{10000^{\frac{2i}{d}}} \tag{2-5}$$

其中，p 是 Token 的位置索引；$i = 1,2,\cdots,d/2$，是维度索引；d 是向量维度。这种编码方式对不同序列长度通用，并且能够捕捉位置信息的周期性。然而，绝对位置编码也有局限性。它为每个位置分配一个唯一的向量，虽然简单，但是在长序列上表现不佳，因为它无法有效捕获相对位置信息。

2. 相对位置编码

相对位置编码不关注 Token 在序列中的绝对索引，而是关注 Token 之间的相对位置，即某个 Token 与另一个 Token 之间的距离。这种方式更符合某些任务的需求。例如，T5（Text-to-Text Transfer Transformer，文本到文本迁移的 Transformer 模型）采用相对偏置来调整注意力计算，使其能更有效地建模相对位置信息。

不过，相对位置编码也有缺点，虽然增强了模型对 Token 之间关系的理解，但是会使模型架构变得复杂，并且需要额外的可训练参数。

3. RoPE

RoPE 是一种巧妙的改进方法，结合了绝对位置编码和相对位置编码的优点，允许模型同时理解 Token 的绝对位置和相对距离，而无须引入额外的可训练参数。它的核心思想是，对 Transformer 自注意力机制中的 Query（$\boldsymbol{Q}$）和 Key（$\boldsymbol{K}$）向量分别施加旋转变换，使得变换后的 $\boldsymbol{Q}$ 和 $\boldsymbol{K}$ 向量自然包含位置信息，并在注意力计算过程中编码相对位置信息。

如图 2-5 所示，向量 $\boldsymbol{G}$ 通过旋转角度 θ 进行逆时针旋转，产生了新的坐标 (x',y')。旋转后的向量依然保持长度不变，但其方向发生了变化。RoPE 正是通过这种方法将输入的每个维度进行旋转变化，对应每个位置的向量会通过旋转特定的角度来变换，从而为大模型提供位置信息。

1）旋转角度的定义

假设 d 维度的查询向量 $\boldsymbol{Q}$ 和键向量 $\boldsymbol{K}$ 可以被划分为多个两两配对的维度，RoPE 的旋转角度定义为

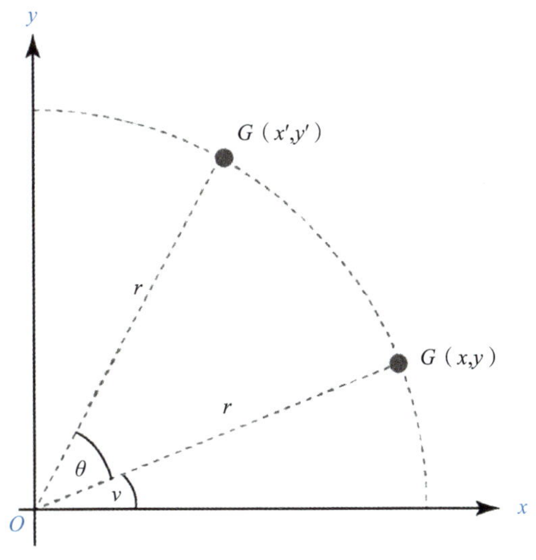

图 2-5 位置旋转示意图

$$\theta_p = \frac{p}{10000^{\frac{2i}{d}}} \quad (i = 1, 2, \cdots, \frac{d}{2}) \tag{2-6}$$

其中，d 是向量维度，i 代表当前维度对的索引，p 是位置索引，10000 是缩放因子，用于保持数值稳定。

2 ）旋转位置变换

为了便于理解，假设输入的词向量的维度 $d = 2$ ，对于 Query 和 Key 中的某个 2 维向量 $(\boldsymbol{x}, \boldsymbol{y})$ ，RoPE 通过二维旋转变换使其带有位置信息，那么旋转的计算公式为

$$\begin{aligned} x' &= r\cos(v+\theta) = r\cos v\cos\theta - r\sin v\sin\theta \\ y' &= r\sin(v+\theta) = r\sin v\cos\theta + r\cos v\sin\theta \end{aligned} \tag{2-7}$$

其中，r 是向量长度，v 是该向量与 X 轴的夹角，θ 是旋转的角度，对应图 2-5。对于位置 p，将式(2-7)写成矩阵相乘的形式，即

$$\begin{vmatrix} x' \\ y' \end{vmatrix} = \begin{vmatrix} \cos\theta_p & -\sin\theta_p \\ \sin\theta_p & \cos\theta_p \end{vmatrix} \begin{vmatrix} x \\ y \end{vmatrix} \tag{2-8}$$

其中，$(\boldsymbol{x}, \boldsymbol{y})$ 是原始 Query 或 Key 向量的两个相邻分量，$(\boldsymbol{x}', \boldsymbol{y}')$ 是经过 RoPE 旋转变换后的新向量。θ_p 是式 2-6 计算的旋转角度。

RoPE 的高效性已经成为现代众多大语言模型（如 GPT-4、LLaMA 2、DeepSeek-R1）的重要位置编码方式之一。

2.3.3 传统 MHA 的缓存机制的不足

多头注意力机制是实现高效信息处理的核心组件之一。然而，传统的 MHA 在缓存机制上存在一些问题，这些问题在处理大规模模型或长序列数据时尤为明显，不仅影响了模型的推理效率，还限制了模型的扩展性和实际应用能力。为了更好地理解这些问题，我们将详细探讨传统 MHA 缓存机制的 3 个主要弊端，并介绍一种由 DeepSeek 提出的创新解决方案——MLA（多头潜在注意力）架构。通过引入低秩联合压缩技术，MLA 有效地解决了传统 MHA 的问题，为大模型的高效推理提供了新的思路。

传统的 MHA 在缓存机制上的问题主要体现在以下 3 方面。

1. 独立存储带来的高内存消耗

在传统的 MHA 设计中，每个注意力头都会独立地计算并存储自己的 ***K***（键）和 ***V***（值）矩阵。也就是说，在模型推理时，如果模型有 N 个注意力头，就需要为每个头分配独立的缓存空间来保存对应的矩阵数据。这会导致内存开销呈倍增趋势，对于大规模模型或在处理长序列数据时，这种内存需求可能会超过硬件资源的承载能力。

例如，想象一个小房间里，每个人都拿着一个大背包，如果房间里有很多人，房间很快就会变得拥挤，连走动的空间都没有了。在多头注意力机制中，每个“头”都存储自己的数据（键和值），就像每个人都有一个大背包，这样内存（计算机存储空间）就会被大量占用。

2. 冗余计算引发效率低下

每个注意力头在独立缓存中处理自己的数据，虽然提高了并行处理的灵活性，但是不可避免地引入了大量的重复计算。多个头在计算时可能需要处理相似或部分重叠的信息，这种设计导致同一信息被多次计算，无法实现数据共享和协同利用。重复计算不但浪费了宝贵的计算资源，而且在高并发和实时应用场景下，容易成为推理过程中的性能瓶颈，降低了整体计算效率。

设想你和几个朋友都在分别记同一本书的内容，这样每个人都在重复写同样的内容，而你们本可以合作，每人记录一部分，效率更高。同样，在传统的多头注意力机制中，每个“头”独自计算相似的信息，这就像每个人都在重复劳动，导致整体速度变慢。

3. 扩展性受限导致部署困难

当模型规模扩展、注意力头数量增多时，传统缓存机制的缺点会被进一步放大。独立缓存策略不但在内存和计算资源上存在巨大压力，而且在硬件资源有限的情况下，容易成为模型扩展和部署的主要瓶颈。特别是在需要部署于边缘设备或实时系统中时，缓存机制带来的资源开销和管理复杂性会极大限制系统的灵活性和稳定性。此外，由于每个注意力头均需独立运算，扩展到更多注意力头时，对系统的调度和优化也提出了更高的要求，进一步增加了部署难度。

同样，当模型变得更大、需要更多注意力头时，独立缓存的设计会导致内存和计算资源需求急剧增加，这样就会影响模型的实际应用和扩展。

2.3.4 低秩键值联合压缩的注意力机制

MLA 机制是一种对传统多头注意力机制进行全新设计的创新方法，其目标在于提高推理效率并显著降低资源消耗。与传统 MHA 需要在每个注意力头上分别处理和存储键值对不同，MLA 利用低秩键值联合压缩技术，将分散在各注意力头中的信息整合成一个紧凑的潜在向量。这种设计不仅有效减少了缓存容量的需求，还极大地简化了计算流程，从而实现了更高效的推理性能。

图 2-6 是不同注意力机制的示意图。MHA 的 KV Cache 存储问题已经成为限制推理效率的瓶颈。GQA（Grouped-Query Attention，分组查询注意力）和 MQA（Multi-Query Attention，多查询注意力）也是对 MHA 的改进，它们所需的 KV Cache 规模较小，但是性能不及 MHA。那么，MLA 是如何减少 KV Cache 以加快推理速度的？

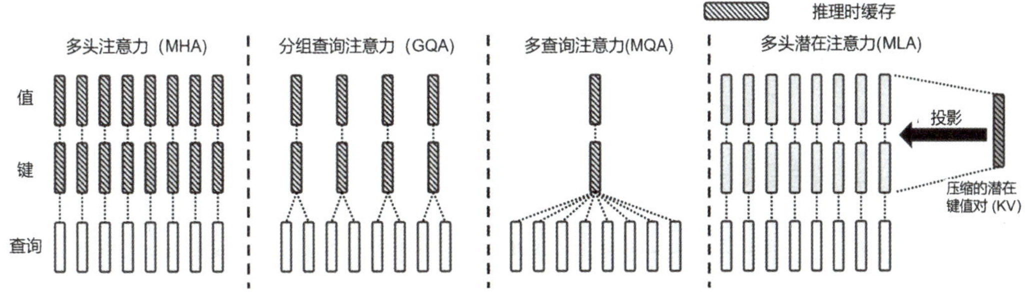

图 2-6　不同注意力机制的示意图[6]

MLA 的核心在于对计算注意力中的 Key 和 Value 向量进行联合低秩压缩，以减少推理过程中的 KV Cache。这种压缩方法基于线性代数中的矩阵低秩分解技术。

矩阵低秩分解是一种将一个大矩阵分解为多个小矩阵乘积的技术。如图 2-7 所示，假设有一个 $a \times b$ 的矩阵（a 行 b 列的矩阵），它可以被分解为两个 $a \times r$ 、$r \times b$ 的较小矩阵的乘积。其中，r 是一个远远小于 a 或 b 的值。这种分解不仅减少了存储空间，还大大降低了矩阵计算的复杂度。其中，r 的值越低，能够完美重建的矩阵空间就越小。因此，选择合适的 r 值至关重要，需要在压缩率和重建精度之间找到平衡。

$$\underset{\boldsymbol{A}\text{ 矩阵}}{\begin{vmatrix} 1 & 2 & 1 & 2 & 1 \\ 3 & 4 & 3 & 4 & 3 \\ 5 & 6 & 5 & 6 & 5 \\ 7 & 8 & 7 & 8 & 7 \end{vmatrix}} = \underset{\boldsymbol{B}\text{ 矩阵}}{\begin{vmatrix} 1 & 2 \\ 3 & 4 \\ 5 & 6 \\ 7 & 8 \end{vmatrix}} \times \underset{\boldsymbol{C}\text{ 矩阵}}{\begin{vmatrix} 1 & 0 & 1 & 0 & 1 \\ 0 & 1 & 0 & 1 & 0 \end{vmatrix}}$$

图 2-7　低秩分解

在神经网络的设计与开发过程中，矩阵低秩分解是一种重要的优化技术，通过将大矩阵分解为多个小矩阵的乘积，从而减少参数数量并降低计算复杂度。尽管这种方法会带来一定的精度损失，但能够显著减少内存占用和计算成本。

在了解 MLA 的数学基础后，下面将从 MLA 的结构入手，详细分析 MLA 的计算过程。图 2-8 是 MLA 的结构图，我们将从下到上，从输入到输出，详细介绍 MLA 是如何实现 KV Cache 的压缩的，又是如何实现 RoPE 的。

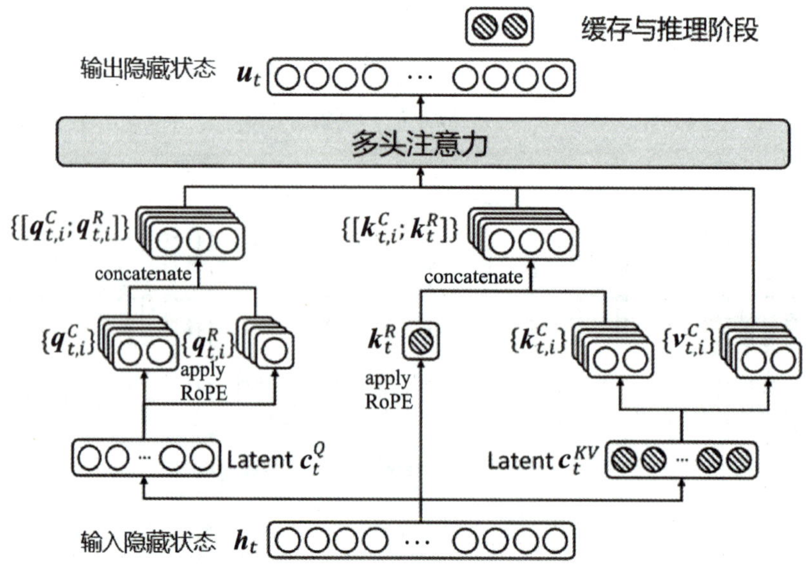

图 2-8　MLA 的结构图[8]

1. Q、K 和 V 的向下投影

假设输入状态 $\boldsymbol{h}_t$ 的维度为(seq_length, 2000)，权重矩阵用于将 $\boldsymbol{h}_t$ 投射到 $\boldsymbol{Q}$、$\boldsymbol{K}$、$\boldsymbol{V}$ 的特征表示中。其中，每个特征表示通常保持与输入相同的维度，因此 $\boldsymbol{Q}$、$\boldsymbol{K}$、$\boldsymbol{V}$ 的维度也为(seq_length, 2000)。

然而，MLA 方法采用了不同的策略。如图 2-9 所示，MLA 通过向下投影，将 $\boldsymbol{Q}$、$\boldsymbol{K}$、$\boldsymbol{V}$ 的维度显著缩小。例如，输入状态 $\boldsymbol{h}_t$ 具有维度(seq_length, 2000)，MLA 生成的 $\boldsymbol{Q}$、$\boldsymbol{K}$、$\boldsymbol{V}$ 的维度可能被压缩到(seq_length, 100)。

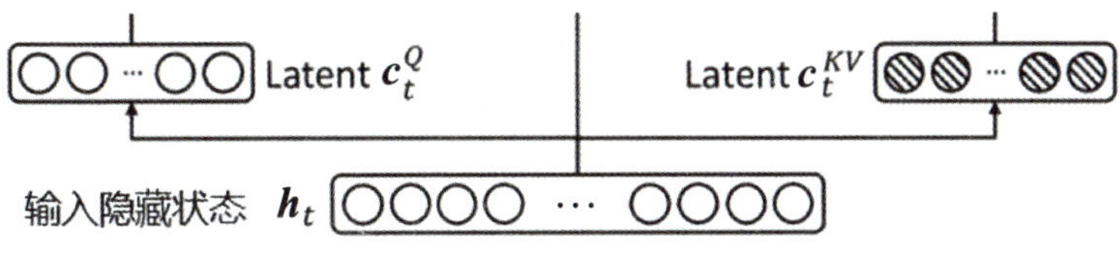

图 2-9 对 $\boldsymbol{Q}$、$\boldsymbol{K}$ 和 $\boldsymbol{V}$ 的输入进行向下投影[8]

在具体的实现过程中，$\boldsymbol{Q}$、$\boldsymbol{K}$ 和 $\boldsymbol{V}$ 的权重矩阵通常会进行融合，以提高 GPU 的计算和内存效率。与分别进行独立投影不同，组合权重矩阵可以优化运算过程。在 MLA 机制中，$\boldsymbol{K}$ 和 $\boldsymbol{V}$ 的生成也遵循这个原则，即

$$\boldsymbol{c}_t^{KV} = \boldsymbol{W}^{DKV} h_t \tag{2-9}$$

式中使用了一个单一的权重矩阵，表示为 $\boldsymbol{W}^{DKV}$。这里，$\boldsymbol{W}^{DKV}$ 中的“D”代表向下（Down）投影的权重矩阵，其作用是通过降维提升注意力计算的效率。

这种投影的输出是一个包含 $\boldsymbol{K}$ 和 $\boldsymbol{V}$ 的联合特征表示 $\boldsymbol{c}_t^{KV}$，$\boldsymbol{c}_t^{KV}$ 的形状为(seq_length, 200)，其中第一个(seq_length, 100)对应 $\boldsymbol{K}$ 矩阵，剩余的(seq_length, 100)对应 $\boldsymbol{V}$ 矩阵。

经过上述压缩后，$\boldsymbol{K}$ 和 $\boldsymbol{V}$ 输出会在推理过程中进行缓存，从而大大减少了 KV Cache 的内存占用。$\boldsymbol{Q}$ 矩阵的计算过程与 $\boldsymbol{K}$、$\boldsymbol{V}$ 矩阵一样，也进行了相同的压缩过程。

$\boldsymbol{Q}$ 矩阵的压缩计算公式为

$$\boldsymbol{c}_t^{Q} = \boldsymbol{W}^{DQ} h_t \tag{2-10}$$

其中，$\boldsymbol{W}^{DQ}$ 是降维矩阵，用于压缩 $\boldsymbol{Q}$；$\boldsymbol{c}_t^{Q}$ 是 $\boldsymbol{Q}$ 的潜在表示，形状为(seq_length, 100)。

2. Q、K 和 V 的向上投影

经过向下投影压缩后，$\boldsymbol{Q}$、$\boldsymbol{K}$ 和 $\boldsymbol{V}$ 会向上投影以恢复更大的尺寸，用于注意力计算。这个更大的尺寸既可以与原始输入 $\boldsymbol{h}_t$ 的维度匹配，也可以根据注意力头的配置来调整。

例如，当其与 h_t 的维度匹配时，***Q***、***K*** 和 ***V*** 的尺寸可以恢复到(seq_length, 2000)，如果按照 64 个注意头进行匹配，可以将 ***Q***、***K*** 和 ***V*** 的尺寸恢复到(seq_length, 3200)，其中 3200 源自 64 × 50（64 个注意头，每个注意头的维度为 50）。图 2-10 展示了 ***Q***、***K*** 和 ***V*** 矩阵向上投影的过程。

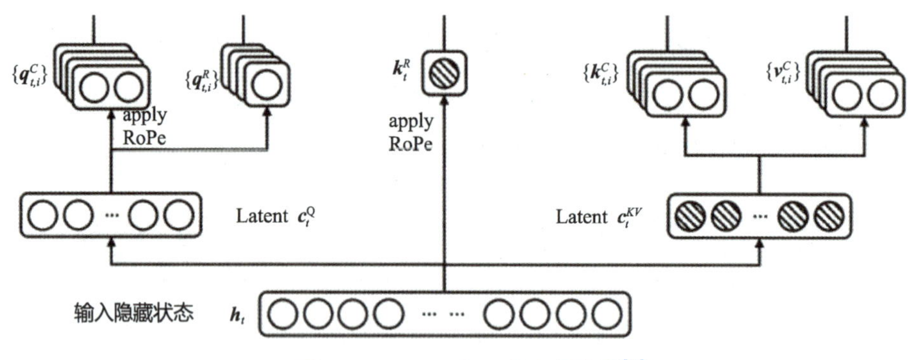

图 2-10　***Q***、***K*** 和 ***V*** 的向上投影[8]

Q、***K*** 和 ***V*** 矩阵向上投影的计算公式如下：

$$q_t^C = W^{UQ} c_t^Q \tag{2-11}$$

$$k_t^C = W^{UK} c_t^{KV} \tag{2-12}$$

$$v_t^C = W^{UT} c_t^{KV} \tag{2-13}$$

其中，W^{UQ}、W^{UQ} 和 W^{UQ} 分别是 ***Q***、***K*** 和 ***V*** 的向上投影矩阵，这里的“*U*”代表向上（Up）投影，表示将向下投影压缩后的特征表示扩展回更大的维度空间，以进行注意力的计算。q_t^C、k_t^C 和 v_t^C 是向上投影后生成的 ***Q***、***K*** 和 ***V*** 矩阵。

3. 使用 RoPE 对 Q 和 K 矩阵编码位置信息

在 Transformer 模型中，位置编码是至关重要的，因为它为模型提供了序列中每个 Token 的位置信息，从而帮助模型理解输入的顺序关系。MLA 机制使用了创新的 RoPE 方法，将位置信息与内容信息分离，并通过拼接方式融合，从而在注意力计算中同时利用内容和位置信息，如图 2-11 所示。

MLA 采用的位置编码是解耦 RoPE 策略，与一般 RoPE 方法相比，主要有以下两点不同。

① 生成独立的 ***Q*** 和 ***K*** 矩阵。一般的 RoPE 方法会将位置信息直接嵌入到 ***Q*** 和 ***K*** 向量中，而解耦 RoPE 策略通过额外生成专门用于携带位置信息的 ***Q*** 和 ***K*** 向量，将位置信息与内容信息分离。

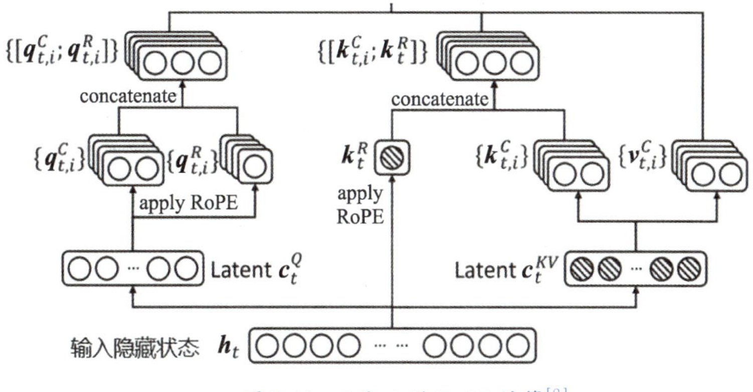

图 2-11 Q 和 K 的 RoPE 计算[8]

② 拼接融合。模型首先通过向上投影得到原始的 Q 和 K 向量；同时，利用 RoPE，得到专门增强了位置信息的 Q 和 K 向量；最后，将这两部分向量进行拼接，从而使得后续的注意力计算既能利用内容信息，又能充分利用位置信息。

4. 生成 Q 和 K 的 RoPE 向量

在前面的学习中我们知道，传统的 RoPE 会直接对上投影得到的查询向量（通常记作 q_t^C）应用旋转操作，将位置信息直接编码到查询和键向量中，这种变换可直接在 Q 中编码相对位置信息，无须正弦编码或绝对编码等显式位置向量。

在 MLA 中，上投影 Q（q_t^C）计算公式为

$$\left|q_{t,1}^C;q_{t,2}^C;\cdots;q_{t,n_h}^C\right| = q_t^C = W^{UQ}c_t^Q \tag{2-14}$$

RoPE 向量的生成不是对 q_t^C 应用 RoPE，而是在使用式(2-10)中生成的 c_t^Q 来进行 Q 的 RoPE 向量生成，并得到带位置编码的查询向量 q_t^R。具体的操作逻辑是将式(2-10)生成的 c_t^Q 与权重矩阵 W^{QR} 相乘，就能从 c_t^Q 中生成完全独立的 Query 向量，这些向量经过 RoPE 变换后，就得到了带位置编码 Query 特征表示（q_t^R）。其计算公式为

$$\left|q_{t,1}^R;q_{t,2}^R;\cdots;q_{t,n_h}^R\right| = q_t^R = \mathrm{RoPE}(W^{UQ}c_t^Q) \tag{2-15}$$

生成带位置编码信息的 q_t^R 与每个注意头的向上投影后的向量 q_t^C 进行连接，以便每个注意头都能获得相应的带位置编码信息 Query 向量。

在计算 Q 的位置向量后，K 的计算过程与 Q 的计算过程类似，不是对向上投影进行 RoPE 操作，而是生成新的 K 的向量并对其进行 RoPE 操作。

K 向量的位置编码计算公式为

$$\boldsymbol{k}_t^R = \text{RoPE}(\boldsymbol{W}^{KR}\boldsymbol{h}_t) \tag{2-16}$$

但与应用 RoPE 的 $\boldsymbol{q}_t^R$ 有两个关键性区别：其一是 MLA 机制直接从输入向量 $\boldsymbol{h}_t$ 生成新的 $\boldsymbol{K}$ 向量，而不是通过向上投影的 $\boldsymbol{k}_t^C$ 生成；其二是将带位置编码的 $\boldsymbol{K}$ 向量 $\boldsymbol{k}_t^R$ 和经过向上投影后的 $\boldsymbol{k}_t^C$ 进行拼接，使得每个注意力头都能够获得相应的带位置编码信息的 $\boldsymbol{K}$ 向量。

5. 计算注意力输出

经过拼接过程会增加 $\boldsymbol{Q}$ 和 $\boldsymbol{K}$ 向量的维度。为了处理增加的维度，模型可以选择以下策略。

① 增加注意力头的数量。这将保持原有的每头维度，但需要更多的计算资源。

② 调整每个头的处理维度。保持头的数量不变，但提高每个头的维度，以适应拼接处理后的向量。

图 2-12 是经过拼接后的向量在经过多头注意力后的输出。

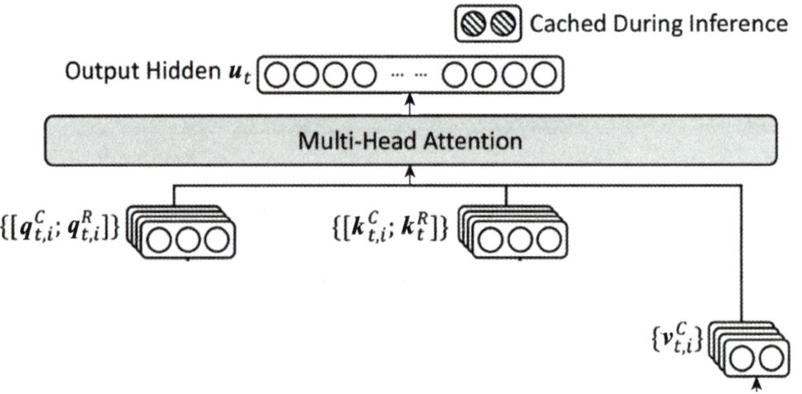

图 2-12　计算注意力输出[8]

至此，MLA 的计算过程已经全部讲解完了。通过对 MLA 的学习，我们不难看出，MLA 是个非常先进且有趣的创新，这种创新是建立在对注意力机制的深度理解之上的。MLA 并不是对 MHA 创新的终点，在 MLA 之后还会出现新的创新，甚至有超越 Transformer 的注意力模式的技术出现。

2.4　多 Token 预测

Transformer 架构在序列的生成过程中，是按照“一个接一个 Token（Token-by-

Token）”的形式进行生成的。每次生成新的 Token 时，都需要频繁进行访存操作，这种密集的访存任务通常会形成训练或推理阶段的性能瓶颈。针对“一个接一个 Token”这种生成方式所导致的效率问题，业界提出了多种优化方案。

2.4.1 块级并行解码策略

2018 年，谷歌研究团队在论文 *Blockwise Parallel Decoding for Deep Autoregressive Models* 中提出块级并行解码策略（Blockwise Parallel Decoding）[12]。该项研究的重点是在模型的解码器模块后增加多个 lm_head 模块。例如，增加后的 lm_head 数量为 K，每个 lm_head 模块负责预测一个 Token，第一个 lm_head 模块负责预测第一个 Token（预测 Next Token），那么第二个 lm_head 模块就负责预测第二个 Token（Next Next Token），第 K 个 lm_head 则预测第 K 个 Token。

如图 2-13 所示，在预测阶段，K 个 lm_head 模块一次生成 K 个 Token；在验证阶段，将原始的序列与生成的 K 个 Token 拼接，组成 Pair<Sequence_input, label>对。组装的 K 个对构成一个批次，被输入 lm_head 进行校验，选择与 lm_head 预估结果与标签一致的最长的 K 个 Token 序列作为可接受结果。

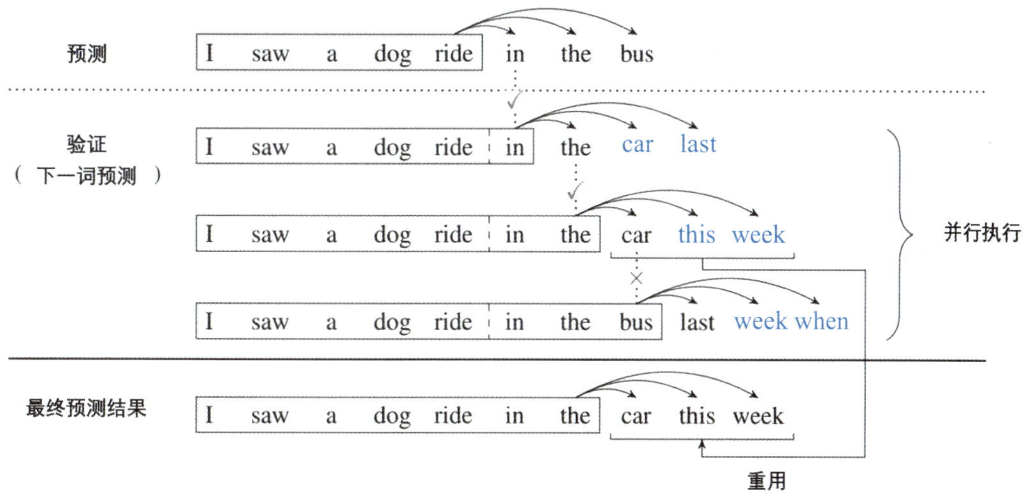

图 2-13 块级并行解码策略案例[12]

2.4.2 Meta 的 MTP 方法

2024 年 4 月，Meta 团队在论文 *Better & Faster Large Language Models via Multi-token*

Prediction 中提出了新的 MTP 方法，核心思想是通过预测多步 Token，迫使模型学习到更长的 Token 依赖关系[13]。

针对输入的 Token t_i，在 Transformer 模型的主网络中接入 4 个并行的预测头，分别预测后续的 t_{i+1}、t_{i+2}、t_{i+3}、t_{i+4}，如图 2-14 所示。

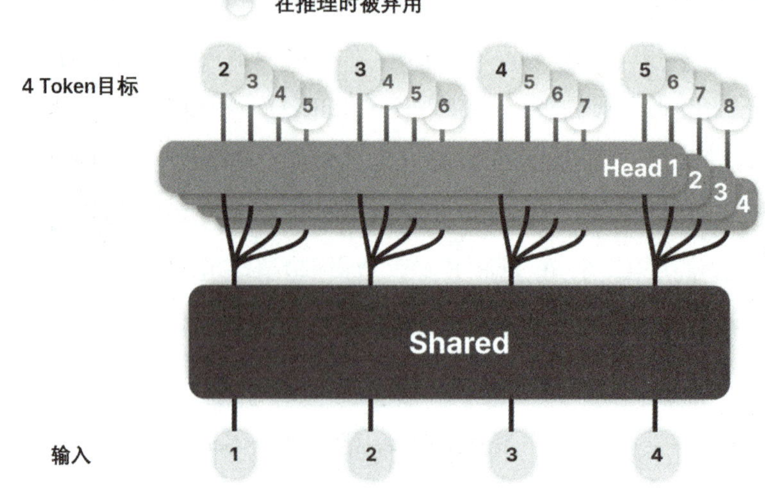

图 2-14　Meta 的 MTP 案例[13]

2.4.3　DeepSeek 的 MTP 方法

如图 2-15 所示，DeepSeek 的 MTP 方法用 D 个顺序模块去预测 D 个额外的 Token。具体而言，在训练过程中，输入 Token 通过共享的 Embedding 层传播到所有的 Transformer 模块中。第一个预测头直接连接到主模型的最后一个 Transformer 层。该输出头通常是一个前馈神经网络，其输出维度与模型的词汇表大小相匹配。该模块的核心功能是预测序列中的下一 Token。例如，给定输入序列的 Token，如 t_1、t_2、t_3、t_4，该预测头会依次预测 t_2、t_3、t_4、t_5。然而，在推理阶段，仅需计算最终预测的 Token t_5。

第二个预测头通过添加额外的可学习层扩展了该方法，接收来自主模型最后一个 Transformer 层的输出，应用 RMSNorm 进行归一化，并将其与输入向量进行拼接。与第一个预测头从 t_1 开始处理输入 Token 不同，该预测头从 t_2 开始处理输入 Token。拼接后的输出通过线性投影层映射到合适的向量尺寸，随后经过一个可学习的 Transformer 模块进行进一步处理。在训练过程中，该预测头负责预测 t_3～t_6 的 Token，而在推理阶段仅计算 t_6 的输出。

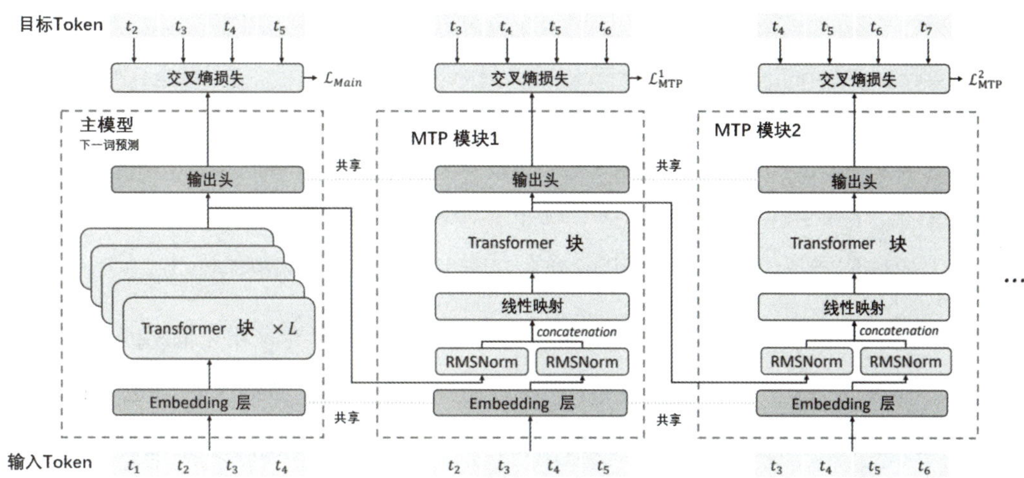

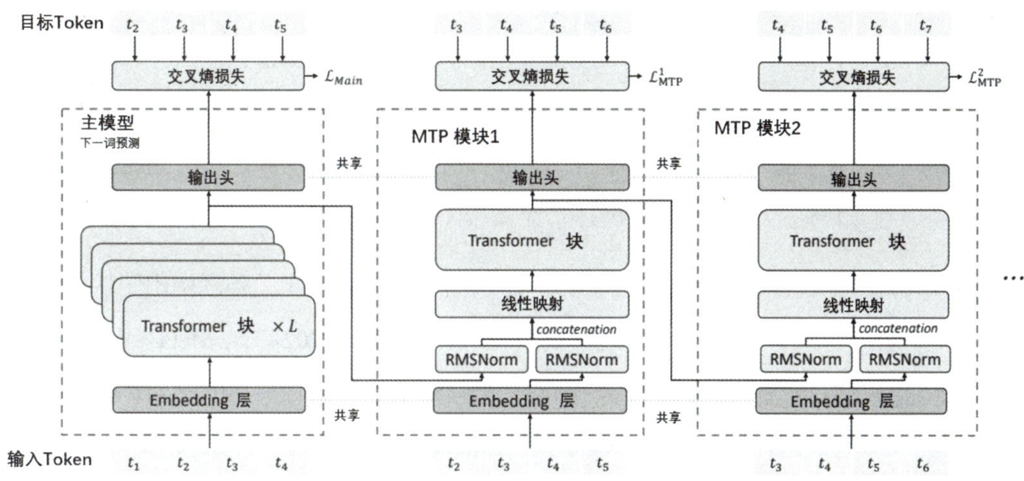

图 2-15 DeepSeek 的 MTP 案例[8]

同样，第三个预测头接收来自第二个预测头的 Transformer 块的输入和对应的输入向量（范围为 $t_3 \sim t_6$），遵循与先前预测头相同的顺序：在训练阶段预测 $t_4 \sim t_7$ 的序列，但在推理阶段仅计算 t_7 的预测值。经过 MTP 训练后，模型能够提高对未来 Token 编码的预规划能力，从而实现更好的预测性能。

综上所述，经过一系列关于 MTP 技术的研究，DeepSeek MTP 作为其中的集大成者，通过一次性预测多个未来 Token，显著提高了样本的利用效率，并且使模型能够捕捉更长的上下文信息。

小　结

本章从整体上介绍了 DeepSeek-V3/R1 的架构，为后续技术细节的深入探讨奠定了坚实的基础，详细剖析了 DeepSeek-V3/R1 的三个核心创新：DeepSeekMoE、MLA 机制和 MTP。这些创新不仅提升了模型的性能，还显著优化了计算和内存效率。

DeepSeekMoE 是对传统 MoE 架构的改进，通过引入共享专家和无辅助损耗负载均衡技术，解决了传统 MoE 中参数冗余和资源分配不均的问题。DeepSeekMoE 通过共享专家机制，减少了专家模型的冗余参数，从而提升了模型的训练效率和推理性能。而无辅助损耗负载均衡技术在不增加额外损失函数的前提下，实现了专家之间的高效资源分配，进一步优化了模型的运算效率和性能。

MLA 是 DeepSeek-V3/R1 的另一项重要创新，通过低秩键值联合压缩和解耦 RoPE 向量，显著提升了注意力机制的计算和内存效率。从 $\boldsymbol{Q}$、$\boldsymbol{K}$、$\boldsymbol{V}$ 的向下投影、向上投影到 RoPE 向量，再到最终的注意力输出，详细分析了 MLA 的计算过程。这种改进方案在确保信息有效传递的同时，大幅提升了计算和内存效率。

MTP 旨在解决传统单 Token 生成效率低下的问题。2018 年，谷歌提出了块级并行解码策略，通过增加多个 lm_head 模块并行预测多个 Token。2024 年，Meta 提出了 MTP 方法，通过多个并行预测头预测后续 Token，增强模型对长依赖关系的学习。DeepSeek 的 MTP 方法则通过顺序模块和共享向量化（Embedding）层，逐层预测更多 Token，显著提升了样本效率和上下文捕捉能力。

本章系统地阐述了 DeepSeek-V3/R1 模型的核心架构和关键技术改进。通过对 DeepSeekMoE、MLA 和 MTP 的深入探讨，我们不仅理解了这些创新技术的原理，还看到了它们在实际应用中的显著优势。这些创新为后续模型的优化和性能提升提供了坚实的理论与实践依据。随着技术的不断发展，DeepSeek-V3/R1 的架构和优化策略有望在更多领域发挥其潜力，推动大模型技术的进一步普及和应用。

第 3 章

DeepSeek 的训练架构

在大模型的开发过程中，除了模型架构方面的创新，训练架构的设计也是决定模型最终性能、效率和扩展能力的关键因素。通过系统性创新，DeepSeek 在训练架构的硬件适配、算法优化、数据策略三个维度上取得了多项突破，显著提升了大规模语言模型的训练效率与推理能力。本章将详细介绍 DeepSeek 训练架构的核心设计理念和技术亮点（涵盖训练基础架构、硬件层面创新、算法层面创新和数据策略优化 4 方面），帮助大家理解这些复杂但至关重要的技术。

3.1 DeepSeek 的训练

DeepSeek-V3 和 DeepSeek-R1 具有极其相似的模型架构，R1 模型是在 V3 模型的基础上训练出来的具有强大推理能力的大模型。

训练一个千亿参数的大模型，如同指挥一场大型交响乐——需要精准的分工、高效的协作和灵活的应变能力。围绕这些目标设计，DeepSeek 的训练架构通过分布式计算、存储优化和动态调度技术，将成千上万的 GPU（Graphics Processing Unit，图形处理单元）组织成一个高效运转的“超级大脑”。

3.1.1 基础技术

在大模型训练过程中，需要考虑的基础技术包括分布式训练、计算与存储优化和动态资源调度。

1. 分布式训练：团队协作的智慧

想象一群画家共同创作一幅巨幅壁画，如果每个人只画自己的部分而互不配合，最终画面必然支离破碎。如果有人负责勾勒轮廓，有人填充色彩，有人协调整体风格，效率便会大幅提升。DeepSeek 的分布式训练正是基于这种“分工协作”的理念。

在技术实现上，训练数据被切分成小块分配给多个 GPU 同时处理，这种方式被称为“数据并行”，类似于多个画家临摹同一幅画的不同局部，如图 3-1 所示。

当模型规模过大，单个 GPU 无法容纳时，模型会被拆分成多个部分，每个 GPU 负责计算其中一段神经网络模型，这种“模型并行”策略就像将壁画分割成若干区域，由不同画家专注完成，如图 3-2 所示。

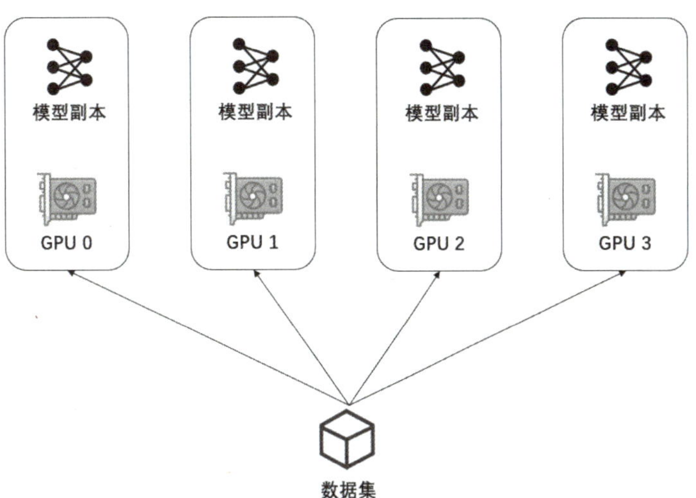

图 3-1 数据并行

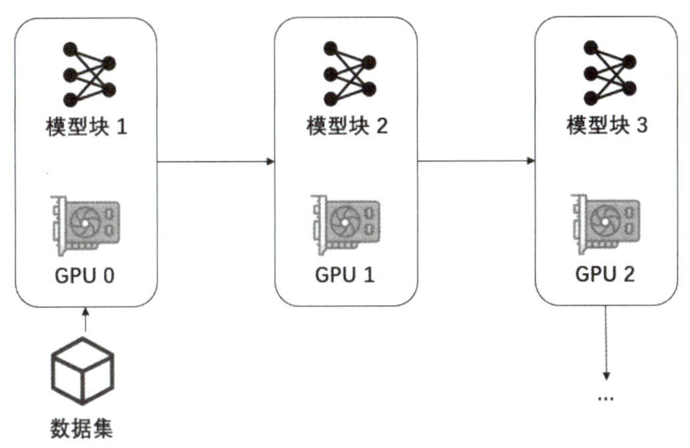

图 3-2 模型并行

GPU 之间还会像工厂流水线一样传递中间计算结果。这种做法是在模型并行的基础上引入数据并行，避免某个处理器因等待数据而闲置，即流水线并行。这也是如今大模型训练最常采用的做法，将在 3.2.2 节进行详细介绍。这种“流水线并行”的设计类似于画家 A 完成线稿后立即传递给画家 B 上色，同时自己开始下一幅线稿。

这种混合并行策略并非 DeepSeek 首创，而是行业内在训练超大规模模型时的通用方案。例如，英伟达的 Megatron-LM（模型并行）与微软的 DeepSpeed（流水线并行与 ZeRO 优化）组合被广泛用于千亿级模型训练。DeepSeek 官方技术文档也提到，其分布式系统结合了数据、模型和流水线并行的优势，以应对千亿参数模型的训练挑战。

2. 计算与存储优化：厨房里的高效法则

在模型训练中，计算与存储的优化同样至关重要。如果将 GPU 比作餐厅的主厨，那么它的任务是快速完成烹饪（计算），而非浪费时间备菜（数据加载）或洗碗（存储管理）。DeepSeek 通过精细的“厨房分工”来提升效率：主厨（GPU）专注于用高压锅（Tensor Core 专用计算单元）加速核心烹饪步骤（矩阵乘法），助手（CPU 和内存）则负责准备食材（数据预处理）和整理厨具（存储中间结果）。

如图 3-3 所示，频繁使用的数据会被放置在 GPU 显存（GPU SRAM 或 GPU HBM）中，就像将常用调料摆在灶台旁；不常用的数据则存入 CPU 内存（Main Memory），类似将囤积的食材存放在冰箱。两者之间通过 NVLink 高速互联技术传输数据。这种技术由英伟达开发，实际传输速度可比传统 PCIe 接口快多倍，如同在厨房中部署了自动传菜机器人。当显存不足时，系统还会将部分数据临时“寄存”到 CPU 内存，类似于高峰期将多余的食材暂存到隔壁仓库。

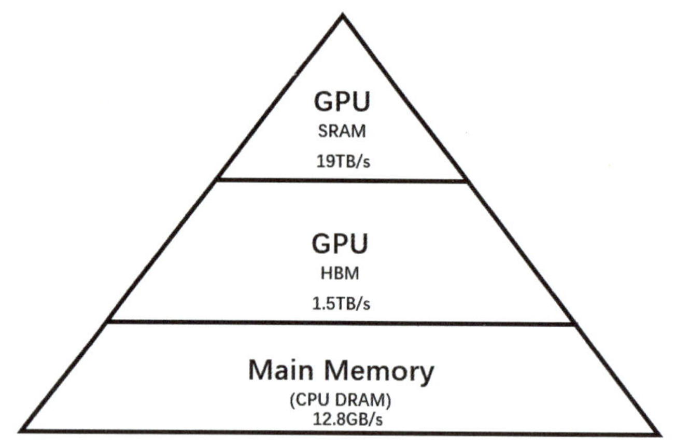

图 3-3　训练模型时，不同存储设备的处理速度（数值仅用来对比）

这种优化思路与微软 DeepSpeed 的 ZeRO-Offload 技术目标一致，后者通过将优化器状态卸载到 CPU 内存，显著降低显存占用。

3. 动态资源调度：智能城市的交通管理

训练一个千亿参数模型的过程，就像在早高峰的城市中调度数万辆汽车——若红绿灯（任务调度系统）不够智能，必然导致严重拥堵（GPU 满负荷）。DeepSeek 的动态调度系统扮演着“城市交通大脑”的角色：根据实时道路车流量（计算负载）自动调整信号灯时长（GPU 资源分配），甚至临时增派交警（弹性扩容 GPU 数量），类似“双十一”

期间电商平台动态增加服务器资源。

当某辆汽车突然抛锚（GPU 故障）时，系统会立即将货物（训练任务）转移到其他车辆上，确保物流不中断。

此外，系统会实时监控各路段的车速（GPU 利用率），通过导航 APP（负载均衡算法）引导车辆绕开拥堵路段，避免出现“部分 GPU 满负荷运转，其他 GPU 无所事事”的失衡状态。

3.1.2 训练过程

DeepSeek-R1 模型并不是从头开始训练的，而是站在了巨人的肩膀（DeepSeek-V3 和 DeepSeek-R1-Zero）上，加入了更多的针对推理的强化学习技术优化模型性能。

如图 3-4 所示，DeepSeek-R1 的训练过程可以划分为如下 4 个阶段。

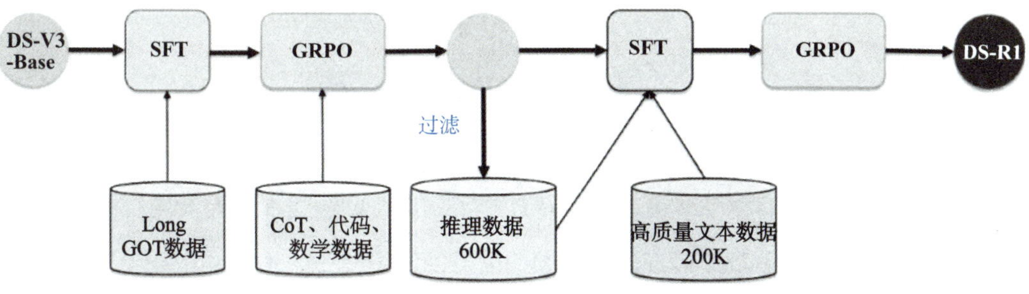

图 3-4 DeepSeek-R1 的训练过程

1. 第一轮 SFT 有监督微调

DeepSeek 研究团队使用几千条高质量合成的 Long CoT（长思维链）数据对模型进行冷启动训练。该步骤可以通俗理解为让模型在进行 GRPO 训练前，使用 Long CoT 数据对模型进行训练，使模型具有一定的推理基础和知识储备，避免模型在训练初期便陷入“胡思乱想地生成答案”的混乱状态。

2. 第一轮 GRPO 强化学习训练

在第一轮的 GRPO（Group Relative Policy Optimization，组相对策略优化）强化学习训练中，模型需要针对每个问题生成多个答案，形成一个答案组，组内答案进行相互比较并计算“好坏值（也就是评判这个答案的优劣）”。强化学习就像有个“金牌教练”，对模型的输出内容进行打分和约束，不断提升模型在数学、代码、逻辑推理任务上的能力。

3. 第二轮 SFT 有监督微调

在第二轮 SFT 有监督微调过程中，DeepSeek 研究团队基于高质量文本数据（20 万条）和推理数据（60 万条），采用了拒绝采样（Rejection Sampling）策略，可以通俗理解为模型尝试用自己熟悉的方法解题，被看成一次随机采样。比如，在某次解题过程中，模型尝试使用牛顿定律计算某个问题，但在解题过程中发现根据题目所给内容，无法通过牛顿定律解决问题，就会放弃这种方法，这就是“拒绝采样”。

而在 DeepSeek 的训练管道内，拒绝采样是指在一个微调过的模型基础上进行 n 个样本采样，然后构建一个拒绝或者接受函数，对模型采样生成的样本进行过滤，筛选出符合任务目标分布的样本，再进行模型微调。

4. 第二轮 GRPO 强化学习训练

在第二轮 GRPO 训练中，模型在更大尺度上，通过强化学习训练实现更好的行为约束，对齐人类偏好，消除有毒有害内容，增强模型的通用能力。

3.2 DeepSeek 在硬件层面的训练亮点

DeepSeek-R1 能够在模型表现上不输 GPT-4o，但在训练成本上大大降低，不仅因为其训练算法的优秀，也离不开在硬件层面的诸多创新。

3.2.1 FP8 混合精度训练

FP8 混合精度训练是一种利用 8 位浮点数（FP8）格式进行训练的深度学习技术，旨在通过降低数据精度来提升计算效率、减少内存占用并降低训练成本，同时尽量保持模型性能。近年来，随着硬件支持（如 GPU）和算法优化（如高精度累加技术）的成熟，FP8 混合精度在训练千亿级参数模型（如 GPT-4、DeepSeek-V3）中展现了显著优势。

FP8 混合精度训练的核心优势主要体现在以下 4 方面。

① 计算效率提升。FP8 数据的计算速度是 FP16 的 2 倍、FP32 的 4 倍，能够大幅加速大规模模型的训练。

② 内存占用减少。FP8 数据的存储空间仅为 FP32 的 1/4，显著降低了显存需求，从而支持更大规模的模型或更高的并行度。

③ 成本降低。通过减少计算与通信资源的消耗，FP8 训练可以大幅降低训练成本。

④ 性能平衡。尽管 FP8 的精度较低，但通过高精度累加（如 E4M3 或 E5M2 格式）和关键层保留高精度（如 BF16/FP32）技术，可以在保证数值稳定性的同时提升模型的收敛速度。

对于模型中对精度较为敏感的模块（如向量化层、输出头、MoE 门控单元、归一化层、注意力层等），DeepSeek-V3 仍然采用 BF16 或 FP32 进行计算，以保证模型的性能。

目前，FP8 混合精度训练已经被越来越多的大模型研究所接受，如微软开发了基于 FP8 的混合精度框架，优化了通信与分布式训练策略，显著提升了大模型的训练速度。

3.2.2 DualPipe 算法

2.2 节和 2.3 节介绍了 MoE（混合专家模型）和 MLA（多头潜在注意力）。MoE 通过减少每个 Token 的激活参数，大幅降低了训练成本（如 DeepSeek-V3 在推理时激活参数仅为 37B），而 MLA 显著减少了 KV Cache 的大小（与原始多头注意力相比），并将推理速度提高了数倍。本节将重点介绍 DualPipe 技术，帮助 DeepSeek 在训练过程中提升 GPU 集群的计算通信比和效率。

在深度学习中，训练神经网络的核心步骤是前向传播和反向传播，如图 3-5 所示。

前向传播是指输入数据从网络的底层逐层传递到顶层，每一层对数据进行变换并生成输出。

反向传播是指通过损失函数（如交叉熵、均方误差等）计算损失值，然后利用链式法则逐层计算损失相对于各层权重的梯度，并将梯度从输出层反向传递到输入层，最后使用优化算法（如 Adam）根据梯度更新网络权重。

注意：反向传播发生在前向传播之后。

具体来说，在前向传播阶段，数据从第 n 层流向第 $n+1$ 层；而在反向传播阶段，梯度从第 $n+1$ 层回传到第 n 层。

实际训练通常采用批处理方式，将一批样本同时输入网络，完成整批数据的前向传播和反向传播后，统一更新网络权重。

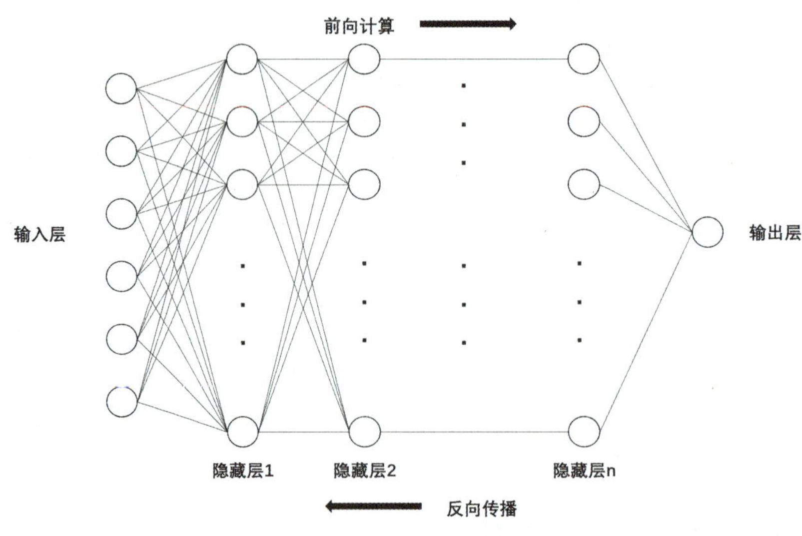

图 3-5　前向传播和反向传播

当模型规模较小时，训练过程相对简单，单个 GPU 可以容纳整个模型，计算资源得到充分利用。然而，当模型规模达到一定级别，单个 GPU 无法容纳整个模型，此时需要将模型分割并分配到由数百甚至数万个 GPU 组成的集群中，也就是 3.1.1 节讲述的数据并行和模型并行（如图 3-6 所示）。然而这两种做法并不能实现 GPU 的更高效利用，实际训练中还面临着以下 3 个挑战。

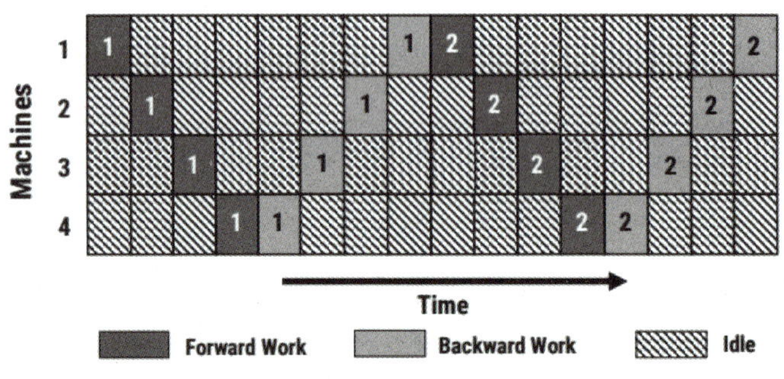

图 3-6　模型并行策略下的显存利用效率[14]

① 资源利用率问题。由于前向传播和反向传播之间存在依赖关系，某些节点可能因等待其他节点的计算结果而处于空闲状态。

② 通信瓶颈。梯度、输出等数据需要在节点间传输，可能受限于网络带宽，导致节点闲置。

③ 容错和恢复。在数千个节点的集群中，节点崩溃的概率较高，如何从检查点恢复训练是一个重要问题。

为了充分利用集群算力，业界提出了多种流水线并行技术。例如，PipeDream（2018 年由微软、卡耐基梅隆大学和斯坦福大学共同提出）引入了“一前向一反向（1F1B）”调度策略，通过重叠通信与计算提升 GPU 利用率。图 3-7 中的数字 1、2、3、4 代表不同小批量训练数据。

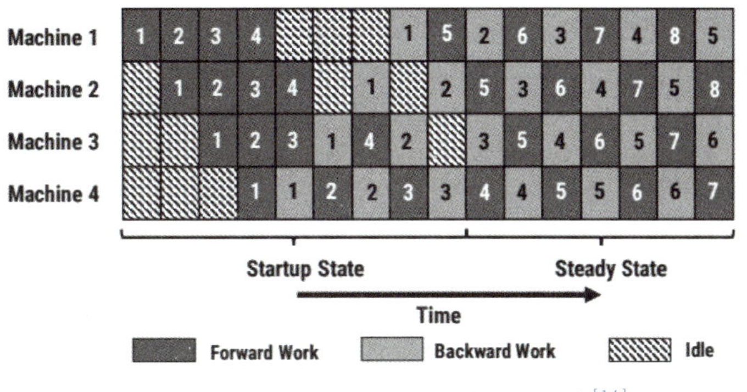

图 3-7　1F1B 机制下的显存利用效率[14]

2023 年，Zero Bubble Pipeline Parallelism（Sea AI 提出）优化了这个技术。传统 1F1B 策略将反向传播中的输入梯度和权重梯度视为单一计算单元，增加了顺序依赖。Zero Bubble Pipeline Parallelism 则将输入梯度和权重梯度拆分到不同的流水线阶段，减少了空闲时间。此外，它通过“更新后验证”机制优化了参数更新阶段的处理效率，显著减少了优化器步骤中的空闲时间。这两种机制的显存利用效率分别如图 3-8 和图 3-9 所示。

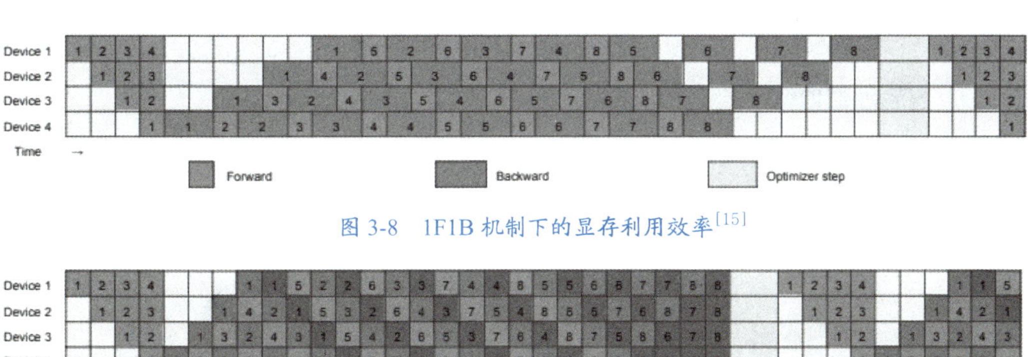

图 3-8　1F1B 机制下的显存利用效率[15]

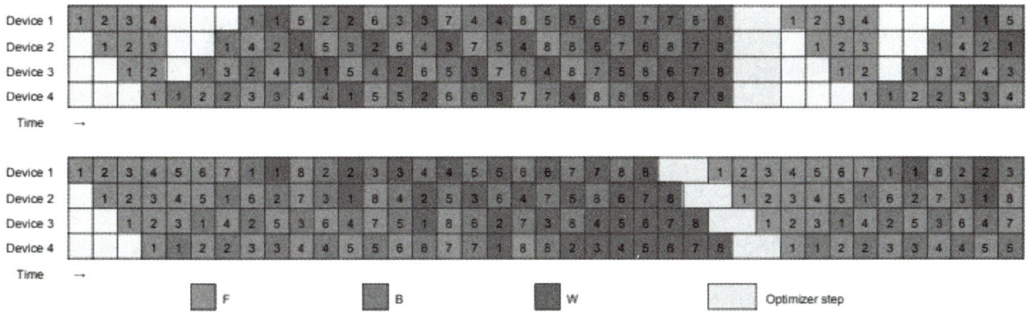

图 3-9　Zero Bubble Pipeline Parallelism 机制下的显存利用效率[15]

DeepSeek 从 V3 版本开始引入了 DualPipe 调度机制，其核心思想与 Zero Bubble 相似，但通过多项改进提升了计算通信比和效率，其显存利用率如图 3-10 所示。

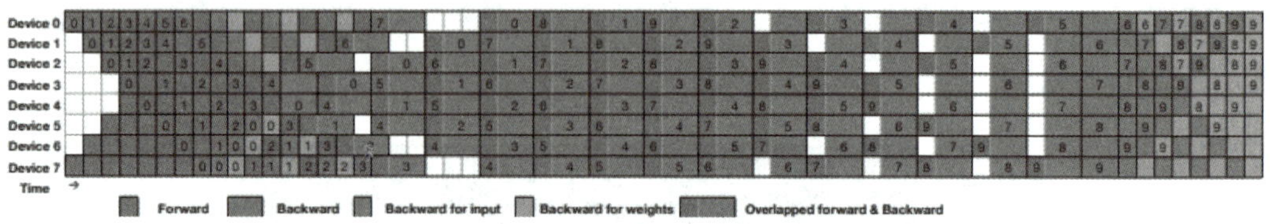

图 3-10　DualPipe 算法的显存利用效率[8]

1. 细粒度划分阶段

DualPipe 算法将每个计算块分为 4 种：注意力模块、分发模块（处理设备间通信）、多层感知机、聚合模块（跨设备输出合并）。对于反向传播块，注意力模块和 MLP 模块进一步拆分为输入反向传播和权重反向传播。

2. 双向流水线调度

通过同时从流水线两端输入小批次数据，大部分通信操作能够完全重叠。为实现这个机制，DualPipe 需要维护两份模型参数副本。

例如，在使用 8 台设备运行 8 层模型时：设备 0 同时持有第 0 层和第 7 层参数，设备 7 同时持有第 7 层和第 0 层参数。这种设计通过参数镜像和双向数据流动，显著提升了硬件利用率与训练效率。

3. 高效通信内核

DeepSeek 定制了高效的跨节点全通信内核，节省了专用于通信的流式多处理器数量，优化了性能。

3.3　DeepSeek 在算法层面的训练亮点

本节介绍了 DeepSeek 在算法训练层面的两大亮点：GRPO 算法和知识蒸馏。

GRPO（组相对策略优化）算法基于 PPO（Proximal Policy Optimization，近端策略优化），摒弃评判模型，引入群组相对奖励，通过控制 KL 散度限制策略更新幅度，显著降低训练资源消耗并保持稳定性。

知识蒸馏（Knowledge Distillation，RD）则通过数据蒸馏和模型蒸馏，将大型复杂模型的知识迁移到小型高效模型，提升性能并降低计算成本。DeepSeek 团队利用 DeepSeek-R1 模型生成的高质量数据训练小模型，使其继承大模型推理能力，开发周期短且成本低。

3.3.1 组相对策略优化

强化学习是一种独特的机器学习方法，侧重于智能体如何在复杂环境中通过与环境的持续交互来学习并优化其行为策略，从而最大化长期累积奖励，如图 3-11 所示。强化学习模仿了人类和动物从经验中学习以实现目标的学习方式，在学习过程中，利用奖励和惩罚信号来引导智能体选择有利的行为。经典的强化学习方法包括 *Q*-Learning、DQN（Deep *Q*-Network，深度 *Q* 网络）、PG（Policy Gradient，策略梯度）算法。

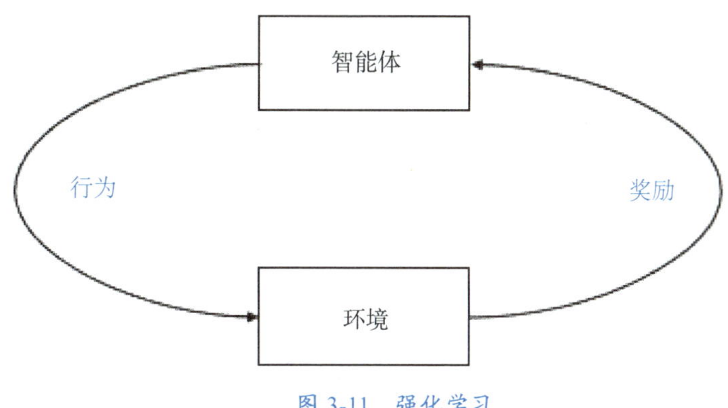

图 3-11 强化学习

2022 年，OpenAI 在 Instruct GPT 和 ChatGPT 模型中首次引入 RLHF（Reinforcement Learning from Human Feedback，基于人类反馈的强化学习）算法，通过结合人类反馈到强化学习框架中，可以训练智能体，使其更符合人类期望，实现模型价值观与人类价值观的有效对齐。在 RLHF 中，OpenAI 的研究人员就使用了 PPO 算法，简而言之，就是让智能体通过与环境互动来学习策略，而 PPO 算法限制了智能体每次的更新幅度，防止策略“突变”导致训练崩溃。

如图 3-12 所示，从数据集中采样部分数据，输入到大语言模型（在强化学习中，对于一个特定的任务，都有自己的策略 π，通常用一个神经网络表示，此处可以理解为大模型）而得到输出结果，由人工标注师对模型的输出内容进行排序，以此作为行动奖励，训练出奖励模型，为后续的 PPO 网络训练提供评判标准。

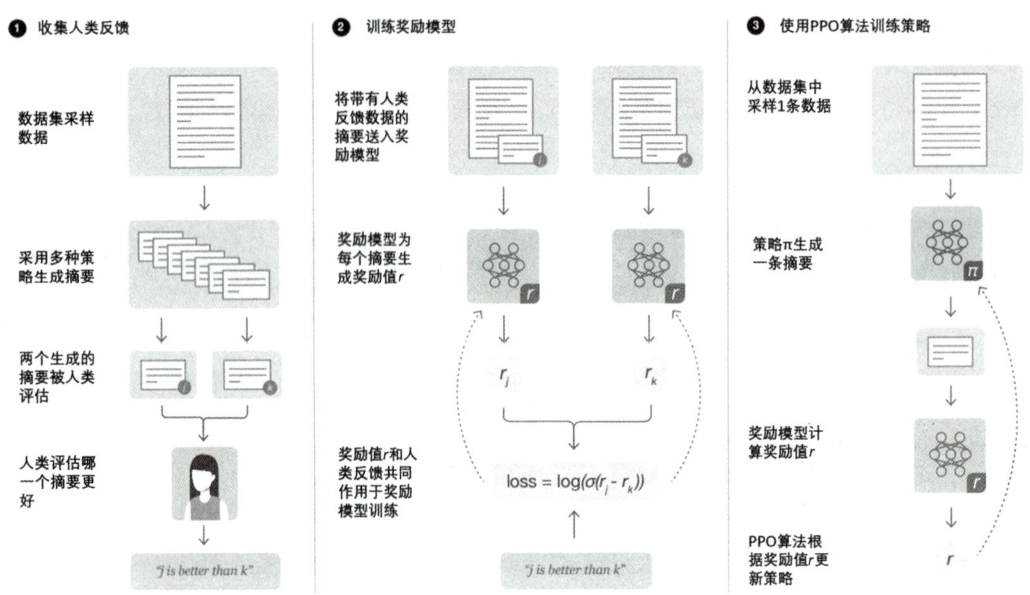

图 3-12　基于人类反馈的强化学习[16]

GRPO 算法是一种基于 PPO 算法的强化学习算法，摒弃了评判模型，而是通过群组分数来估计极限，从而显著减少了训练资源。如图 3-13 所示，GRPO 算法与 PPO 算法的主要区别如下。

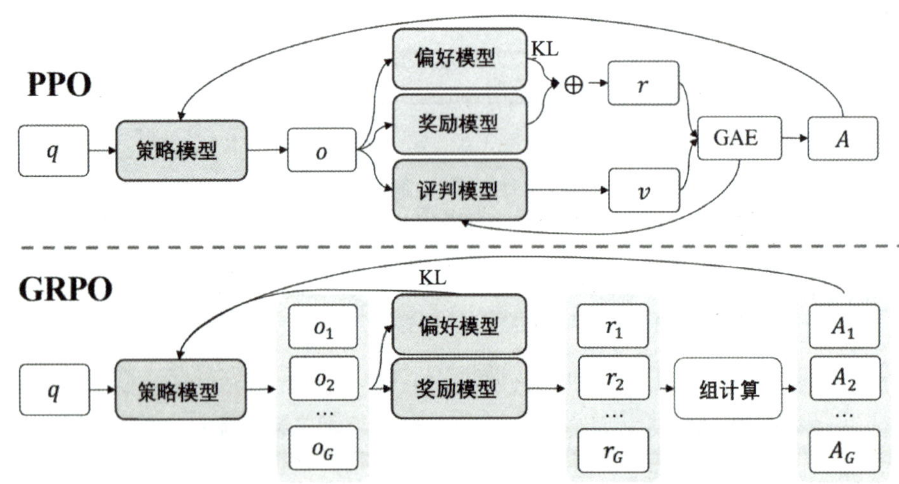

图 3-13　GRPO 与 PPO 算法的对比[4]

① 摒弃评判模型（Value Model）。PPO 算法的评判模型通常是与策略模型相同大小的模型，带来了显著的计算和内存负担。GRPO 不再使用额外的评判模型来估计价值，降低了内存和计算需求。

② 引入群组相对奖励（Group Computation）。通过比较同一输入下不同输出的奖励，GRPO 算法估计优势，使策略更新更依赖于组内样本表现。

③ 控制 KL 散度（Kullback-Leibler Divergence）。在更新策略时，通过控制 KL 散度，限制策略更新的幅度，避免策略发生剧烈变化，从而保持训练过程的稳定性。

3.3.2 知识蒸馏

知识蒸馏是一种将大型复杂模型（教师模型）的知识迁移到小型高效模型（学生模型）的技术，保持模型性能的同时显著降低计算复杂度和存储需求，使其更适合在资源受限的环境中部署。通过结合数据蒸馏和模型蒸馏，DeepSeek 实现了从大型复杂模型到小型轻量模型的高效知识迁移，显著提升了模型的性能并降低了计算成本。

模型蒸馏（Model Distillation）的核心目标是通过模仿教师模型的输出，训练一个较小的学生模型，从而实现知识的传递。教师模型通常具有较高的性能，但计算成本高昂，而学生模型更加轻量级，推理速度更快且内存占用更少。

如果以一种形象的比喻来形容知识蒸馏，那么可以类比"泡茶中将茶叶的精华萃取出来，并将其扩散到一杯白水之中，使水也具有茶叶的香气"。知识蒸馏主要通过 3 个步骤实现（如图 3-14 所示）知识传递。

教师生成"解题笔记"	大模型（教师）针对数学、代码等任务生成详细答案，例如解方程时每一步的推导逻辑
学生模仿"思维模式"	小模型（学生）不再死记硬背答案，而是学习教师解题时的决策过程，比如优先选择哪种公式、如何验证结果
提炼"知识精华"	最终，小模型能像教师一样举一反三，甚至在未见过的新题型上灵活应用学到的策略

图 3-14 蒸馏中的知识传递过程

DeepSeek 团队在发布 DeepSeek-R1 模型的同时，也开源了一系列经过知识蒸馏后的小模型。例如，用 DeepSeek-R1 生成 80 万条高质量训练数据，覆盖数学推理、代码生成、科学问答等场景。这些数据不仅包含答案，还隐含多专家协作的决策逻辑。小模型通过参数微调，直接学习 DeepSeek-R1 模型的复杂推理模式，从而在 1.5B、7B、32B

等较小参数规模的模型上实现了与 GPT-4o 类似的数学推理能力。

具体而言，知识蒸馏这一关键性技术对中小型企业来说是十分重要的。与需要进行复杂训练的强化学习方法相比，蒸馏出的模型直接继承了大模型的成熟策略，输出内容的稳定性更高。同时，在成本上，企业只需使用 DeepSeek-R1 生成数据并微调开源模型（如 Qwen、LLaMA 等），无须从头训练，开发周期大大缩短。

3.4 DeepSeek 的数据优化手段 

在 DeepSeek-V3 的开发过程中，预训练数据的优化是提升模型性能的关键环节。通过多种技术手段，DeepSeek-V3 在数学、编程、多语言处理和复杂推理任务中展现了卓越的能力，不仅提高了模型在特定任务上的表现，还增强了其多任务处理能力和泛化能力，使其能够更好地适应多样化的应用场景。

1. 提升数学、编程样本比例

在 DeepSeek-V3 的预训练过程中，通过优化数学和编程样本的比例，模型在多方面表现出显著的性能提升。

首先，数学能力的增强得益于数学样本比例的增加。在 MATH-500 和 MGSM 等数学基准测试中，DeepSeek-V3 表现优异，甚至在某些任务上超越了 GPT-4o 和 Claude-3.5-Sonnet 等闭源模型。

其次，编程样本的增加显著提升了模型在编程任务中的表现。在 HumanEval、MBPP 和 LiveCodeBench 等编码竞赛基准测试中，DeepSeek-R1 成为表现最佳的模型，展示了其在代码生成和问题解决方面的强大能力。

此外，数学和编程样本的增加不仅提升了模型在特定领域的表现，还增强了其多任务处理能力。例如，在 MMLU（大规模多任务语言理解）等综合基准测试中，DeepSeek-V3 表现出色，展示了其在多种知识领域和任务上的广泛适用性。

2. CoT 数据激活推理能力

在 DeepSeek-V3 的训练过程中，CoT 方法被广泛应用于激活模型的推理能力，而在 DeepSeek-R1 的训练过程中更是加入了 Long CoT 数据。

CoT 通过将复杂问题分解为多个子问题，并逐步解决这些子问题，显著提升了大模型在逻辑推理任务中的表现。这种方法不仅增强了模型在数学和常识推理等任务中的能力，还提高了模型的可解释性和可控性。

区别于传统的标准提示词从输入直接到输出的映射“<input-->output>”的方式，CoT 完成了从输入到思维链再到输出的映射，即“<input-->reasoning chain-->output>”。如果将使用 CoT 的提示词进行分解，可以使模型更加详细地观察到数学或其他复杂任务的工作流程，提升模型的推理能力，如图 3-15 和图 3-16 所示。

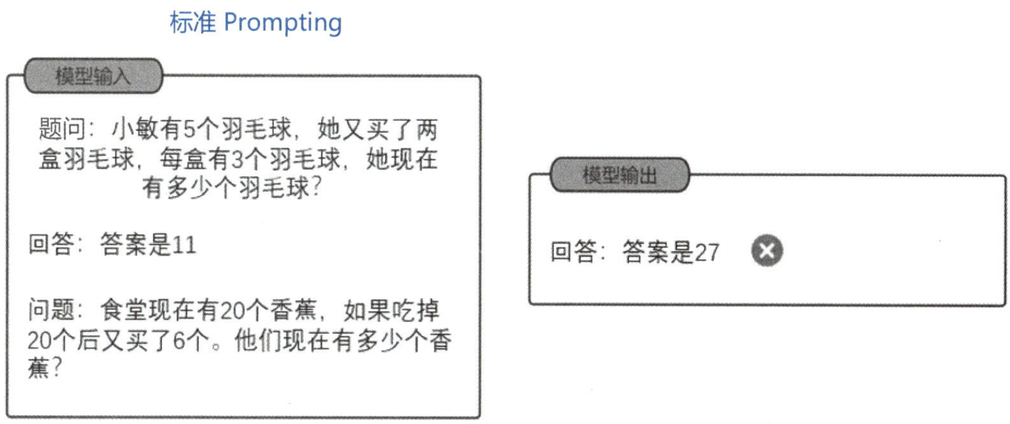

标准 Prompting

模型输入

题问：小敏有5个羽毛球，她又买了两盒羽毛球，每盒有3个羽毛球，她现在有多少个羽毛球？

回答：答案是11

问题：食堂现在有20个香蕉，如果吃掉20个后又买了6个。他们现在有多少个香蕉？

模型输出

回答：答案是27 

图 3-15　标准提示词示例

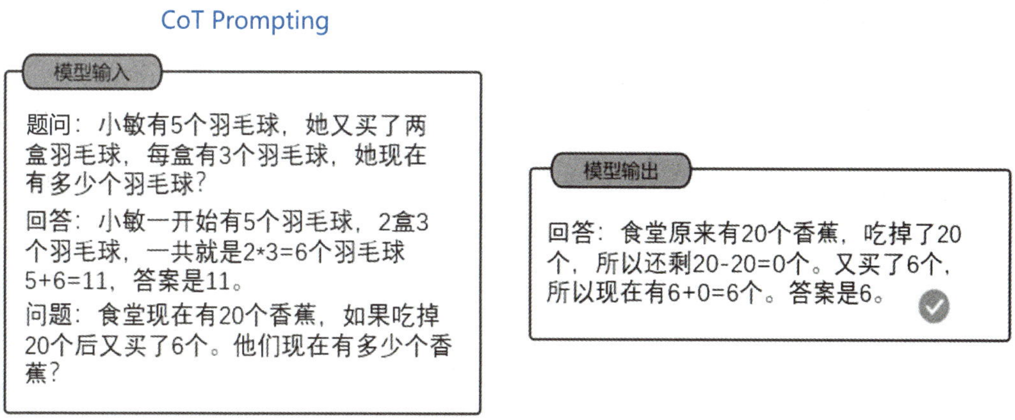

CoT Prompting

模型输入

题问：小敏有5个羽毛球，她又买了两盒羽毛球，每盒有3个羽毛球，她现在有多少个羽毛球？

回答：小敏一开始有5个羽毛球，2盒3个羽毛球，一共就是2*3=6个羽毛球 5+6=11，答案是11。

问题：食堂现在有20个香蕉，如果吃掉20个后又买了6个。他们现在有多少个香蕉？

模型输出

回答：食堂原来有20个香蕉，吃掉了20个，所以还剩20-20=0个。又买了6个，所以现在有6+0=6个。答案是6。

图 3-16　CoT 提示词示例

具体来说，一个完整的 CoT 提示词通常包括三部分：指令、逻辑依据和示例。

指令用于描述问题并指定输出格式。

逻辑依据详细描述了解决问题的中间推理步骤，包括解决方案和必要的外部知识。

示例则通过提供少量的输入输出对，帮助模型理解问题的基本格式和解题步骤。

通过这种方式，CoT 方法使得模型能够模拟人类的逐步推理过程，从而更有效地解决复杂问题。

Open R1 团队开源的 OpenR1-Math-220K 数据集目前可以在 HuggingFace 上查看，如图 3-17 所示。该数据集的构造过程使用了 DeepSeek-R1 为 40 万个问题各生成了两个答案，最终经过筛选后保留了 22 万个具有正确推理轨迹的问题。读者可以用这一高质量推理数据集训练自己的 7B～13B 的小模型。

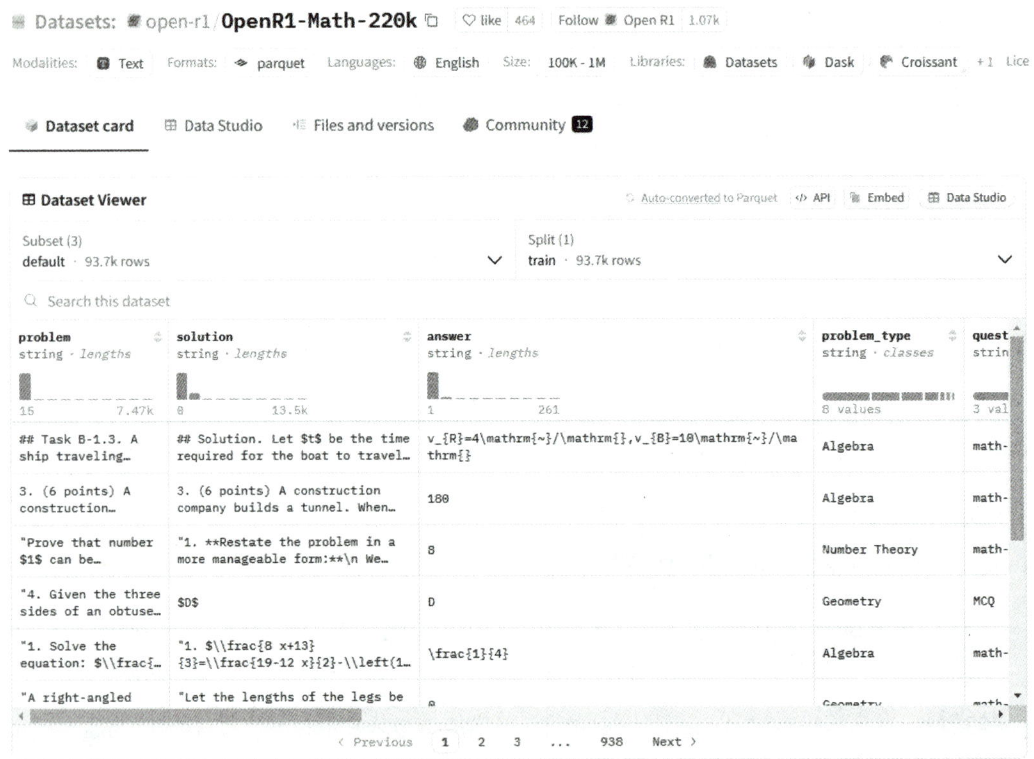

图 3-17　OpenR1-Math-220K 数据集

 小　结 

本章详细介绍了 DeepSeek 模型在训练架构、硬件优化、算法创新和数据优化方面的关键技术和策略。这些内容共同构成了 DeepSeek 模型高效训练和性能提升的基础。

DeepSeek 在硬件层面的创新显著降低了训练成本，同时保持了高性能。其核心亮点包括 FP8 混合精度训练和 DualPipe 算法。前者通过使用 8 位浮点数进行训练，大幅提升了计算效率，减少了内存占用和训练成本，同时通过高精度累加技术保持了模型性能。后者优化了流水线并行技术，通过细粒度划分阶段、双向流水线调度和高效通信内核，提升了 GPU 集群的计算通信比和效率。

DeepSeek 在算法层面的创新包括 GRPO 算法和知识蒸馏。前者基于 PPO 算法，摒弃了评判模型，引入群组相对奖励，并通过控制 KL 散度限制策略更新幅度，显著降低了训练资源消耗，同时保持了训练的稳定性。后者通过数据蒸馏和模型蒸馏，将大型复杂模型的知识迁移到小型轻量模型，使其在保持高性能的同时，显著降低了计算成本和开发周期，更适合资源受限的环境。

而在数据集上，DeepSeek 研究团队也增加了数学和编程样本比例，使 DeepSeek 在相关基准测试中表现优异；同时，通过将复杂问题分解为多个子问题并逐步解决，CoT 数据激活了模型的推理能力。

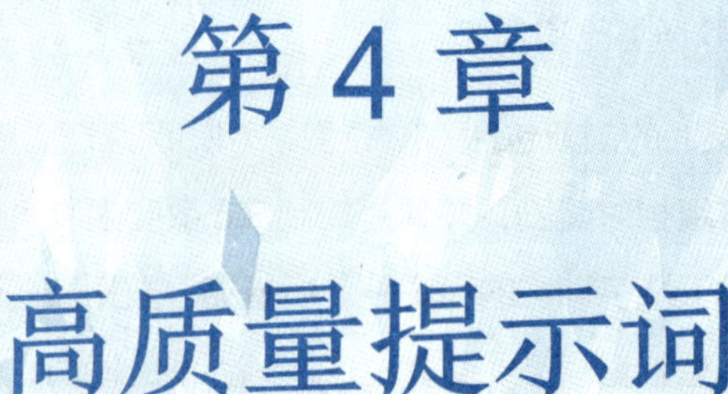

第 4 章

高质量提示词

在讲解完 DeepSeek 的模型架构和训练架构后，本章以提示词的用法为切入点，讲解如何将大模型应用于我们的日常工作和生活。

用好 DeepSeek-R1 这样的大模型，最简单也是最关键的就是掌握提示词的用法。一份优秀的提示词可以引导模型更准确地理解用户的需求，从而生成更相关、更具创造性或更准确的回答。随着大模型时代的来临，如何设计提示词将成为未来各行业从业者的一项必备技能。比如，设计师可以通过精心设计的提示词，让大模型快速生成创意草图；文案策划人员也可以通过提示词，快速得到吸引人的广告文案。提示词就像一把钥匙，能帮助我们更好地解锁大模型的强大能力。

掌握提示词用法在未来将极大地提高个人的行业竞争力。本章将为读者详细介绍什么是提示词，让读者设计出高质量的提示词，并探讨提示词在企业层面的应用场景。

4.1 提示词概述

提示词（Prompt）是用户输入给大模型的指令或信息，用于引导模型生成符合预期的输出，帮助模型理解任务目标、格式要求和风格偏好，从而提升生成结果的准确性和相关性。

提示词分为指令型、问答型、角色扮演型、创意型、分析型和多模态等类型，各有应用场景。新手在设计提示词时经常会在语义表述、内容逻辑等方面存在问题。掌握提示词设计技巧是未来人工智能交互的重要技能，将助力实现更高效、创新的内容创作和问题解决。

4.1.1 提示词的定义

提示词是用户输入给大模型的指令或信息，就像给模型发了一条消息，告诉它我们想要什么。它的作用是引导模型生成符合预期的输出，帮助模型理解任务目标、格式要求和风格偏好，从而让生成结果更准确、更相关。比如，让大模型帮忙写一篇广告文案，输入内容“请帮我设计一份关于 XXX 产品的广告文案”，这就是一个提示词。

提示词虽然看似简单，人人都能写，但是写出高质量的提示词其实并不容易。

首先，提示词要表达清晰、明确，避免模糊和歧义。比如，“写一篇关于美食的文章”太宽泛了，模型可能生成各种各样的美食文章，如果改成“写一篇介绍四川火锅独特风味和制作方法的文章”，模型就能更准确地理解你的需求。

其次，利用细节描述和限定词，让提示词更丰富。比如，描述产品时，不仅要提产品名称，还要说明它的特点、功能和目标受众。

最后，根据模型的反馈，不断优化提示词，就能得到更好的结果。

4.1.2 提示词的种类

不同类型的提示词能引导智能系统生成各种特定的输出，以满足我们多样化的需求。就像一个“魔法棒”，提示词可以根据不同的场景和目标，帮助我们从大模型中得到想要的结果。以下是 6 种常见的提示词类型，每一种都有自己的特点和应用场景。

1. 指令型提示词

指令型提示词的主要作用是明确地向大模型传达具体的任务指令，内容涵盖各种操作，如文本编辑（润色、扩写、缩写）、文件格式转换、特定信息提取、数据整理分类等。例如，“将以下段落进行润色，使其语言更加生动形象”或者“从这篇新闻报道中提取事件发生的时间、地点和主要人物”。指令型提示词的关键在于清晰、准确地表述任务，这样模型才能理解并执行。

2. 问答型提示词

问答型提示词是向大模型询问特定信息或请求解答问题的提示词。它的形式通常是提出一个具体的问题，如“世界上面积最大的国家是哪个？”，“简述唐朝的主要文学成就有哪些？”，或者“分析一下当前房地产市场低迷的原因有哪些？”。问答型提示词常用于知识获取和问题解答，帮助用户从模型中快速获取相关的信息和知识。

3. 角色扮演型提示词

角色扮演型提示词可以让大模型扮演特定的角色并与其进行交互，通过设定角色身份和背景，模型会以该角色的视角和风格回答问题或生成内容。例如，用户可以向大模型输入以下提示词，“假设你是一位资深的心理咨询师，我最近感到压力很大，你能给我一些建议吗？”，或者“现在你是一位古代诗人，以春天为主题创作一首七言绝句。”角色扮演型提示词适用于创意写作和模拟对话，能让模型根据角色特点生成更有趣、更贴合场景的内容。

4. 创意型提示词

创意型提示词用于激发大模型的创造力，生成新颖、独特的内容，通常会给出一个主题或情境，如“以‘未来城市’为主题，创作一篇 500 字左右的科幻短篇小说”，或者“设计一个以海洋生物为灵感的儿童玩具，并描述其功能和特点”。创意型提示词常用于艺术创作、文案撰写和产品设计，帮助用户获得富有创意的想法。

5. 分析型提示词

分析型提示词要求大模型对给定的文本、数据或现象进行分析和解读，可以涉及情感倾向分析、逻辑结构分析、趋势预测等。例如，“分析这篇新闻报道的情感倾向是正面、负面还是中性？”，或者“根据过去十年的气候变化数据，分析未来几年全球气温的变化趋势。”分析型提示词有助于用户深入理解和挖掘信息背后的含义和价值，适用于数据分析和文本解读等场景。

6. 多模态提示词

多模态提示词涉及多种形式的信息输入，如文本、图像、音频、视频等，要求大模型综合处理这些信息。例如，“根据这张图片（提供图片描述）和一段文字描述，生成一段生动的故事，将图片中的场景和文字信息有机结合起来”或者“听一段音频（描述音频内容），然后结合给定的文本材料，分析音频中观点与文本观点的异同。”多模态提示词拓展了模型的应用范围，适用于跨模态的内容生成、分析和理解等场景。

4.2　新手常见误区和陷阱

在提示词设计中，新手常常会陷入一些误区和陷阱，这些问题可能严重影响最终结果的质量和效率。为了避免这些问题，我们需要了解这些常见的错误，并学会如何规避它们。

1. 表述模糊笼统

新手常常不能清晰准确地表达自己的需求，而是使用过于宽泛、模糊的语言。比如，让大模型设计旅游攻略时，只说“帮我设计一份去海边的旅游攻略”，却没有明确出发地、目的地（到底是哪个海边）、游玩偏好、用户年龄、计划天数等关键信息。这样，大模型生成的内容往往不符合预期，甚至无法实际应用。相反，如果能明确这些细节，如“帮我设计一份从上海出发，去三亚的三天两晚亲子游攻略”，模型就能生成更贴合需求的内容。

2. 指令逻辑混乱

在一个提示词中包含多个相互矛盾或逻辑不清晰的指令，会让大模型无所适从。例如，要求模型“写一篇推广健康食品的文案，强调产品的天然成分，同时突出价格低廉，即便它含有一些人工添加剂”，这种指令既强调天然成分又提到人工添加剂，存在明显的逻辑冲突，模型很难处理，也无法生成高质量的内容。

3. 信息过载

一次性在提示词中输入过多的信息和要求会导致重点不突出，增加模型的理解难度。比如，在要求大模型进行数据分析时，把数据来源、分析目的、具体指标和呈现方式等所有细节全部说出来，却没有合理组织和分层。正确的做法是分步骤、分层次地提供信息，让模型更容易抓住关键要点。

4. 忽略语境和背景

新手往往没有考虑到大模型可能需要一定的背景信息来更好地完成任务。比如，让大模型续写一个故事时，没有提供前面的情节内容；或者在进行专业领域的任务时，没有提供相关的背景知识。这会导致模型生成的内容不符合故事的整体逻辑或专业要求。

5. 过度依赖预设模板

新手可能过度依赖固定的提示词模板，而不根据具体情况进行调整和优化。每个任务都有其独特性，模板可能无法完全涵盖所有需求。例如，在使用大模型进行产品推广文案创作时，套用通用模板可能无法突出产品的独特卖点和竞争优势。因此，根据具体场景灵活调整提示词是非常重要的。

6. 不考虑大模型能力边界

对大模型的能力范围和局限性认识不足，提出一些超出其能力的要求。比如，要求大模型实时获取并分析最新的、尚未公开的数据，或者进行一些需要主观判断和情感理解但大模型并不擅长的任务，如真正的情感洞察和创造性的艺术灵感。

7. 缺乏反馈和调整

在得到模型的输出结果后，发现不符合预期，却没有及时分析原因并调整提示词。比如，当大模型生成的文章风格不符合要求时，只是简单地重复相同的提示词，或者只是做一些微小的、无关紧要的修改。正确的做法是明确指出需要的风格特点，并在提示词中体现出来，而不是笼统地说“再改改风格”。

提示词设计虽然看似简单，但实际上需要用户细心并掌握一些技巧。新手在设计提示词时，要尽量避免上述常见误区，做到表述清晰、逻辑连贯、重点突出，并根据模型的反馈及时调整。只有这样，我们才能更好地利用大模型，生成高质量的结果。

4.3　提示词的设计技巧

在与大模型交互时，设计清晰、有效的提示词是获取高质量输出的关键。本节将介绍 6 种常用的提示词设计方法，包括 STAR 法则、5W2H 法则、CO-STAR 框架、CRISPE 框架和 BROKE 框架，以及一些实用技巧。这些方法和技巧能够帮助大家更好地组织问题，让大模型生成更准确、更有价值的回答。

4.3.1　STAR 法则：让问题更有条理

STAR 法则是一种结构化的提问方法，通过 Situation（情景）、Task（任务）、Action（行动）和 Result（结果）4 个要素（如图 4-1 所示），帮助用户清晰地表达需求，使大模型能够更准确地理解问题并生成高质量的回答。

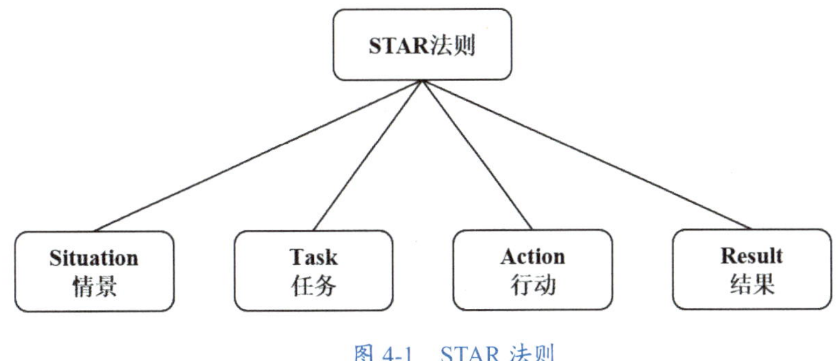

图 4-1　STAR 法则

STAR 法则中各要素的说明如表 4-1 所示。

表 4-1　STAR 法则的要素的说明

要　素	说　明
Situation	描述问题的背景信息，为大模型提供清晰的场景框架。例如，在面试准备中，可以说明应聘岗位、公司背景和目标客户群体
Task	明确需要完成的具体目标，让大模型聚焦于关键问题。比如，要求生成一份面试回答或撰写论文的某个部分
Action	提出具体的需求或行动方案，指导大模型如何完成任务。例如，要求结合特定行业特点或引用相关文献
Result	设定期望达成的结果，帮助大模型更有针对性地生成内容。比如，期望生成的回答能让面试官信服，或者论文段落逻辑清晰、内容翔实

为了帮助读者更好地掌握 STAR 法则，下面给出 3 种场景（面试准备、论文写作和营销策划方案制定）以及相应的提示词设计案例。

① 面试准备，如图 4-2 所示。

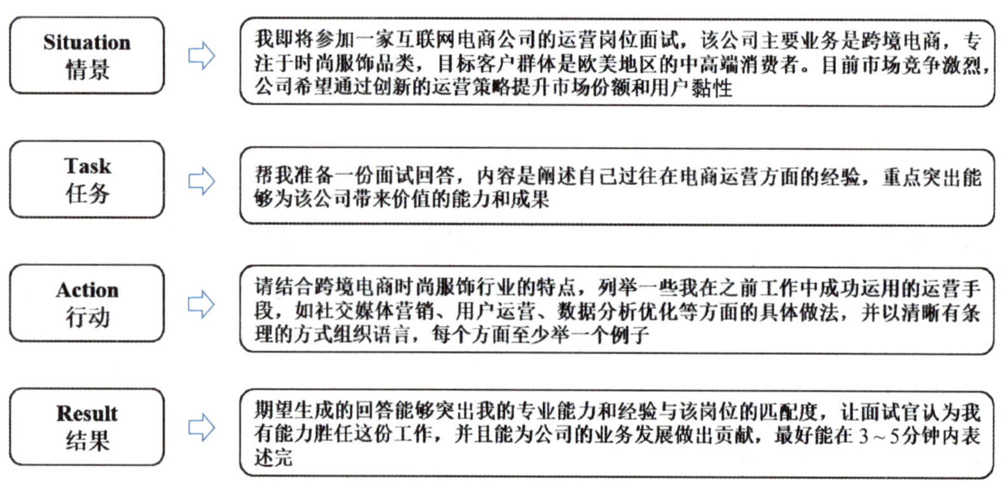

Situation
情景
我即将参加一家互联网电商公司的运营岗位面试，该公司主要业务是跨境电商，专注于时尚服饰品类，目标客户群体是欧美地区的中高端消费者。目前市场竞争激烈，公司希望通过创新的运营策略提升市场份额和用户黏性
Task
任务
帮我准备一份面试回答，内容是阐述自己过往在电商运营方面的经验，重点突出能够为该公司带来价值的能力和成果
Action
行动
请结合跨境电商时尚服饰行业的特点，列举一些我在之前工作中成功运用的运营手段，如社交媒体营销、用户运营、数据分析优化等方面的具体做法，并以清晰有条理的方式组织语言，每个方面至少举一个例子
Result
结果
期望生成的回答能够突出我的专业能力和经验与该岗位的匹配度，让面试官认为我有能力胜任这份工作，并且能为公司的业务发展做出贡献，最好能在 3～5分钟内表述完

图 4-2　面试准备任务的提示词样例

② 论文写作，如图 4-3 所示。

③ 营销策划方案制定，如图 4-4 所示。

4.3.2　5W2H 法则：全面提问的利器

通过 What、Why、Where、When、Who、How 和 How much 这 7 个维度，5W2H 法则帮助用户全面、系统地提出问题，确保获取完整信息。这种方法能引导大模型给出更细致、更准确的回答。其各要素的说明如表 4-2 所示。

Situation 情景		我正在撰写一篇关于"人工智能在医疗影像诊断中的应用与挑战"的学术论文。目前人工智能技术在医疗领域发展迅速，已经广泛应用于医疗影像诊断，如X光、CT、MRI等影像的分析。但同时也面临着数据隐私、算法准确性、伦理道德等多方面的挑战
Task 任务		帮我写一个关于人工智能在医疗影像诊断中面临挑战部分的段落，要求内容翔实、逻辑清晰
Action 行动		请分别从数据隐私（如患者医疗数据的保护和使用规范）、算法准确性（如算法在不同病例和影像类型中的表现差异）、伦理道德（如误诊责任界定、人工智能决策的透明度）等方面详细阐述挑战，并引用至少 2 篇相关的学术文献来支持观点，对文献进行适当引用和解释
Result 结果		生成一段约500~800字的内容，能够清晰地分析人工智能在医疗影像诊断中面临的挑战，体现学术性和严谨性，为我的论文写作提供有价值的参考

图 4-3　论文写作任务的提示词样例

Situation 情景		我所在的公司是一家新成立的智能家居设备制造商，主打产品是智能门锁和智能摄像头。目前智能家居市场竞争激烈，消费者对产品的安全性、便捷性和智能化程度要求越来越高。公司的目标市场是一二线城市的中高收入家庭，希望在接下来的半年内提高产品的市场知名度和销售额
Task 任务		为公司制定一份为期三个月的营销策划方案，重点推广智能门锁和智能摄像头
Action 行动		请结合目标市场的特点和消费者需求，制定包括线上线下推广渠道（如社交媒体营销、家居展会、社区推广等）、促销活动（如打折优惠、赠品、套餐组合等）、品牌建设（如品牌故事宣传、用户口碑营销等）等方面的具体营销策略，并详细说明每个策略的实施步骤和时间安排
Result 结果		生成一份完整的、可执行的营销策划方案，通过实施该方案，在三个月内使产品的市场知名度显著提高，销售额增长至少20%

图 4-4　营销策划方案制定任务的提示词样例

表 4-2　5W2H 法则的要素的说明

要　素	说　明
What	明确问题的核心内容或对象
Why	探究问题的动机或原因
Where	确定问题发生的地点或范围
When	指明问题发生的时间
Who	确定涉及的人物或主体
How	询问实现目标的具体方法或步骤
How much	了解问题的数量、程度或成本

为了帮助读者更好地掌握 5W2H 法则，下面给出 2 种场景（项目策划、学术研究），以及相应的提示词设计案例。

① 项目策划，如图 4-5 所示。

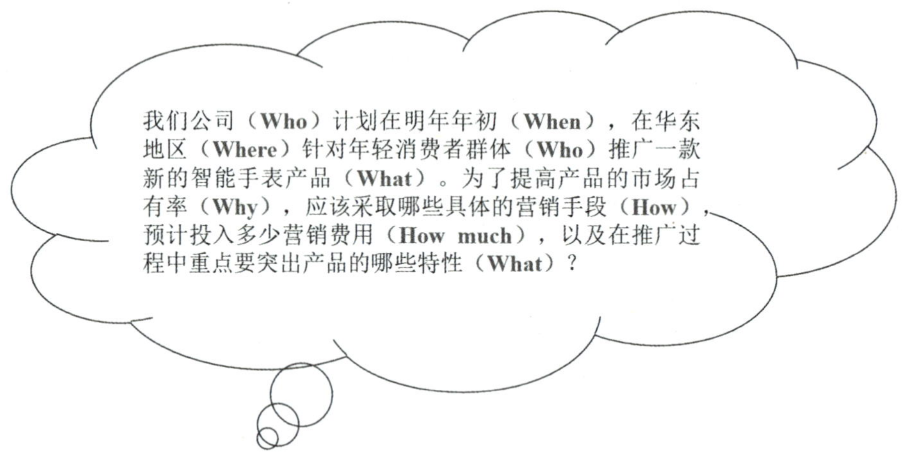

我们公司（Who）计划在明年年初（When），在华东地区（Where）针对年轻消费者群体（Who）推广一款新的智能手表产品（What）。为了提高产品的市场占有率（Why），应该采取哪些具体的营销手段（How），预计投入多少营销费用（How much），以及在推广过程中重点要突出产品的哪些特性（What）？

图 4-5　项目策划任务的提示词样例

② 学术研究，如图 4-6 所示。

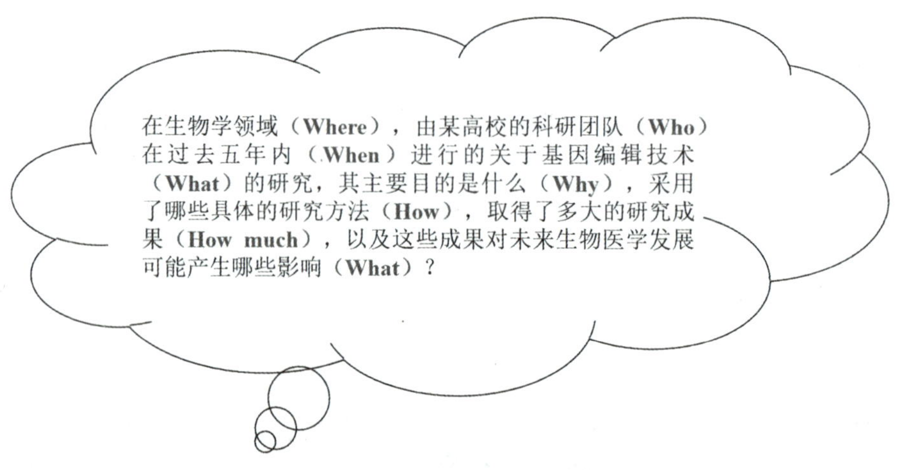

在生物学领域（Where），由某高校的科研团队（Who）在过去五年内（When）进行的关于基因编辑技术（What）的研究，其主要目的是什么（Why），采用了哪些具体的研究方法（How），取得了多大的研究成果（How much），以及这些成果对未来生物医学发展可能产生哪些影响（What）？

图 4-6　学术研究任务的提示词样例

4.3.3　CO-STAR 框架：精准表达需求

通过 Context（上下文）、Objective（目标）、Style（风格）、Tone（语气）、Audience（受众）和 Response（回复）这 6 个要素，CO-STAR 框架帮助用户更清晰地表达需求（如图 4-7 所示），使大模型生成更贴合场景的内容。

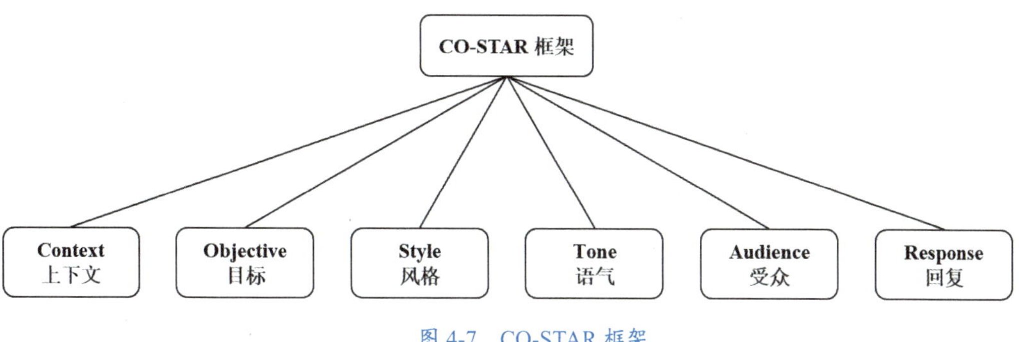

图 4-7 CO-STAR 框架

CO-STAR 框架的要素的说明如表 4-3 所示。

表 4-3 CO-STAR 框架的要素的说明

要 素	说 明
Context	提供任务的背景信息
Objective	明确大模型需要完成的具体任务
Style	指明期望的写作风格
Tone	指明回复的语气
Audience	指明内容的受众群体

CO-STAR 构建的提示词具有全链路覆盖（从背景到结果的完整链条，减少因信息缺失导致的模型“自由发挥”）、角色驱动（通过受众明确输出视角，避免通用化回答）、结果可量化（输出结果设定具体指标，提升输出可控性）等优势。

CO-STAR 框架可以有效解决大模型输出中的“幻觉问题”（如编造不存在的数据）和“泛化问题”（如给出笼统建议），尤其适合商业分析、产品设计、策略规划等需要精准输出的领域。下面给出 4 个实例（包含内容创作、市场调研、辅助教学和客户服务任务），读者可以进一步领会 CO-STAR 框架的具体用法。

① 内容创作，如图 4-8 所示。

② 市场调研，如图 4-9 所示。

③ 辅助教学，如图 4-10 所示。

④ 客户服务，如图 4-11 所示。

Context 上下文	⇨	一家专注于年轻时尚群体的运动品牌准备推出新款运动跑鞋，强调产品的轻便性和时尚外观
Objective 目标	⇨	创作一则能够吸引目标客户购买新款跑鞋的推广文案
Style 风格	⇨	采用简洁、生动且富有活力的语言风格，类似运动明星分享日常的口吻
Tone 语气	⇨	积极、热情、鼓励的语气，激发用户的运动热情和购买欲望
Audience 受众	⇨	年龄在18~35岁之间，热爱运动、追求时尚的年轻人群体
Response 回复	⇨	以一段不超过150字的文案形式呈现，包含产品特点和购买引导

图 4-8　内容创作任务的提示词样例

Context 上下文	⇨	一家咖啡连锁店想要了解消费者对新推出的特色咖啡口味的接受程度和购买意愿
Objective 目标	⇨	设计一份包含10个问题左右的消费者调查问卷，收集有效反馈
Style 风格	⇨	简洁明了、通俗易懂的语言风格，避免专业术语
Tone 语气	⇨	友好、中立的语气，让消费者愿意真实地表达意见
Audience 受众	⇨	经常光顾咖啡连锁店的消费者，年龄、性别不限
Response 回复	⇨	以问卷形式呈现，包含选择题、简答题等多种题型

图 4-9　市场调研任务的提示词样例

Context 上下文	⇨	高中历史课正在学习“工业革命”这一单元，学生需要了解工业革命对社会经济和人们生活的影响
Objective 目标	⇨	写一篇约800字的小论文，分析工业革命的积极和消极影响
Style 风格	⇨	学术性写作风格，使用恰当的历史术语和论证逻辑
Tone 语气	⇨	客观、理性的语气，全面分析问题，不偏袒任何一方观点
Audience 受众	⇨	高中历史教师和同学，具备一定的历史基础知识
Response 回复	⇨	以论文格式呈现，包含引言、正文（分别阐述积极和消极影响）、结论

图 4-10　辅助教学任务的提示词样例

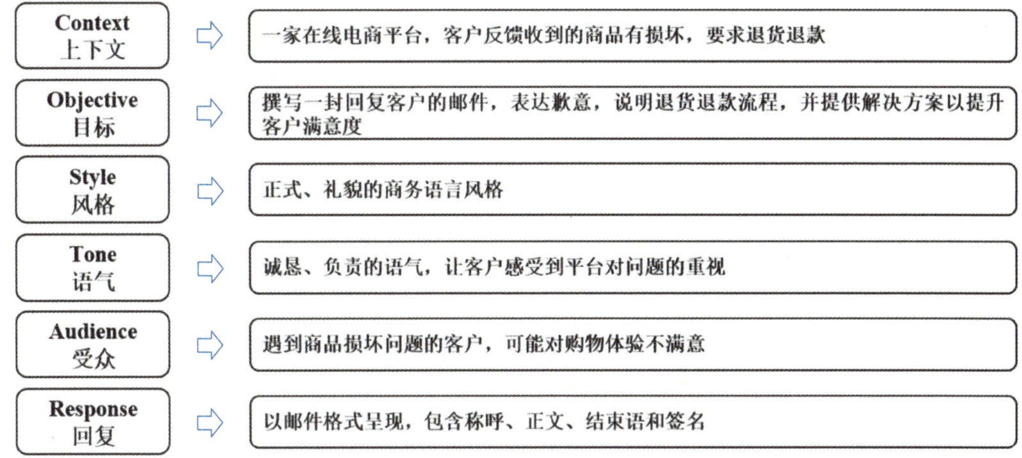

Context
上下文
一家在线电商平台，客户反馈收到的商品有损坏，要求退货退款
Objective
目标
撰写一封回复客户的邮件，表达歉意，说明退货退款流程，并提供解决方案以提升客户满意度
Style
风格
正式、礼貌的商务语言风格
Tone
语气
诚恳、负责的语气，让客户感受到平台对问题的重视
Audience
受众
遇到商品损坏问题的客户，可能对购物体验不满意
Response
回复
以邮件格式呈现，包含称呼、正文、结束语和签名

图 4-11　客户服务任务的提示词样例

4.3.4 CRISPE 框架：激发创意和拓展深度

通过 Capacity & Role（能力与角色）、Insight（见解）、Statement（声明）、Personality（个性）和 Experiment（实验）这 5 个要素，CRISPE 框架可以帮助用户激发大模型的创造力，生成更具深度和个性的内容，如图 4-12 所示。

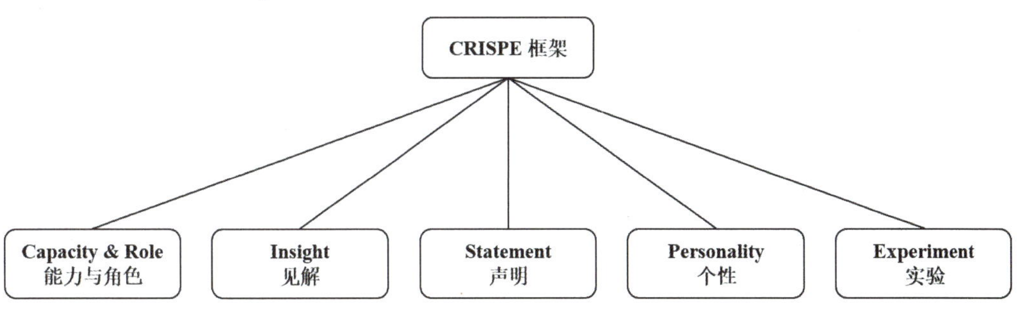

图 4-12　CRISPE 框架

CRISPE 框架的要素的说明如表 4-4 所示。

表 4-4　CRISPE 框架的要素的说明

要　素	说　　明
Capacity & Role	明确大模型的角色和能力
Insight	提供背景信息或专业知识
Statement	清晰阐述任务的核心内容
Personality	赋予大模型特定的语言风格
Experiment	提出假设性情景或探索性任务

通过运用 CRISPE 框架构建提示词，用户与大模型的交互可以更加有效，从而提高模型输出的质量和准确性，更好地满足需求。

下面给出 2 个示例（包含推广文案创作和技术问题分析），读者可以进一步领会 CRISPE 框架的具体用法。

① 推广文案创作，如图 4-13 所示。

Capacity & Role 能力与角色	你是一位经验丰富、富有创意的广告文案撰写专家，擅长捕捉产品亮点并转化为吸引人的文字
Insight 见解	当下消费者越来越注重生活品质和环保理念，对于家居用品的选择倾向于天然材料和可持续发展的产品
Statement 声明	为一款采用天然竹子制作的环保餐具套装撰写一篇社交媒体推广文案，目标是吸引年轻家庭和环保爱好者购买，提高产品的销量
Personality 个性	语言风格活泼有趣，富有感染力，能够引起读者的情感共鸣
Experiment 实验	假设在文案中加入一个用户使用该餐具套装的有趣小故事，分析是否能提高文案的吸引力和转化率

图 4-13 推广文案创作任务的提示词样例

② 技术问题分析，如图 4-14 所示。

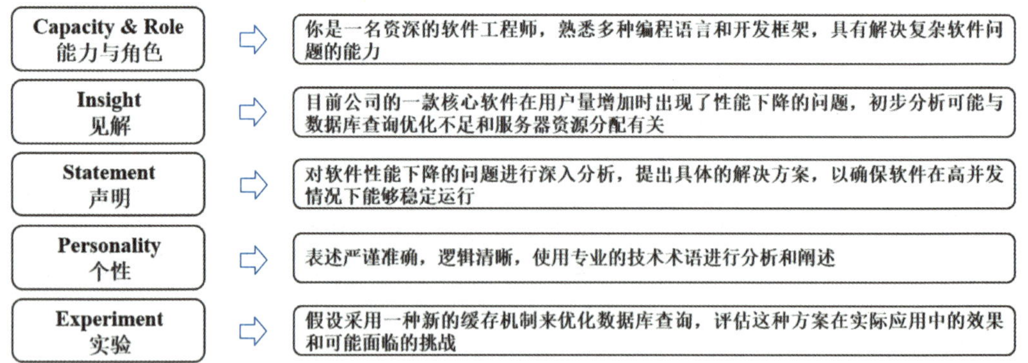

图 4-14 技术问题分析任务的提示词样例

4.3.5 BROKE 框架：目标导向和持续优化

通过 Background（背景）、Role（角色）、Objectives（目标）、Key Result（关键结果）和 Evolve（优化）这 5 个要素，BROKE 框架强调目标导向和持续优化（如图 4-15 所示），帮助用户生成更具可行性和可量化的解决方案。

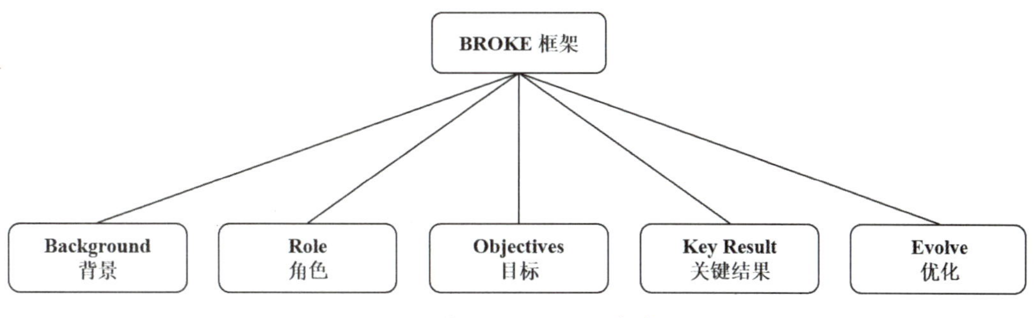

图 4-15　BROKE 框架

BROKE 框架的要素的说明如表 4-5 所示。

表 4-5　BROKE 框架的要素的说明

要　素	说　明
Background	提供任务的背景信息
Role	明确大模型的角色
Objectives	明确任务目标
Key Result	设定可量化的关键结果指标
Evolve	提出优化方向，持续改进解决方案

下面给出 2 个示例（包含促销活动和旅游推广任务），读者可以进一步领会 BROKE 框架的具体用法。

① 促销活动，如图 4-16 所示。

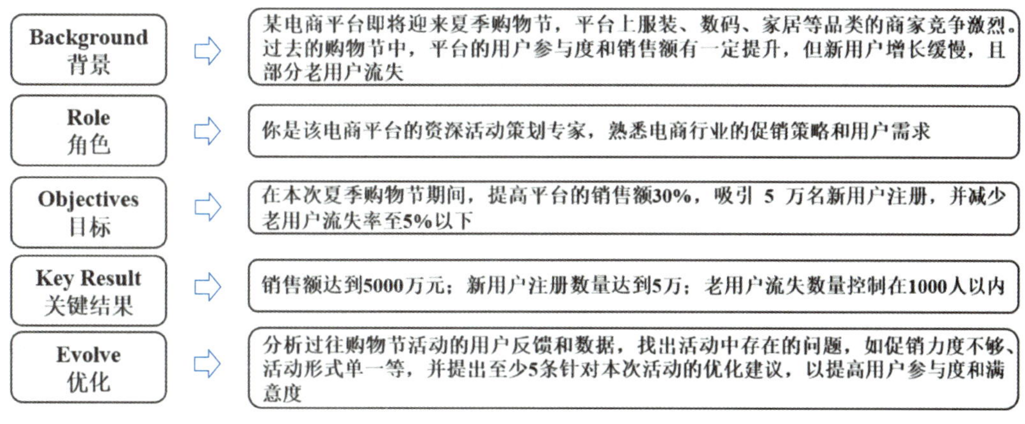

Background
背景
某电商平台即将迎来夏季购物节，平台上服装、数码、家居等品类的商家竞争激烈。过去的购物节中，平台的用户参与度和销售额有一定提升，但新用户增长缓慢，且部分老用户流失
Role
角色
你是该电商平台的资深活动策划专家，熟悉电商行业的促销策略和用户需求
Objectives
目标
在本次夏季购物节期间，提高平台的销售额30%，吸引 5 万名新用户注册，并减少老用户流失率至5%以下
Key Result
关键结果
销售额达到5000万元；新用户注册数量达到5万；老用户流失数量控制在1000人以内
Evolve
优化
分析过往购物节活动的用户反馈和数据，找出活动中存在的问题，如促销力度不够、活动形式单一等，并提出至少5条针对本次活动的优化建议，以提高用户参与度和满意度

图 4-16　促销活动任务的提示词样例

② 旅游推广，如图 4-17 所示。

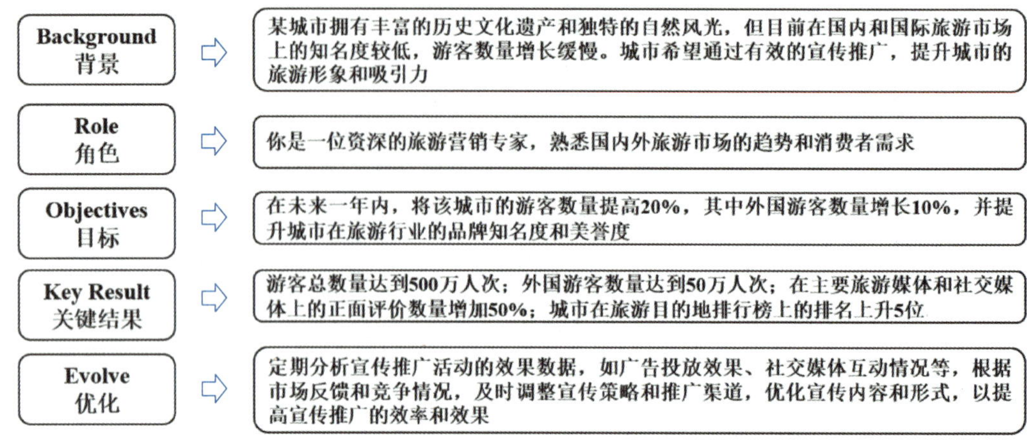

Background
背景
某城市拥有丰富的历史文化遗产和独特的自然风光，但目前在国内和国际旅游市场上的知名度较低，游客数量增长缓慢。城市希望通过有效的宣传推广，提升城市的旅游形象和吸引力
Role
角色
你是一位资深的旅游营销专家，熟悉国内外旅游市场的趋势和消费者需求
Objectives
目标
在未来一年内，将该城市的游客数量提高20%，其中外国游客数量增长10%，并提升城市在旅游行业的品牌知名度和美誉度
Key Result
关键结果
游客总数量达到500万人次；外国游客数量达到50万人次；在主要旅游媒体和社交媒体上的正面评价数量增加50%；城市在旅游目的地排行榜上的排名上升5位
Evolve
优化
定期分析宣传推广活动的效果数据，如广告投放效果、社交媒体互动情况等，根据市场反馈和竞争情况，及时调整宣传策略和推广渠道，优化宣传内容和形式，以提高宣传推广的效率和效果

图 4-17　旅游推广任务的提示词样例

4.3.6　借助大模型优化提示词

在使用大模型进行提示词设计和内容创作时，大家常常会遇到一些难题，如不知道如何设计提示词，或者如何让生成的内容更符合需求。本节将介绍两种实用的方法：借助大模型优化提示词，以及利用“续写”和“扩写”指令来丰富创作内容。这些方法不仅能帮助你解决实际问题，还能激发更多创意。

1. 借助大模型优化提示词

当我们不知道如何设计提示词或者现有的提示词效果不佳时，可以向大模型求助，大模型不仅能提供优化建议，还能直接帮助我们设计更有效的提示词。

如图 4-18 所示，当你需要为公司的新产品（比如新款按摩仪）设计广告文案时，可以直接向大模型提问：“我想为公司最新款的按摩仪设计广告文案，我该如何编写提示词？”大模型会给出适用的提示词框架和示例，帮助你快速找到方向。

此外，如果已经设计了提示词，但效果不理想，可以让大模型提出修改意见。如图 4-19 所示（由于篇幅限制，此处没有截取 DeepSeek 的完整回复），你可以将现有的提示词提交给大模型，请求它优化内容，使其更精准、更有效。通过这种方式，你可以逐步改进提示词，最终达到理想的效果。

2. 善用“续写”和“扩写”指令

在内容创作中，我们可能遇到思路卡壳的情况，或者不知道如何将想法准确地传达给大模型，这时“续写”和“扩写”指令可以成为得力助手。

如何编写提示词，借助大模型为公司最新款按摩仪设计广告文案?

为了获得更精准、有效的广告文案，你需要提供详细的信息和明确的指示。以下是一个编写提示词的框架，并举例说明：

1. 明确目标受众:

- **目标人群:** 例如，上班族、运动爱好者、老年人、孕妇等。
- **痛点需求:** 例如，缓解肩颈酸痛、改善睡眠质量、放松肌肉等。

2. 突出产品特点和优势:

- **核心功能:** 例如，3D按摩、热敷功能、多种按摩模式等。
- **技术优势:** 例如，仿人手按摩、智能感应、静音设计等。
- **差异化卖点:** 例如，便携设计、高性价比、明星代言等。

3. 设定文案风格和传播渠道:

- **文案风格:** 例如，科技感、温馨治愈、幽默风趣等。
- **传播渠道:** 例如，电商平台、社交媒体、线下广告等。

4. 提供参考案例:

- **优秀广告文案:** 例如，其他品牌的按摩仪广告、你欣赏的广告文案等。
- **品牌调性:** 例如，你的品牌形象、品牌故事等。

示例提示词:

"你是一位资深广告文案策划师，请为我公司最新款智能按摩仪设计一则广告文案。目标受众是25-40岁的上班族，他们长期伏案工作，饱受肩颈酸痛困扰。产品主打3D按摩、热敷功能和多种按摩模式，采用仿人手按摩技术，能够精准按摩穴位，缓解肌肉疲劳。文案风格要求简洁明了、突出科技感和实用性，用于电商平台产品详情页。请参考以下优秀广告文案：[优秀广告文案示例]。"

图 4-18　借助 DeekSeek 模型设计提示词（一）

我使用下面的提示词后生成效果不好，请给出一些对该提示词的优化建议。
提示词："请为我公司最新款按摩仪设计一则广告文案。该按摩仪主打3D按摩、热敷功能和多种按摩模式，采用仿人手按摩技术，能够精准按摩穴位，缓解肌肉疲劳。"

你的提示词已经提供了产品的基本信息，但可以进一步优化，以帮助生成更具吸引力和针对性的广告文案。以下是一些优化建议：

1. 明确目标受众

- 提示词中没有明确说明目标受众是谁。不同的受众群体（如年轻人、老年人、上班族、运动爱好者等）对广告文案的需求和关注点不同。明确目标受众有助于生成更具针对性的文案。
- **优化建议**：加入目标受众的描述，例如"主要面向长时间久坐的上班族和运动爱好者"。

图 4-19　借助 DeekSeek 模型优化提示词（二）

2. 突出核心卖点

- 虽然你提到了3D按摩、热敷功能和多种按摩模式，但这些信息可以更具体化，突出产品的独特优势。例如，3D按摩与普通按摩的区别是什么？热敷功能的具体温度范围是多少？多种按摩模式具体有哪些？
- **优化建议**：细化产品功能，例如"3D按摩技术能够深入肌肉组织，模拟真人按摩手法，提供更真实的按摩体验；热敷功能可在38°C至45°C之间调节，帮助放松深层肌肉；内置8种按摩模式，满足不同部位的按摩需求"。

3. 增加情感共鸣

- 广告文案不仅要传递产品功能，还要与消费者的情感需求产生共鸣。例如，按摩仪可以帮助缓解工作压力、改善睡眠质量、提升生活品质等。
- **优化建议**：加入情感诉求，例如"每天15分钟，告别疲劳，重拾活力，让忙碌的生活多一份舒适与放松"。

4. 加入使用场景

图 4-19　借助 DeekSeek 模型优化提示词（二）（续）

例如，当你写一篇旅游景点宣传文章时，可以先完成开头段落，然后让大模型续写，可以这样提问："请根据以下内容续写一篇景点宣传文章。已完成的内容：北京故宫位于中国北京市，是中国明清两代的皇家宫殿，旧称紫禁城，位于北京中轴线的中心。"大模型会根据已有的内容推理出后续的方向，生成更丰富的内容，如图 4-20 所示。这样，你不仅能获得满意的输出，还可能从大模型的续写中获得新的灵感。

北京故宫位于中国北京市，是中国明清两代的皇家宫殿，旧称紫禁城，位于北京中轴线的中心。作为世界上现存规模最大、保存最为完整的木质结构古建筑群，故宫不仅是中华文明的瑰宝，更是世界文化遗产中的璀璨明珠。

故宫始建于明永乐四年（1406年），历经十四年的建设，于永乐十八年（1420年）竣工。它占地72万平方米，拥有大小宫殿七十多座，房屋九千余间。整个建筑群布局严谨，气势恢宏，体现了中国古代建筑艺术的最高成就。故宫的建筑风格以黄瓦红墙为主，象征着皇权的至高无上，而其内部的雕梁画栋、金碧辉煌的装饰更是让人叹为观止。

故宫不仅是古代中国皇权的象征，更是中华文化的宝库。这里珍藏着无数珍贵的文物和艺术品，涵盖了书画、陶瓷、玉器、青铜器等多个领域。其中，故宫博物院收藏的《清明上河图》、乾隆御笔《兰亭序》等文物，堪称国宝级珍品，吸引了无数游客和学者前来观赏和研究。

游览故宫，仿佛穿越时空，回到了那个辉煌的明清时代。从午门进入，沿着中轴线依次参观太和殿、中和殿、保和殿，感受皇家建筑的庄严与雄伟；再深入内廷，探访乾清宫、交泰殿、坤宁宫，体验皇帝和后妃们的生活场景。每一座宫殿、每一件文物，都承载着深厚的历史文化底蕴，诉说着古老的故事。

除了丰富的文化内涵，故宫还以其独特的四季美景吸引着游客。春天，御花园内百花争艳，生机勃勃；夏天，宫殿在绿树的掩映下更显庄重；秋天，金黄的银杏叶洒满地面，宛如一幅美丽的画卷；冬天，白雪覆盖下的故宫，更显静谧与神秘。无论何时前来，故宫都能带给游客不同的视觉享受和文化体验。

图 4-20　使用 DeepSeek 模型进行续写的结果

近年来，故宫博物院不断创新，推出了许多现代化的展览和互动项目，让游客能够更加深入地了解故宫的历史与文化。例如，数字故宫项目通过虚拟现实技术，让游客能够"走进"那些平时不对外开放的区域，感受更加立体的故宫魅力。此外，故宫还定期举办各类文化活动和展览，吸引了越来越多的年轻人前来参观，成为传统文化与现代生活交融的典范。

作为北京乃至中国的标志性景点，故宫不仅是历史的见证者，更是文化的传播者。无论你是历史爱好者、艺术鉴赏家，还是普通游客，故宫都能为你带来一场难忘的文化之旅。走进故宫，感受中华文明的博大精深，领略古代皇家的辉煌与荣耀，这将是一次心灵的洗礼与升华。

故宫，这座屹立六百年的皇家宫殿，正以它独特的魅力，向世界展示着中华文化的无穷魅力。无论你是第一次到访，还是多次重游，故宫都会带给你新的惊喜与感动。快来北京故宫，开启一段穿越时空的文化之旅吧！

图 4-20 使用 DeepSeek 模型进行续写的结果（续）

如果已经完成了一篇内容，但觉得不够丰富，可以使用“扩写”指令。例如，要求大模型将一篇 500 字的文章扩写到 2000 字，并提出具体要求，如“内容要充实，不要重复啰唆”。大模型会根据要求，补充更多细节和信息，让文章更完整，如图 4-21 所示。

对下面的文章进行扩写，使内容更加充实，但内容不要啰嗦重复。扩写后使内容达到2000字左右。
在中国北方的崇山峻岭之间，有一条蜿蜒盘旋的巨龙，它就是举世闻名的八达岭长城。作为万里长城的重要组成部分，八达岭长城以其雄伟的气势和丰富的历史文化内涵，吸引着无数游客前来领略它的风采。
八达岭长城位于北京市延庆区军都山关沟古道北口，是万里长城向游人开放最早的地段。其始建于明朝弘治十八年（1505 年），之后又经过多次修缮和扩建，如今我们看到的八达岭长城，多为明朝时期修筑的模样。
这段长城地势险要，山峦重叠，形势险要。城墙高大坚固，平均高度为 7-8 米，底部宽约 6-7 米，顶部宽约 4-5 米，可并行两辆马车。城墙上设有瞭望孔、射孔、垛口等防御设施，尽显古人的智慧和精湛技艺。
登上八达岭长城，极目远眺，连绵起伏的山峦与长城融为一体，仿佛一幅波澜壮阔的山水画卷。无论春夏秋冬，八达岭长城都有别样的景致。春天，山花烂漫，为古老的长城增添了几分生机；夏天，郁郁葱葱的树木与长城相互映衬，绿意盎然；秋天，漫山红叶，长城在红叶的点缀下更显壮丽；冬天，银装素裹，长城宛如一条白色巨龙，横卧在山间。
八达岭长城不仅是一道军事防御工程，更是中华民族坚韧不拔精神的象征。它承载着千年的历史，见证了无数的兴衰荣辱。每一块古老的砖石，都仿佛在诉说着往昔的故事，吸引着人们去探寻和聆听。

在中国北方的崇山峻岭之间，有一条蜿蜒盘旋的巨龙，它就是举世闻名的八达岭长城。作为万里长城的重要组成部分，八达岭长城以其雄伟的气势和丰富的历史文化内涵，吸引着无数游客前来领略它的风采。这段长城不仅是中华民族的象征，更是世界文化遗产中的瑰宝，承载着数千年的历史积淀和无数英雄的传奇故事。

八达岭长城位于北京市延庆区军都山关沟古道北口，是万里长城向游人开放最早的地段。其始建于明朝弘治十八年（1505年），之后又经过多次修缮和扩建，如今我们看到的八达岭长城，多为明朝时期修筑的模样。明朝是中国历史上修筑长城最为频繁的朝代之一，为了抵御北方游牧民族的侵扰，明政府投入了大量的人力物力，将长城修筑得更加坚固和完善。八达岭长城作为明长城的重要组成部分，不仅是军事防御的屏障，更是当时政治、经济、文化交流的重要通道。

这段长城地势险要，山峦重叠，形势险峻。城墙高大坚固，平均高度为7-8米，底部宽约6-7米，顶部宽约4-5米，可并行两辆马车。城墙上设有瞭望孔、射孔、垛口等防御设施，尽显古人的智慧和精湛技艺。这些防御设施不仅体现了古代军事工程的精湛技术，也反映了当时战争的残酷与激烈。瞭望孔和射孔的设计，使

图 4-21 使用 DeepSeek 模型进行扩写的结果

本节为读者介绍了提示词设计中常用的几种法则、框架和一些技巧。在实际使用中，读者可以根据需求选择合适的框架来进行提示词设计。同时要注意，提示词的设计应灵活多变，不应被模板和框架所限制。读者应在实际使用中不断积累经验，观察不同的提示词得到的回复有何差异，找到一个最优的提示词设计方案。

4.4 企业层面的提示词应用场景

在当今数字化时代，大模型为企业提供了强大的内容产出和数据分析工具，但并非所有企业都有能力进行本地大模型部署和训练。对于资源有限的中小型企业来说，通过设计优秀的提示词使大模型更好地完成任务，是一种简单、基础且低成本的大模型应用方案，能够有效提升业务质量和效率。本节将通过 4 个常见的企业任务案例，向读者展示如何利用提示词与大模型交互，实现高效的任务执行和创新。

4.4.1 传播策略制定

传播策略是企业提升品牌知名度、拓展市场份额和促进产品销售的关键手段。对于资源有限的中小企业，借助大模型设计传播策略是一种高效且低成本的选择。

提示词设计步骤如图 4-22 所示。

明确传播目标	传播目标是整个策略的核心导向，务必清晰具体。比如对于推广新产品，需要明确是要提高产品的初次认知度，还是刺激消费者进行首次购买。
⇩ 分析受众特征	**深入了解目标受众是传播策略有效的关键。**需要考虑受众的年龄范围、兴趣爱好、消费习惯、媒体使用偏好等多方面因素。
⇩ 梳理产品卖点	全面梳理产品或服务的独特卖点和竞争优势。包括产品的**功能特性、文化内涵、售后服务等。**
⇩ 选择传播渠道	**根据目标受众和产品特点选择合适的渠道。**例如，社交媒体平台适合年轻受众。

图 4-22 传播策略制定任务的提示词设计步骤

假设一家企业研发了一款新型智能健身设备，目标受众是 25～35 岁的年轻上班族和健身爱好者，传播目标是提高产品的初次认知度，那么可以向 DeepSeek 模型输入如图 4-23 所示的提示词（仅展示部分输出结果）。

为一款新型智能健身设备制定传播策略，目标受众为25-35岁的年轻上班族和健身爱好者。产品特点包括智能运动监测、个性化健身计划和线上社交互动功能。传播渠道包括小红书、抖音和健身类APP。请制定一个为期三个月的传播计划，包括每月的传播主题、每周的发布内容主题、发布时间和互动方式，以提高产品的初次认知度。

新型智能健身设备传播策略

目标受众：25-35岁的年轻上班族和健身爱好者

产品特点：智能运动监测、个性化健身计划、线上社交互动功能

传播渠道：小红书、抖音、健身类APP

传播周期：3个月

传播目标

1. **提高产品初次认知度**：通过内容营销和互动活动，让目标受众了解产品功能和优势。
2. **建立品牌信任感**：通过用户真实体验和KOL/KOC推荐，增强用户对产品的信任。
3. **引导用户转化**：通过限时优惠、体验活动等方式，推动用户购买或试用。

传播主题规划

第一阶段：认知期（第1个月）

主题：**“智能健身，开启你的专属运动计划”**

图 4-23 传播策略制定任务的提示词样例

4.4.2 执行发展制定

执行发展是企业实现战略落地和目标达成的关键环节。通过大模型设计执行发展计划，企业可以高效规划执行路径。

提示词设计步骤如图 4-24 所示。

假设一家服装制造企业计划推出新的服装系列，目标是在半年内实现销售额增长20%并提升品牌知名度，那么可以向 DeepSeek 模型输入如图 4-25 所示的提示词（仅展示部分输出结果）。

明确执行目标 → **目标必须具体且可衡量。**例如，企业计划在未来一个季度内将产品市场占有率提升5%

分析执行要素 → 盘点企业的**内部资源**（如人力、物力、财力）和**外部环境**（如市场竞争态势、政策法规变化）

梳理关键节点和流程 → 将执行过程分解为多个**可操作的子任务**，明确每个任务的时间、责任人和交付成果

图 4-24　执行发展制定任务的提示词设计步骤

为一家服装制造企业制定执行发展计划，目标是在半年内推出新服装系列，实现销售额增长20%并提升品牌知名度。企业内部有专业设计团队和稳定生产供应链，但营销推广资源有限。外部市场竞争激烈，目标受众为18-30岁的年轻时尚群体。执行流程包括1个月的设计阶段、2个月的生产阶段和3个月的营销推广阶段。请制定详细的执行计划，包括每个阶段的具体任务、时间安排、责任人和预期效果评估。

服装制造企业执行发展计划

目标：半年内推出新服装系列，实现销售额增长20%，提升品牌知名度。

目标受众：18-30岁的年轻时尚群体。

资源现状：专业设计团队、稳定生产供应链，但营销推广资源有限。

执行流程：1个月设计阶段、2个月生产阶段、3个月营销推广阶段。

第一阶段：设计阶段（第1个月）

目标：完成新服装系列的设计，确保产品符合目标受众需求。

具体任务

1. **市场调研与趋势分析**（第1周）
   - 调研年轻时尚群体的偏好、流行趋势和竞争对手产品。
   - 分析社交媒体（如小红书、抖音）上的热门穿搭风格。
   - **责任人**：市场部经理、设计团队。

图 4-25　执行发展制定任务的提示词样例

4.4.3　品牌故事生成

品牌故事是塑造企业形象、吸引消费者的重要手段。通过大模型生成品牌故事，用户可以节省时间和人力成本，同时提供创新思路。

提示词设计步骤如图 4-26 所示。

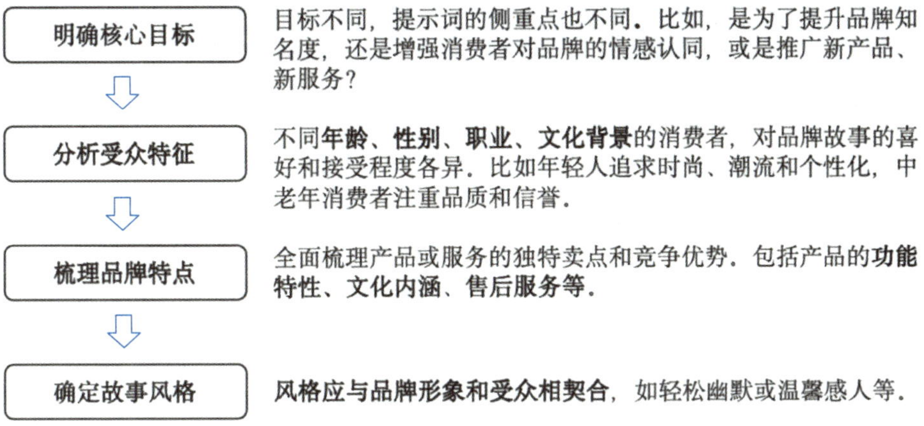

明确核心目标 → 目标不同，提示词的侧重点也不同。比如，是为了提升品牌知名度，还是增强消费者对品牌的情感认同，或是推广新产品、新服务？

分析受众特征 → 不同**年龄**、**性别**、**职业**、**文化背景**的消费者，对品牌故事的喜好和接受程度各异。比如年轻人追求时尚、潮流和个性化，中老年消费者注重品质和信誉。

梳理品牌特点 → 全面梳理产品或服务的独特卖点和竞争优势，包括产品的**功能特性**、**文化内涵**、**售后服务等**。

确定故事风格 → **风格应与品牌形象和受众相契合**，如轻松幽默或温馨感人等。

图 4-26　品牌故事生成任务的提示词设计步骤

假设一家有机食品企业，目标受众是 25～45 岁的中高端消费者，注重健康和生活品质，那么可以向 DeepSeek 模型输入如图 4-27 所示的提示词（仅展示部分输出结果）。

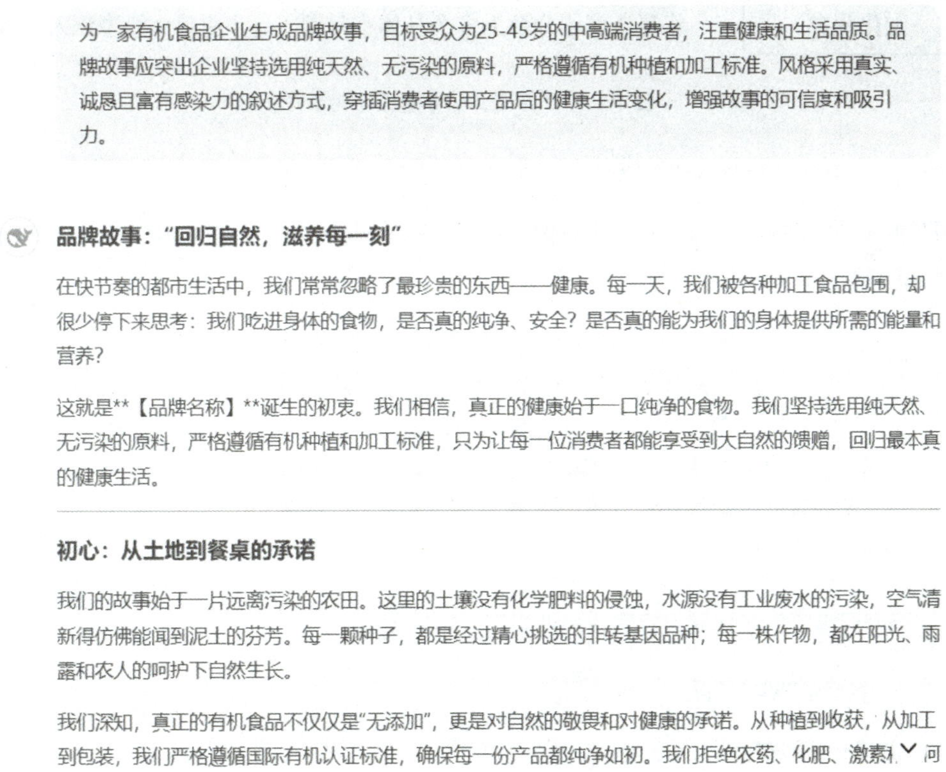

为一家有机食品企业生成品牌故事，目标受众为25-45岁的中高端消费者，注重健康和生活品质。品牌故事应突出企业坚持选用纯天然、无污染的原料，严格遵循有机种植和加工标准。风格采用真实、诚恳且富有感染力的叙述方式，穿插消费者使用产品后的健康生活变化，增强故事的可信度和吸引力。

品牌故事："回归自然，滋养每一刻"

在快节奏的都市生活中，我们常常忽略了最珍贵的东西——健康。每一天，我们被各种加工食品包围，却很少停下来思考：我们吃进身体的食物，是否真的纯净、安全？是否真的能为我们的身体提供所需的能量和营养？

这就是**【品牌名称】**诞生的初衷。我们相信，真正的健康始于一口纯净的食物。我们坚持选用纯天然、无污染的原料，严格遵循有机种植和加工标准，只为让每一位消费者都能享受到大自然的馈赠，回归最本真的健康生活。

初心：从土地到餐桌的承诺

我们的故事始于一片远离污染的农田。这里的土壤没有化学肥料的侵蚀，水源没有工业废水的污染，空气清新得仿佛能闻到泥土的芬芳。每一颗种子，都是经过精心挑选的非转基因品种；每一株作物，都在阳光、雨露和农人的呵护下自然生长。

我们深知，真正的有机食品不仅仅是"无添加"，更是对自然的敬畏和对健康的承诺。从种植到收获，从加工到包装，我们严格遵循国际有机认证标准，确保每一份产品都纯净如初。我们拒绝农药、化肥、激素 何

图 4-27　品牌故事生成任务的提示词样例

4.4.4 产品定位

精准的产品定位是企业成功的关键。通过大模型设计产品定位，用户可以帮助企业在市场中找准产品的独特位置。

提示词设计步骤如图 4-28 所示。

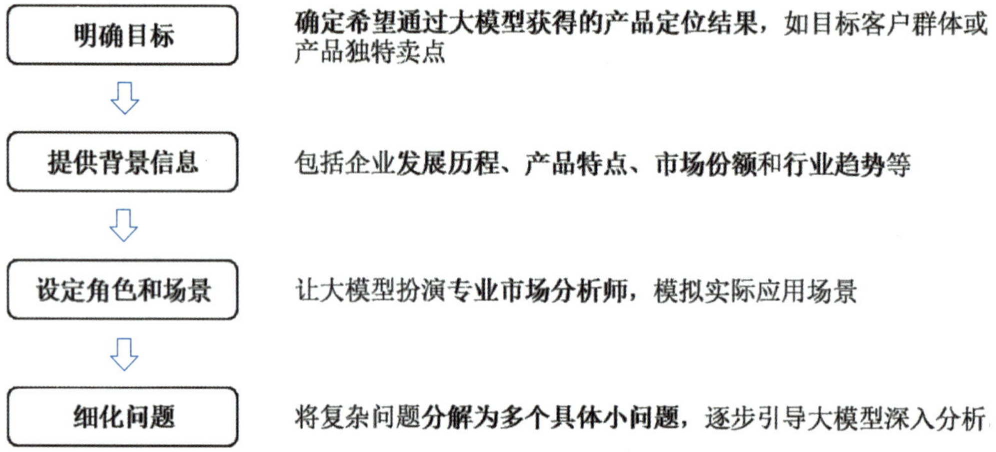

步骤	说明
明确目标	确定希望通过大模型获得的产品定位结果，如目标客户群体或产品独特卖点
⇩	
提供背景信息	包括企业发展历程、产品特点、市场份额和行业趋势等
⇩	
设定角色和场景	让大模型扮演专业市场分析师，模拟实际应用场景
⇩	
细化问题	将复杂问题分解为多个具体小问题，逐步引导大模型深入分析

图 4-28　产品定位任务的提示词设计步骤

假设一家智能家居企业研发了一款新型智能空气净化器，目标是确定产品的目标客户群体和独特卖点，那么可以向 DeepSeek 模型输入如图 4-29 所示的提示词（仅展示部分输出结果）。

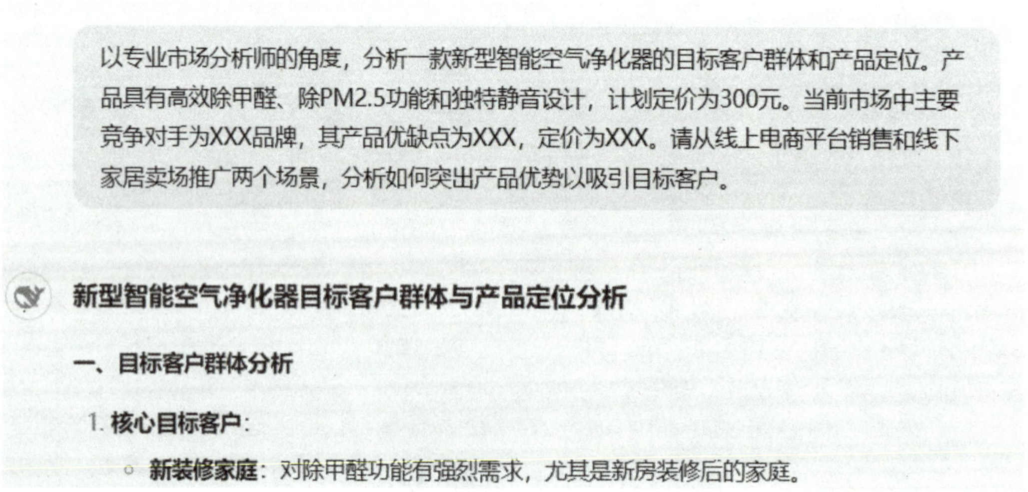

> 以专业市场分析师的角度，分析一款新型智能空气净化器的目标客户群体和产品定位。产品具有高效除甲醛、除PM2.5功能和独特静音设计，计划定价为300元。当前市场中主要竞争对手为XXX品牌，其产品优缺点为XXX，定价为XXX。请从线上电商平台销售和线下家居卖场推广两个场景，分析如何突出产品优势以吸引目标客户。

新型智能空气净化器目标客户群体与产品定位分析

一、目标客户群体分析

1. **核心目标客户**：

   - **新装修家庭**：对除甲醛功能有强烈需求，尤其是新房装修后的家庭。

图 4-29　产品定位任务的提示词样例

- **城市中产家庭**：注重生活品质，关注PM2.5污染问题，尤其是生活在空气质量较差的城市。
- **有老人、小孩或宠物的家庭**：对空气净化器的静音设计有较高要求，适合需要安静环境的家庭。
- **年轻白领**：追求科技感和性价比，倾向于通过线上渠道购买。

2. **次级目标客户**：
   - **租房群体**：对便携性和性价比敏感，尤其是租住新装修房屋的年轻人。
   - **小型办公场所**：如创业公司、小型工作室等，需要经济实惠的空气净化解决方案。

二、产品定位

图 4-29　产品定位任务的提示词样例（续）

小　结

本章全面、深入地探讨了大模型提示词的设计和应用，以便读者掌握提示词的用法，提升在大模型应用中的能力和竞争力。通过系统学习和实践，读者将能够更高效地利用大模型解决实际问题，实现个人和企业的发展目标。

首先，介绍了提示词的定义和种类，以便理解提示词在大模型交互中的关键作用。然而，新手在设计提示词时常会陷入一些误区，如表述模糊笼统、指令逻辑混乱、信息过载、忽略语境背景、过度依赖预设模板、不考虑模型能力边界、缺乏反馈调整等。这些在设计提示词时需要特别注意，避免出现常见的陷阱。

然后，详细介绍了多种提示词设计技巧，包括常见的提问法则（如 STAR 法则、5W2H 法则）和结构化设计框架（如 CO-STAR 框架、CRISPE 框架、BROKE 框架）。这些工具为设计提示词提供了清晰的思路，帮助用户更系统地表达需求，引导模型生成更准确、详细、有价值的内容。

最后，介绍了提示词在企业层面的应用场景，如传播策略制定、执行发展规划、品牌故事生成和产品定位等。在这些实际业务场景中，精心设计的提示词能够帮助企业在较低成本下高效解决问题，提升业务质量和效率。

第 5 章

面向个人的 DeepSeek 部署

除了用好提示词，部分读者可能不满足于仅在手机 App 或网页端使用 DeepSeek 模型服务，更想在自己的设备上拥有自己的 DeepSeek 大模型。本章介绍流行的 DeepSeek 的 V3、R1、VL2、Janus、Coder-V2 等模型，并说明在部署 DeepSeek 模型时的显存占用估算方法；然后介绍 Open-WebUI、Hollama、Chatbox 等工具，展示如何构建用于个人使用的大模型对话应用。

通过本章内容，读者可以快速掌握 DeepSeek 模型的部署方法，充分发挥其效能，为实际应用奠定基础。

5.1　DeepSeek 的模型

下面详细介绍 DeepSeek 的不同模型版本及其特点，并探讨开源许可证的相关知识。读者可以选择适合自己的模型版本，并正确使用开源软件。

5.1.1　DeepSeek 模型的常见版本

DeepSeek 模型的常见版本包括如下。

① DeepSeek-V3：定位为通用型的大语言模型，采用 MLA 和 DeepSeekMoE 架构，支持文本生成、自然语言处理等综合任务，适用于内容创作、广告设计等多个领域。

② DeepSeek-R1：定位为通用推理型的大语言模型，与 DeepSeek-R1-Zero 相比，它在强化学习训练前加入了对冷启动数据的训练，从而具备极强的深度思考能力，适用于代码生成、数学解题、复杂语义理解等需要深度推理的任务。

③ DeepSeek-VL2：专为现实世界的视觉和语言理解而设计的视觉 - 语言模型，具备通用的多模态理解能力，能够处理复杂场景下的逻辑图、网页、公式识别、科学文献、自然图像和具身智能。

④ DeepSeek-Janus：应用于图像理解、文本到图像生成等场景的统一多模态模型，通过创新性地解耦视觉编码，构建独立路径分别用于多模态理解和生成，缓解任务冲突，采用简洁统一的 Transformer 架构，提升了模型灵活性和通用性。

⑤ DeepSeek-Coder-V2：开源的专家混合代码语言模型，在特定代码的任务中实现

与 GPT4-Turbo 相当的性能。与 DeepSeek-V2 模型相比，DeepSeek-Coder-V2 大大增强了编码和数学推理能力，主要用于软件开发、自动化脚本编写等场景。

5.1.2 DeepSeek 模型的版本说明

除了上述 DeepSeek-V3 和 DeepSeek-R1 版本，每个版本的模型下还有多个子版本可供选择，如图 5-1 所示。以 DeepSeek-R1 为例，除了 DeepSeek-R1-Zero 和 DeepSeek-R1，用户还可选择 DeepSeek-R1-Distill-Llama-70B、DeepSeek-R1-Distill-Qwen-32B 等。下面将详细介绍版本中各单词和数字所代表的含义。

图 5-1　DeepSeek-R1 详细版本（包含使用 DeepSeek-R1 生成数据进行蒸馏训练的模型）

以 DeepSeek-R1-Distill-Llama-70B 为例：

① Distill：表示这是一个蒸馏模型。蒸馏技术是将大模型的知识迁移到小型模型中，

以减少计算需求，同时保留大部分推理能力。

② Llama：表示该模型的基础模型是 LLaMA。LLaMA 是 Meta 公司推出的基于 Transformer 架构的自回归语言模型，具有较高的推理效率和多语言支持能力。

③ 70B：表示模型的参数量为 700 亿。一般，参数量越大，模型的学习能力和表示能力越强，但对硬件配置的要求越高。个人部署时通常选择 1B～14B 的版本。

5.1.3 DeepSeek 模型的开源协议

DeepSeek 模型以限制极少的“开源可商用”特点著称。初次接触开源协议的读者可能觉得代码开源后，就能不加限制地使用，这种想法是不正确的。

开源，即开放源代码，是一种促进软件免费访问和分发的理念。开源软件最大的特点是开放，任何人都可以在协议限制范围内获取软件的源代码，加以修改学习，甚至重新分发。在使用开源程序时，我们需要关注其采用的开源许可证，因为不同的许可证有不同的使用规则和条件。以下是常见的开源许可证及其特点。

1. GNU 通用公共许可证（GPL）

GPL 是一种强传染性的开源许可证，要求任何基于 GPL 许可证的软件的衍生作品也必须以 GPL 许可证发布。如果对 GPL 软件进行了修改或扩展，修改后的代码也必须开源。GPL 适用于希望最大限度地促进软件开源和共享的项目。

2. GNU 宽通用公共许可证（LGPL）

LGPL 相对 GPL 较为宽松，允许在商业软件中使用 LGPL 许可证的库文件，而不需要将整个商业软件开源。但如果对 LGPL 库文件进行了修改，那么修改后的部分仍需遵循 LGPL 许可证。LGPL 适用于开发可以被商业软件调用的开源库。

3. MIT（麻省理工学院）许可证

MIT 许可证是一种非常宽松的开源许可证，几乎没有任何限制，允许使用者自由地使用、修改和分发软件，包括用于商业目的，唯一的要求是在软件的副本中包含原作者的版权声明和许可声明。MIT 许可证适合希望代码能被广泛使用和传播的项目。

4. Apache 许可证

Apache 许可证也是一种宽松的开源许可证，允许使用者自由地使用、修改和分发软件，包括用于商业目的。与 MIT 许可证相比，Apache 许可证增加了一些关于专利的条款，明确了专利授权的相关内容，常用于大型开源项目。

5. BSD 许可证

BSD 许可证有多种版本，如 BSD 2-Clause 和 BSD 3-Clause 许可证，都相对宽松。例如，BSD 3-Clause 许可证要求使用者在软件的副本中包含原作者的版权声明、条件声明和免责声明，使用者可以自由地使用、修改和分发软件，包括用于商业目的。BSD 许可证适用于希望在开源的同时给予使用者较大自由度的项目。

6. Mozilla 公共许可证（MPL）

MPL 许可证允许在商业软件中使用其开源代码，但对修改后的代码有一定的要求，修改后的代码必须以 MPL 许可证开源，并且必须提供完整的源代码。如果商业软件只是链接到具有 MPL 许可证的代码，而没有对其进行修改，就可以不公开商业软件的全部代码。MPL 许可证适用于希望在开源和商业应用之间找到平衡的项目。

选择合适的开源许可证对于开源项目的发展和推广至关重要，开发者需要根据项目的目标、使用场景和自身需求来选择合适的许可证。通常，我们可以在项目的开源代码库中找到其适用的许可证。如图 5-2 和图 5-3 所示，DeepSeek-V3 和 DeepSeek-R1 均采用了 MIT 许可证。

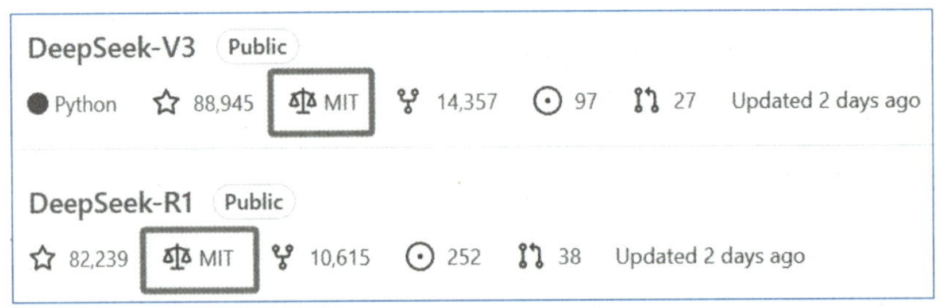

图 5-2　DeepSeek 模型开源许可证

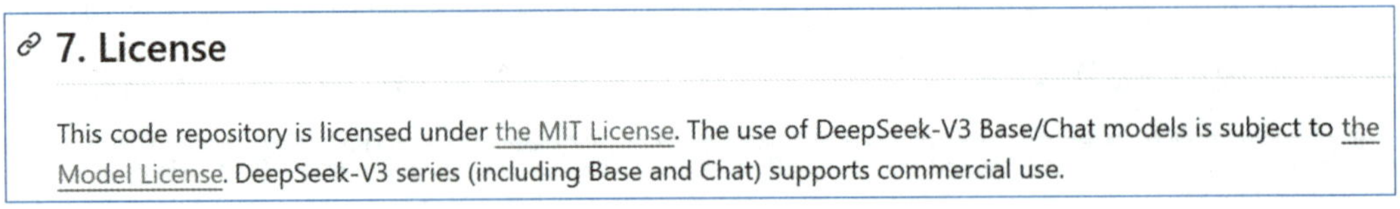

7. License

This code repository is licensed under the MIT License. The use of DeepSeek-V3 Base/Chat models is subject to the Model License. DeepSeek-V3 series (including Base and Chat) supports commercial use.

图 5-3　DeepSeek-V3 开源许可说明

5.2 硬件需求和配置建议

在进行模型本地化部署前，最关键的是确定好模型所需的硬件需求。如果无法满足模型的所需硬件配置，部署的模型就无法进行推理任务。一些大模型可以在其官方文档中找到对应版本推荐配置，有些模型的推荐配置可能没有明确给出。本节将介绍如何根据模型的各种参数来估算其所需的硬件配置。

5.2.1 存储精度

在正式介绍如何估算模型所需显存前，我们需要先介绍一些预备知识。模型在推理前需要先将参数加载到显存中，而参数通常以不同精度的格式存储。常见的存储精度有 Float32、Float16、BF16、Float8 和 INT8 等。简单来说，存储精度表示模型中一个参数在计算机中需要占用多大的存储空间。

① Float32：表示单精度浮点数，每个参数占用 4 字节（32 位）的存储空间。

② Float16：表示半精度浮点数，每个参数占用 2 字节（16 位）的存储空间。

③ Float8：表示 8 位的精度浮点数，每个参数占用 1 字节（8 位）的存储空间。

④ BF16：每个参数占用 2 字节（16 位）的存储空间。相比于 FP16，其尾数位更少，精度相对较低，但可表示的范围更大，在显存占用、计算效率和数值范围之间取得了较好的平衡。

⑤ INT8：表示低精度整数，每个参数仅占用 1 字节（8 位）的存储空间，是一种更为紧凑的存储格式。

参数的存储精度越高，计算精度越高，性能也越强，但相应的显存占用和硬件要求会越高。通常，我们可以在模型的官方文档中找到模型参数的存储精度。有些模型会提供不同精度的推理模式供用户选择，或者可以通过脚本进行精度转换。例如，DeepSeek 的代码库说明文档中表明其使用 FP8 精度，并提供了将 FP8 精度转换为 BF16 精度的脚本（如图 5-4 所示）。

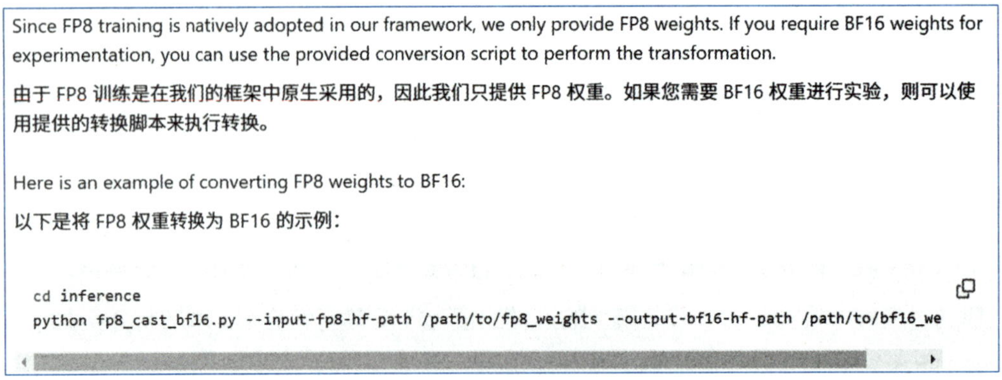

Since FP8 training is natively adopted in our framework, we only provide FP8 weights. If you require BF16 weights for experimentation, you can use the provided conversion script to perform the transformation.

由于 FP8 训练是在我们的框架中原生采用的，因此我们只提供 FP8 权重。如果您需要 BF16 权重进行实验，则可以使用提供的转换脚本来执行转换。

Here is an example of converting FP8 weights to BF16:

以下是将 FP8 权重转换为 BF16 的示例：

```
cd inference
python fp8_cast_bf16.py --input-fp8-hf-path /path/to/fp8_weights --output-bf16-hf-path /path/to/bf16_we
```

图 5-4　DeepSeek 的参数精度说明

此外，可以直接从模型权重的配置文件中查找。例如，在 DeepSeek-R1-Distill-Qwen-7B 模型的 config.json 文件中，"torch_dtype":"bfloat16"表示模型参数采用 BF16 精度存储（如图 5-5 所示）。

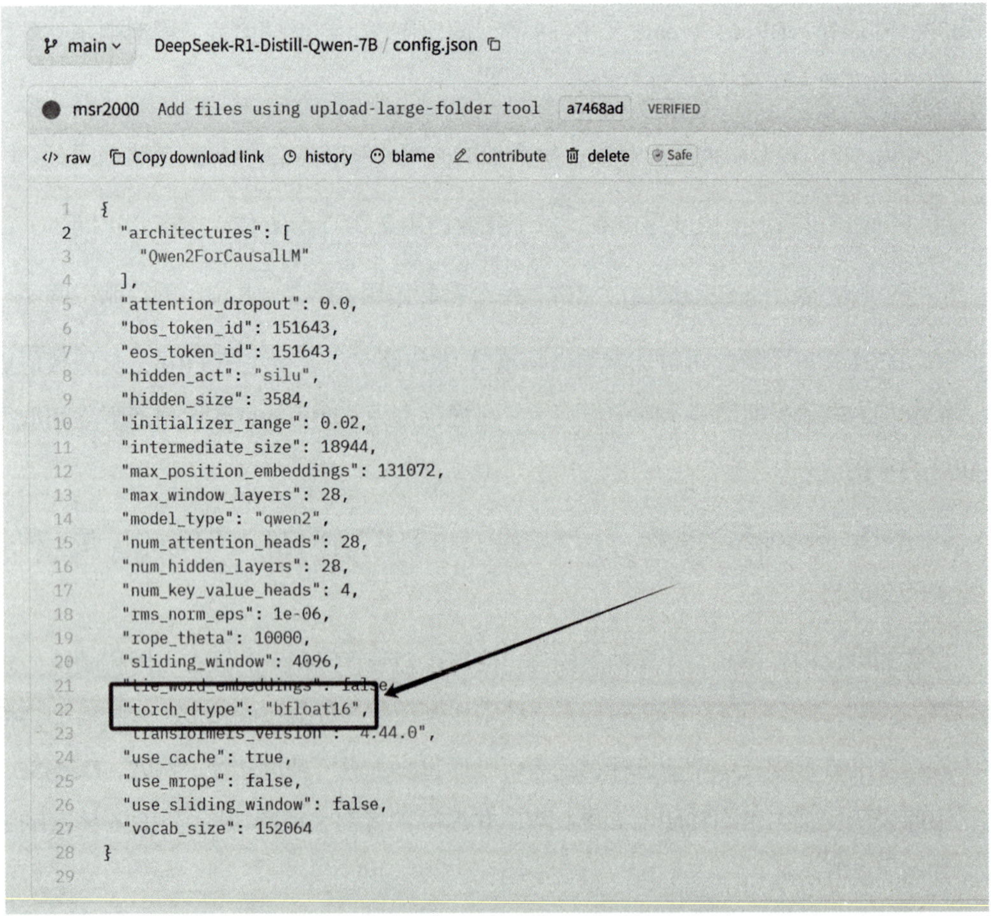

main　DeepSeek-R1-Distill-Qwen-7B / config.json

msr2000　Add files using upload-large-folder tool　a7468ad　VERIFIED

raw　Copy download link　history　blame　contribute　delete　Safe

```
{
  "architectures": [
    "Qwen2ForCausalLM"
  ],
  "attention_dropout": 0.0,
  "bos_token_id": 151643,
  "eos_token_id": 151643,
  "hidden_act": "silu",
  "hidden_size": 3584,
  "initializer_range": 0.02,
  "intermediate_size": 18944,
  "max_position_embeddings": 131072,
  "max_window_layers": 28,
  "model_type": "qwen2",
  "num_attention_heads": 28,
  "num_hidden_layers": 28,
  "num_key_value_heads": 4,
  "rms_norm_eps": 1e-06,
  "rope_theta": 10000,
  "sliding_window": 4096,
  "tie_word_embeddings": false,
  "torch_dtype": "bfloat16",
  "transformers_version": "4.44.0",
  "use_cache": true,
  "use_mrope": false,
  "use_sliding_window": false,
  "vocab_size": 152064
}
```

图 5-5　DeepSeek-R1-Distill-Qwen-7B 权重配置文件

5.2.2 显存占用估算

显存占用的估算需要综合考虑模型参数显存、KV Cache 显存和中间激活显存。

1. 模型参数显存占用

了解了模型参数存储精度的含义后，我们就可以估算推理时模型参数所占的显存了。对于非 MoE 架构的模型，计算公式为

$$\text{参数显存} \approx \text{参数量} \times \text{每个参数字节数}$$

以 DeepSeek-R1-Distill-Qwen-7B 为例，其参数量为 70 亿，参数存储精度为 BF16（每个参数占 2 字节），因此

$$\text{参数显存} \approx 7\times10^9 \times 2\ \text{B} = 14\ \text{GB}$$

在计算机存储中，$1\text{GB} = 1024^3$ B，但在当前场景下，我们可以将 1 GB 估算为 10^9 B，从而将上述模型的参数显存估算为 14 GB。

对于 MoE 架构的模型，如 DeepSeek-V3，在推理时，每个 Token 仅激活部分专家（如 8 个），激活参数量为 370 亿。因此，只需计算激活的参数量即可。其计算公式为

$$\text{参数显存} \approx \text{激活参数量} \times \text{每个参数字节数}$$

2. KV Cache 显存占用

除了模型参数会占用显存，在模型推理时，每个输入 Token 都会通过线性变换生成 Query（$\boldsymbol{Q}$）、Key（$\boldsymbol{K}$）和 Value（$\boldsymbol{V}$）三个向量，这些向量同样需要占用显存。在基于 Transformer 架构的大语言模型中，KV Cache 用于注意力计算中 $\boldsymbol{K}$、$\boldsymbol{V}$ 向量的存储。

对于非 MoE 架构的模型，计算公式为

$$\text{KV Cache 显存} \approx \text{batch size} \times \text{sequence length} \times 2 \times \text{hidden size} \times \text{num of layers} \times \text{data type size}$$

对于 MoE 架构的模型，计算公式为

$$\text{KV Cache 显存} \approx \text{batch size} \times \text{sequence length} \times 2 \times \text{激活专家数量} \times \text{压缩维度} \times \text{num of layers} \times \text{data type size}$$

其中，各参数的说明如表 5-1 所示。

表 5-1　KV 向量的参数说明

参　数	说　明
batch size	表示每次处理的样本数量，即一次输入模型的句子数量
sequence length	输入序列的长度，也就是输入句子的最大长度
hidden size	模型的隐藏层维度
num of layers	模型的层数
压缩维度	专家输出的压缩维度。例如，DeepSeek-V3 专家模型输入维度是 7168，输出会压缩至 512
data type size	数据类型的大小（以字节为单位）

这些参数通常可以在模型的配置文件中找到，以 DeepSeek-V3 为例，如图 5-6 所示。

```
"ep_size": 1,
"first_k_dense_replace": 3,
"hidden_act": "silu",
"hidden_size": 7168,
"initializer_range": 0.02,
"intermediate_size": 18432,
"kv_lora_rank": 512,
"max_position_embeddings": 163840,
"model_type": "deepseek_v3",
"num_attention_heads": 128,
"num_experts_per_tok": 8,
"num_hidden_layers": 61,
"num_key_value_heads": 128,
"num_nextn_predict_layers": 1,
"tie_word_embeddings": false,
"topk_group": 4,
"topk_method": "noaux_tc",
"torch_dtype": "bfloat16",
"transformers_version": "4.33.1"
"use_cache": true,
"v_head_dim": 128,
```

图 5-6　DeepSeek-V3 权重配置文件

3. 中间激活显存占用

除了参数和 KV Cache 显存，大模型还需要一些显存来存储中间激活值，用于在推理时存储每一层产生的中间输出结果。

对于非 MoE 架构的模型，计算公式为

$$\text{激活值显存} \approx \text{batch size} \times \text{sequence length} \times \text{hidden size} \times \text{num of layers} \times \text{data type size}$$

对于 MoE 架构的模型，计算公式为

激活值显存 ≈ batch size × sequence length × 激活专家数量 × 压缩维度 × num of layers × data type size

4. 总显存计算

在实际部署时还需要为框架开销额外预留 20%～30%的显存（如 PyTorch 的预分配机制和碎片管理）。综合上述内容，总显存占用的估算公式为

总显存 ≈ (参数显存 + KV Cache 显存 + 中间激活显存) × 1.3

5.3 软件环境安装和配置

在使用大模型前，我们需要先搭建好本地的软件环境。Ollama 是一款开源工具，可以帮助我们在本地运行大型语言模型，而无须完全依赖云端服务。

注意：根据国家网络安全通报中心在 2025 年 3 月发布的预警，Ollama 的默认配置存在严重安全漏洞，可能导致未授权访问、模型窃取等安全风险。攻击者可利用 Ollama 框架历史漏洞（CVE-2024-39720/39722/39719/39721），直接调用模型接口实施数据投毒、参数窃取、恶意文件上传及关键组件删除等操作，造成模型服务的核心数据、算法完整性和运行稳定性面临安全风险。

建议：通过修改监听地址、禁用危险操作接口、配置防火墙、实施多层认证与访问控制等方法提高 Ollama 的安全程度。

因此，如果使用 Ollama 框架用于企业的商业化模型部署是具有较大风险的，更建议将 Ollama 只作为个人用途的大模型调用工具。

5.3.1 Ollama 安装

Ollama 是一款开源的、可在本地运行大型语言模型的工具。Ollama 提供了两种方式来准备模型文件：从 Ollama 模型库中自动下载并部署模型，或者将模型文件下载到本地后再使用 Ollama 加载。

安装 Ollama 的过程相对简单，具体步骤如下。

1. 下载安装包

进入 Ollama 官网，在主页单击“Download”按钮，如图 5-7 所示，然后选择对应计算机操作系统的版本进行下载，如图 5-8 所示。

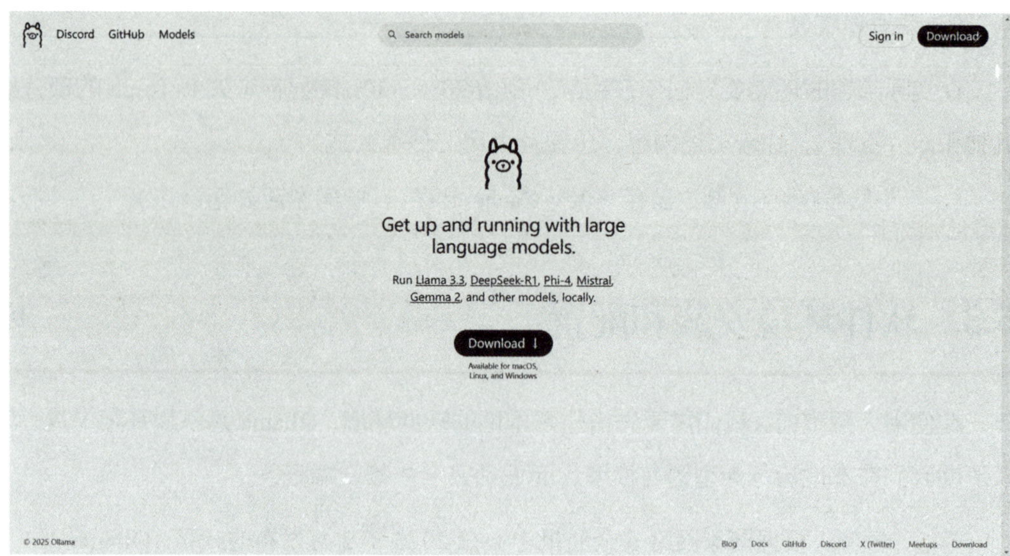

图 5-7 Ollama 官网主页

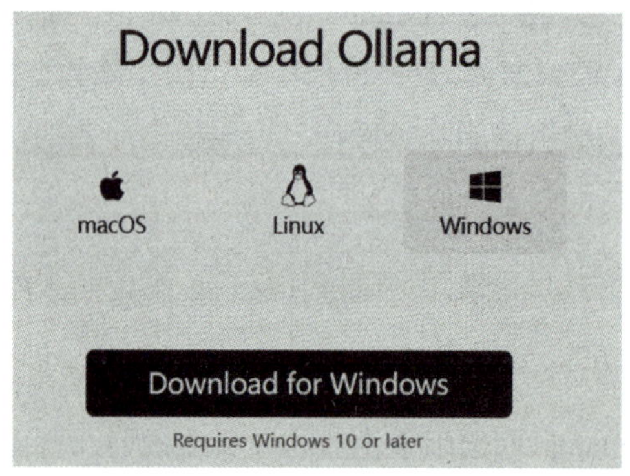

图 5-8 Ollama 下载页面

本书内容以 Windows 系统为例进行演示。

2. 安装

打开从官网下载的安装包，单击“Install”，执行安装过程（如图 5-9 所示），等待安装完成即可。Ollama 默认安装在 C 盘。

3. 检查安装结果

安装成功后，Ollama 服务会自动启动（如图 5-10 所示）。

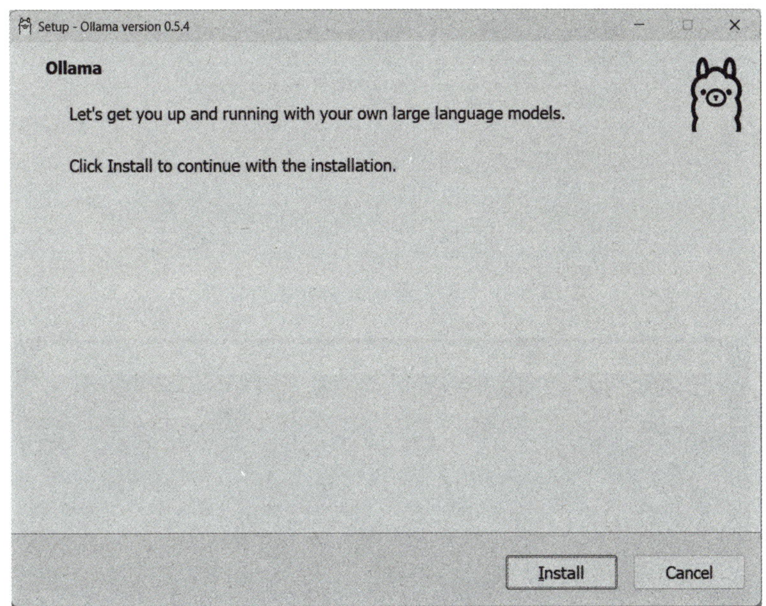

图 5-9　Ollama 安装页面

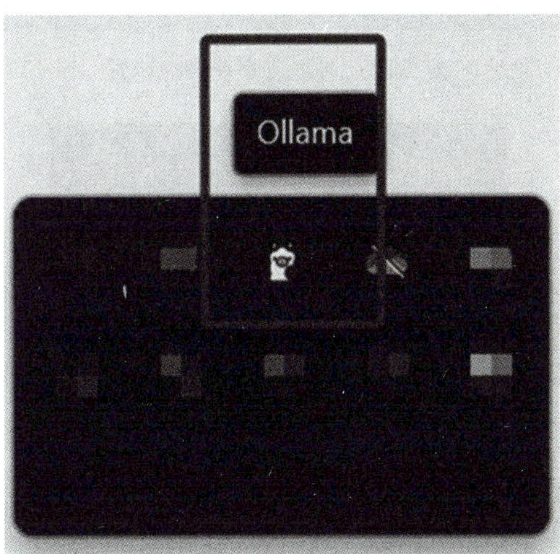

图 5-10　Ollama 服务启动

执行 Ollama 的操作需要在命令提示符中完成。可以通过快捷键 Win+R 打开运行窗口，输入“cmd”并单击“确定”按钮，打开命令提示符（如图 5-11 所示），也可以利用“开始”菜单的搜索命令提示符打开（如图 5-12 所示）。

在“命令提示符”对话框中输入以下指令，安装成功，就会输出 Ollama 的版本号（如图 5-13 所示）。

```
ollama --version
```

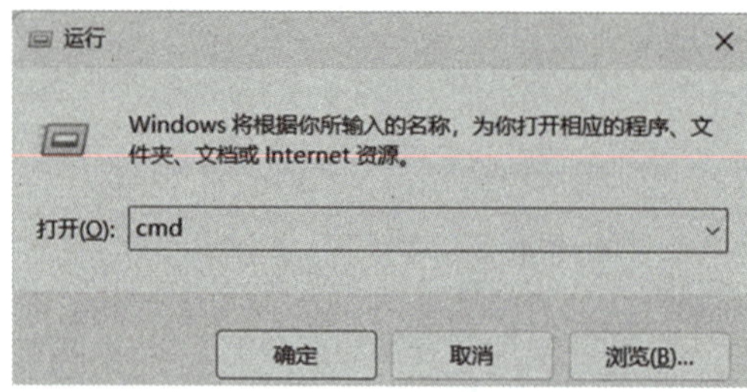

图 5-11　通过 Win+R 打开运行窗口

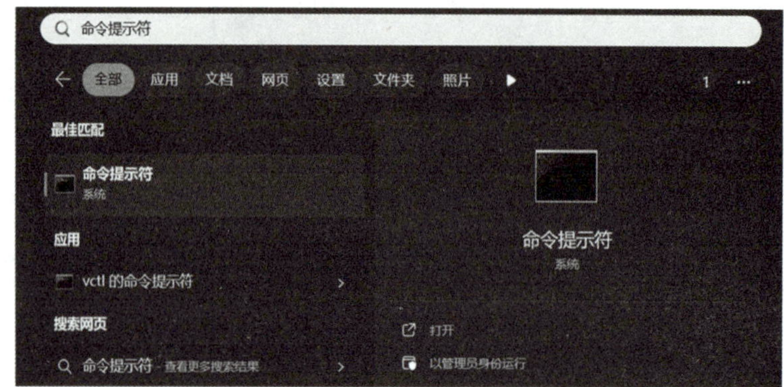

图 5-12　利用搜索命令提示符

```
C:\Users\hao>ollama --version
ollama version is 0.5.4

C:\Users\hao>
```

图 5-13　ollama--version 指令执行结果

安装成功后，在命令提示符中直接输入“ollama”，会显示 Ollama 的指令使用说明（如图 5-14 所示）。

```
C:\Users\hao>ollama
Usage:
  ollama [flags]
  ollama [command]

Available Commands:
  serve       Start ollama
  create      Create a model from a Modelfile
  show        Show information for a model
  run         Run a model
  stop        Stop a running model
  pull        Pull a model from a registry
  push        Push a model to a registry
  list        List models
  ps          List running models
  cp          Copy a model
  rm          Remove a model
  help        Help about any command

Flags:
  -h, --help      help for ollama
  -v, --version   Show version information

Use "ollama [command] --help" for more information about a command.
```

图 5-14　Ollama 指令展示

5.3.2　使用 Ollama 部署 DeepSeek 模型

安装完成后，可以通过 Ollama 部署和运行 DeepSeek 模型。在 Ollama 官网的菜单栏中找到“Models”选项，查看 Ollama 模型库中支持的模型和版本（如图 5-15 所示）。

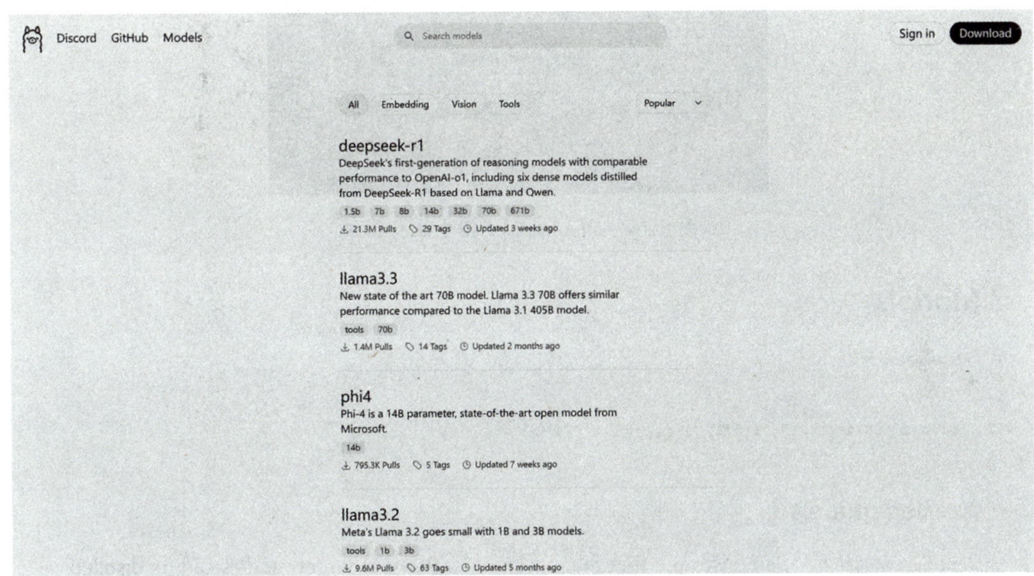

图 5-15　Ollama 模型库

同时，在命令提示符中输入以下指令，可以查看指定模型的详细信息。

```
ollama show <模型名称>
```

例如，查看 DeepSeek-R1-Distill-Qwen-7B 版本的模型信息：

```
ollama show deepseek-r1:7b
```

输出结果如图 5-16 所示。

在 Ollama 的模型库中单击相应模型的链接，会进入详情界面，其中会给出部署该模型的对应指令（如图 5-17 所示）。使用 run 指令可以选择一个模型来运行，如果当前选择的模型还未下载，就会先执行模型的下载过程。

指令格式如下：

```
ollama run <模型名称:版本>
```

```
C:\Users\hao>ollama show deepseek-r1:7b
  Model
    architecture        qwen2
    parameters          7.6B
    context length      131072
    embedding length    3584
    quantization        Q4_K_M

  Parameters
    stop    "<｜begin_of_sentence｜>"
    stop    "<｜end_of_sentence｜>"
    stop    "<｜User｜>"
    stop    "<｜Assistant｜>"

  License
    MIT License
    Copyright (c) 2023 DeepSeek
```

图 5-16　ollama show 指令执行结果

Models

DeepSeek-R1

```
ollama run deepseek-r1:671b
```

Distilled models

DeepSeek team has demonstrated that the reasoning patterns of larger models can be distilled into smaller models, resulting in better performance compared to the reasoning patterns discovered through RL on small models.

Below are the models created via fine-tuning against several dense models widely used in the research community using reasoning data generated by DeepSeek-R1. The evaluation results demonstrate that the distilled smaller dense models perform exceptionally well on benchmarks.

DeepSeek-R1-Distill-Qwen-1.5B

```
ollama run deepseek-r1:1.5b
```

DeepSeek-R1-Distill-Qwen-7B

```
ollama run deepseek-r1:7b
```

图 5-17　Ollama 中的 DeepSeek-R1-Distill-Qwen-7B 模型说明

以 DeepSeek-R1-Distill-Qwen-7B 模型为例，执行以下指令：

```
ollama run deepseek-r1:7b
```

输出结果如图 5-18 所示。

```
C:\Users\hao>ollama run deepseek-r1:7b
pulling manifest
pulling 96c415656d37... 100%                                    4.7 GB
pulling 369ca498f347... 100%                                    387 B
pulling 6e4c38e1172f... 100%                                    1.1 KB
pulling f4d24e9138dd... 100%                                    148 B
pulling 40fb844194b2... 100%                                    487 B
verifying sha256 digest
writing manifest
success
>>> Send a message (/? for help)
```

图 5-18　部署 DeepSeek-R1-Distill-Qwen-7B 模型

部署完成后，在最后的输入区域中就可以编辑要发送给 DeepSeek 的内容了。输入完成后回车发送，运行效果如图 5-19 所示。

```
>>> 如何设计一份广告文案
<think>
好，我需要帮助用户设计一份广告文案。首先，我要理解他们可能在什么样的背景下需要这份文案。可能是为新产品宣传、推广活动
、或者是吸引潜在客户。

接下来，我得考虑他们的目标受众是谁。不同的观众对广告的需求和关注点会有所不同。例如，针对年轻群体的广告可能会强调时尚
或科技感，而针对企业客户的广告则可能更注重专业性和可靠性。

然后是文案的核心主题。广告需要有一个明确的核心信息，能够吸引用户的注意力并传达关键信息。例如，突出产品的独特卖点、使
用效果、优势等。

此外，我还需要考虑广告的结构和布局。一个有效的广告通常包括标题、副标题、正文描述以及行动号召（CTA）。这些部分共同作
用，引导用户采取行动，比如点击了解更多或直接联系。

还要注意语气和风格的一致性。文案需要保持一致的品牌语气和视觉风格，以增强用户的认知度和品牌忠诚度。

最后，我得确保广告内容简洁明了，避免冗长的描述，同时具有吸引力。通过使用有力的词汇、生动的画面和明确的行动建议，帮助
用户快速抓住注意力并产生兴趣。

总结一下，设计广告文案需要从目标受众、核心主题、结构布局、语气风格等多个方面综合考虑，以确保广告既有效又具吸引力。
</think>

设计一份广告文案需要明确目标、确定受众以及突出产品或服务的核心优势。以下是一份简单的广告文案设计示例：

---

### **产品广告文案**

**标题：**
[你的产品名称]，让你的生活更高效、更便捷！

**副标题：**
[你的核心卖点或独特之处]

**正文描述：**
无论是日常使用还是复杂任务，[你的产品名称]都能为你提供卓越的表现。[简要介绍产品功能和优势]。专为追求卓越效率而设计的
解决方案，让你轻松完成工作与生活中的每一项任务。

**行动号召（CTA）：**
立即体验，点击下方链接或扫码下载！
👉 [此处添加下载链接或二维码]

---

### **注意事项：**
1. **简洁明了：** 广告文案应简短有力，避免冗长的解释。
2. **吸引眼球：** 使用生动的语言和有吸引力的标题。
3. **突出核心卖点：** 强调产品的主要优势和功能。
4. **明确行动号召（CTA）：** 提供清晰的下一步行动建议。
```

图 5-19　DeepSeek-R1-Distill-Qwen-7B 模型运行效果

5.3.3　Ollama 常用 API

对于成功运行的模型，Ollama 提供了一套允许用户与语言模型进行交互的接口。这

些接口可以帮助我们更灵活地使用模型功能。以下是 Ollama 的几个常用 API 及其在 Python 代码中的调用方法。

1. 获取端口地址

Ollama 服务的默认监听地址一般为 http://127.0.0.1:11434。如果需要确认监听地址，可以在日志中查看。右键单击 Ollama 服务的图标，然后在弹出的快捷菜单中选择“View logs”命令，在弹出的文件夹中选择最近的 server.log 文件即可（如图 5-20 和图 5-21 所示）。

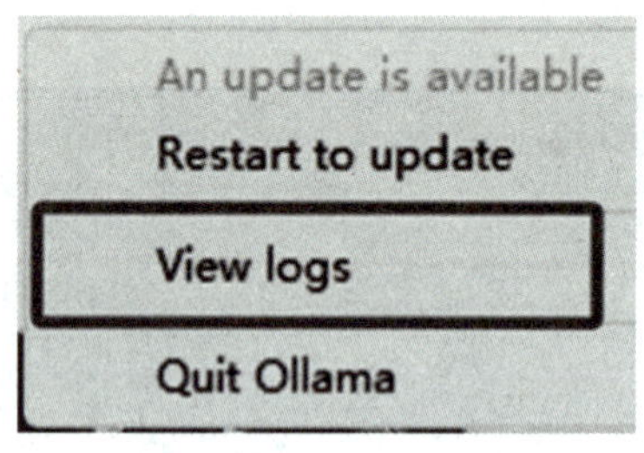

图 5-20　快捷菜单

server.log
文件　编辑　查看

```
2025/03/03 14:45:44 routes.go:1259: INFO server config env="map[CUDA VISIBLE DEVICES: GPU DEVICE ORDINAL: HIP VISIBLE DEVICES:
HSA OVERRIDE GFX VERSION: HTTPS PROXY: HTTP PROXY: NO PROXY: OLLAMA DEBUG:false OLLAMA FLASH ATTENTION:false
OLLAMA GPU OVERHEAD:0 OLLAMA HOST:http://127.0.0.1:11434 OLLAMA INTEL GPU:false OLLAMA KEEP ALIVE:5m0s
OLLAMA KV CACHE TYPE: OLLAMA LLM LIBRARY: OLLAMA LOAD TIMEOUT:5m0s OLLAMA MAX LOADED MODELS:0
OLLAMA MAX QUEUE:512 OLLAMA MODELS:C:\\Users\\hao\\.ollama\\models OLLAMA MULTIUSER CACHE:false
OLLAMA NOHISTORY:false OLLAMA NOPRUNE:false OLLAMA NUM PARALLEL:0 OLLAMA ORIGINS:[http://localhost https://localhost
http://localhost:* https://localhost:* http://127.0.0.1 https://127.0.0.1 http://127.0.0.1:* https://127.0.0.1:* http://0.0.0.0 https://0.0.0.0
http://0.0.0.0:* https://0.0.0.0:* app://* file://* tauri://* vscode-webview://*] OLLAMA SCHED SPREAD:false ROCR VISIBLE DEVICES:]"
time=2025-03-03T14:45:44.765+08:00 level=INFO source=images.go:757 msg="total blobs: 5"
time=2025-03-03T14:45:44.766+08:00 level=INFO source=images.go:764 msg="total unused blobs removed: 0"
time=2025-03-03T14:45:44.767+08:00 level=INFO source=routes.go:1310 msg="Listening on 127.0.0.1:11434 (version 0.5.4)"
time=2025-03-03T14:45:44.769+08:00 level=INFO source=routes.go:1339 msg="Dynamic LLM libraries" runners="[cpu cpu avx cpu avx2
cuda v11 avx cuda v12 avx rocm avx]"
time=2025-03-03T14:45:44.769+08:00 level=INFO source=gpu.go:226 msg="looking for compatible GPUs"
time=2025-03-03T14:45:44.770+08:00 level=INFO source=gpu windows.go:167 msg=packages count=1
```

图 5-21　Ollama 日志文件

2. 文本生成

“/api/generate”接口的主要作用是使用指定的模型，根据用户提供的提示词生成相应的文本内容。其参数说明如表 5-2 所示。

表 5-2　“/api/generate”接口的参数说明

参　数	说　明
model（必填）	指定要使用的模型名称
prompt（必填）	用户提供的提示词

（续）

参　数	说　明
suffix	生成文本后的后缀内容，可用于在生成的文本末尾添加固定信息
images	对于支持多模态的模型，可以传入一个 base64 编码图像的列表，让模型结合图像和文本提示进行生成
format	返回响应的格式
options	模型文件文档中列出的其他模型参数
system	系统消息，用于为模型提供额外的上下文或指导信息
template	要使用的提示模板，覆盖模型配置文件中的 template 字段
stream	控制是否以流式方式返回响应
raw	若为 true，则原样保留提示词，不做额外处理

在 Python 代码中，调用该 API 的基本方式如下：

```
import requests
import json

# 定义 Ollama 服务的地址和端口
ollama_url = "http://localhost:11434/api/generate"

# 定义请求的数据
data = {
    "model":"deepseek-r1:7b",                # 实际使用的模型名称
    "prompt":" ",                            # 输入提示词
    "stream":False                           # 是否以流式方式返回结果，False 或 Ture
}

# 发送 POST 请求
response = requests.post(ollama_url, json=data)

# 检查响应状态码
if response.status_code == 200:
    # 解析 JSON 数据
    result = response.json()
    # 打印生成的文本
    print(result["response"])
else:
   print(f"请求失败，状态码：{response.status_code}，错误信息：{response.text}")
```

3. 多轮对话

“/api/chat”接口是一个专门用于实现对话交互的 API，模拟了真实的聊天场景，允许用户与语言模型进行多轮对话，并且能够保留上下文信息，从而提供连贯、智能的交互体验。该接口的参数说明如表 5-3 所示。

表 5-3 “/api/chat”接口的参数说明

参 数	说 明
model（必填）	指定要使用的模型名称
messages	包含多个消息对象的列表，用于存储对话的历史记录
tools	供模型使用的工具列表（如果支持）
其他参数	format、options、stream 和 keep_alive 的功能与 /api/generate 中的参数相同

在 Python 代码中，调用该 API 的基本方式如下：

```
import requests
import json

# 定义 Ollama 服务的地址和端口
ollama_url = "http://localhost:11434/api/chat"

# 实际使用的模型名称
model = "deepseek-r1:7b"

# 初始化对话消息列表，包含系统消息（可选）
messages = [
{
    "role":"system",
    "content":"你是一个广告文案设计专家，善于设计各类广告文案。"
}
]

def chat_with_ollama(prompt):
global messages

# 添加用户的新消息到消息列表
messages.append({
    "role":"user",
    "content":prompt
})
```

```
# 构建请求数据
data = {
    "model":model,
    "messages":messages,
    "stream":False                           # 是否以流式方式返回结果，False 或 Ture
}

try:
    # 发送 POST 请求
    response = requests.post(ollama_url, json=data)
    response.raise_for_status()              # 检查请求是否成功

    # 解析 JSON 数据
    result = response.json()

    # 获取助手的回复
    assistant_reply = result["message"]["content"]

    # 将助手的回复添加到消息列表，以便后续对话保留上下文
    messages.append({
        "role":"assistant",
        "content":assistant_reply
    })

    return assistant_reply
    except requests.exceptions.RequestException as e:
        print(f"请求出错: {e}")
    except(KeyError, json.JSONDecodeError) as e:
        print(f"解析响应出错: {e}")

# 对话
while True:
    user_input = input("用户: ")
    if user_input.lower() == '退出':
        break
    reply = chat_with_ollama(user_input)
    print(f"DeepSeek: {reply}")
```

“/api/chat”接口与“/api/generate”接口的主要区别在于，“/api/chat”可以进行多轮对话，并且能够保留上下文信息。这使得对话更加自然和连贯，特别适合需要持续交互的场景。通过上述代码示例，读者可以实现与模型的多轮对话功能。

4. 其他常用 API

除了“/api/chat”和“/api/generate”，Ollama 还提供了其他常用的 API，方便用户管理和使用模型。

“/api/tags”接口用于列出本地已安装的模型及其版本信息。这对于管理模型非常有帮助，用户可以快速查看当前可用的模型。

```
import requests

# 定义 Ollama 服务的地址和端口
ollama_url = "http://localhost:11434/api/tags"

try:
    # 发送 GET 请求
    response = requests.get(ollama_url)

    # 检查响应状态码
    if response.status_code == 200:
        # 解析 JSON 响应
        data = response.json()
        # 打印可用模型的标签列表
        print("可用模型的标签列表:")
        for tag in data.get('models', []):
            print(tag.get('name'))
else:
    print(f"请求失败，状态码: {response.status_code}")
    print(response.text)

except requests.RequestException as e:
        print(f"请求发生错误: {e}")
```

“/api/show”接口可以显示指定模型的详细信息，包括模型的配置、参数等。这对于了解模型的结构和功能非常有帮助。

```
import requests

# 定义 Ollama 服务的地址和端口
ollama_url = "http://localhost:11434/api/show"

# 要查询的模型名称
model_name = "deepseek-r1:7b"
```

```
try:
    # 构建请求的 JSON 数据
    data = {
        "name": model_name
    }

# 发送 POST 请求到/api/show 接口
response = requests.post(ollama_url, json=data)

# 检查响应状态码
if response.status_code == 200:
    # 解析 JSON 响应
    model_info = response.json()
    print(f"模型 {model_name} 的详细信息:")
    print(model_info)
else:
    print(f"请求失败，状态码: {response.status_code}")
    print(response.text)

except requests.RequestException as e:
    print(f"请求发生错误: {e}")
```

“/api/ps”接口可以列出当前正在运行的模型及其状态信息。这对于监控模型的运行情况非常有帮助。

```
import requests

# 定义 Ollama 服务的地址和端口
ollama_url = "http://localhost:11434/api/ps"

try:
    # 发送 GET 请求
    response = requests.get(ollama_url)

# 检查响应状态码
if response.status_code == 200:
    # 解析 JSON 响应
    data = response.json()
    print(data)
else:
    print(f"请求失败，状态码: {response.status_code}")
    print(response.text)
```

```
except requests.RequestException as e:
    print(f"请求发生错误: {e}")
```

由于 API 的调用方式和参数信息可能会不定时更新，读者若在实践中遇到相关问题或是想了解更多信息，可参考 Ollama 的官方文档。在 Ollama 官网右下角找到“Docs”选项，进入 Ollama 的 GitHub 仓库，从中可以找到 api.md 文件，即为 API 说明文档，如图 5-22 和图 5-23 所示。

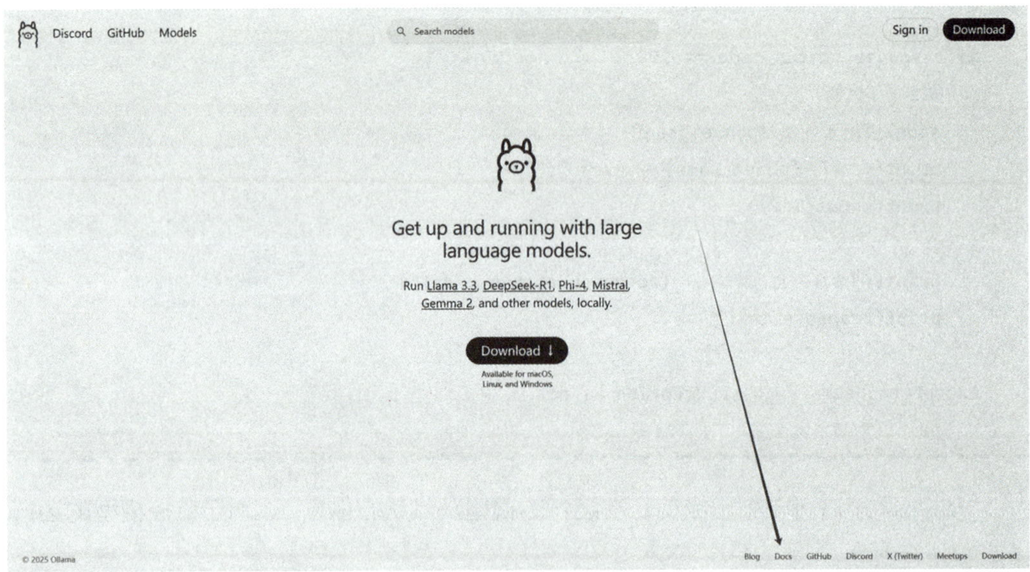

图 5-22　Ollama 官网

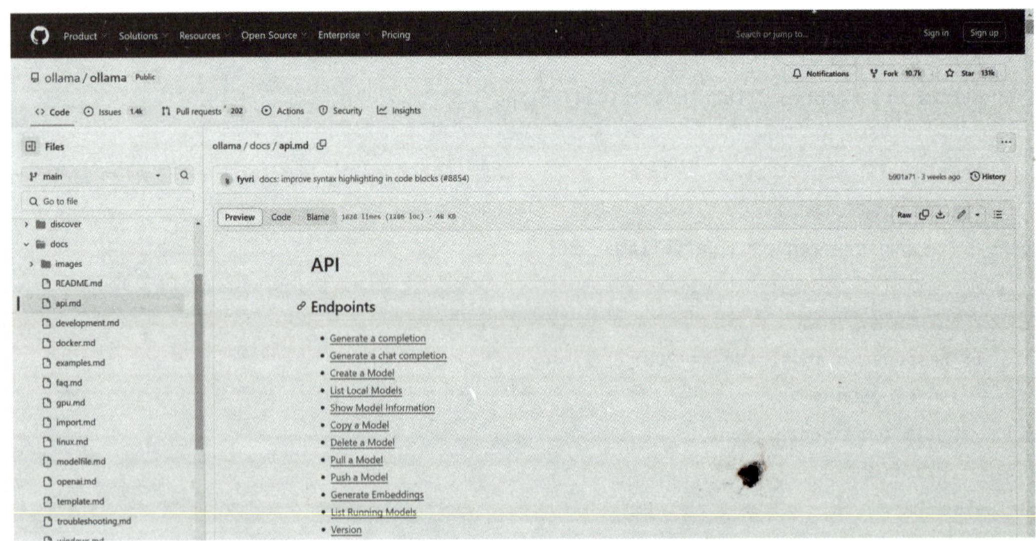

图 5-23　Ollama 官方文档

5.4 DeepSeek 模型下载和部署

上面介绍了如何通过 Ollama 自动下载并部署模型。然而，有时我们可能需要手动下载模型文件到本地，以便更好地管理模型版本或进行离线部署。本节将介绍如何从 Hugging Face 社区手动下载 DeepSeek 模型文件。

5.4.1 Hugging Face 社区简介

Hugging Face 是一个在人工智能领域极具影响力的机器学习社区平台，截至 2025 年 3 月，拥有超过 100 万个可浏览的模型，涵盖自然语言处理、计算机视觉、音频处理等领域。用户可以方便地获取、使用和分享各种预训练模型，同时可以下载数据集进行模型训练。此外，Hugging Face 提供了大量的应用程序示例，帮助用户了解模型在不同场景下的具体应用。

简单来说，用户可以在 Hugging Face 社区中下载模型文件，以实现模型的本地部署，或者下载数据集进行模型训练。

需要注意的是，当前访问 Hugging Face 网站可能存在网络限制，无法正常访问的读者可以选择使用国内的镜像网站 HF-Mirror，或者选择魔塔社区（ModelScope），该平台同样提供了大量的模型文件和数据集供用户使用。

5.4.2 模型下载

在下载模型前，请确保已经安装了 Git，以下是下载 DeepSeek 模型的具体步骤。

1. 访问 Hugging Face 官网

打开浏览器，访问 Hugging Face 官网（如图 5-24 所示），主要板块包括 Models（模型库）、Datasets（数据集库）、Spaces（AI 应用托管平台）和 Posts（分享交流平台）。

2. 进入模型库

单击“Models”链接，进入模型库（如图 5-25 所示）。用户可以直接在模型列表或左侧的筛选区挑选合适的模型。

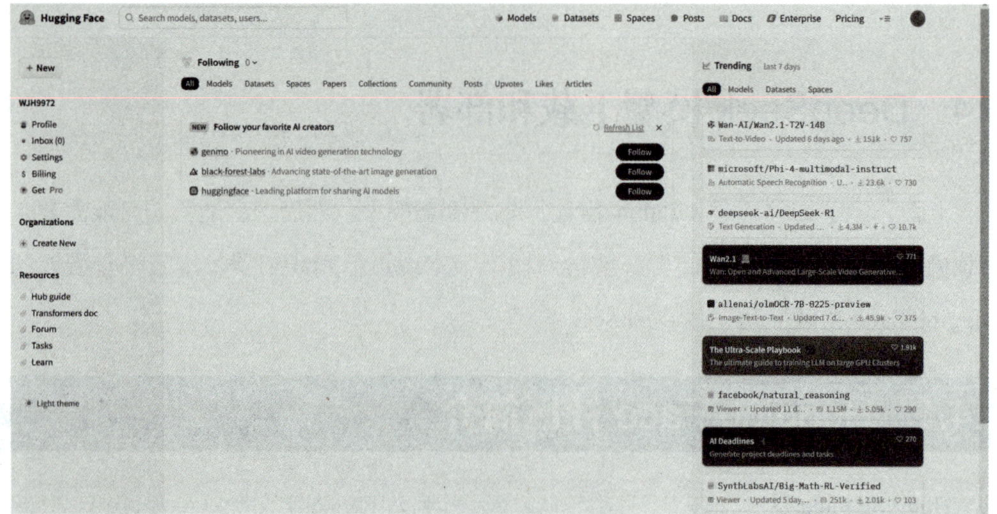

图 5-24　Hugging Face 官网

图 5-25　Hugging Face 模型库

3. 访问 DeepSeek-R1 模型主页

在模型库中找到 DeepSeek-R1 模型，进入其主页（如图 5-26 所示），其中会展示模型的详细介绍、文件列表和相关讨论等内容。

4. 查看模型使用方式

在模型主页的右侧，单击“Use this model”按钮（如图 5-27 所示），页面会显示该模型支持的使用方式，如通过 Transformers 框架调用模型（如图 5-28 所示）。

图 5-26　DeepSeek-R1 模型主页

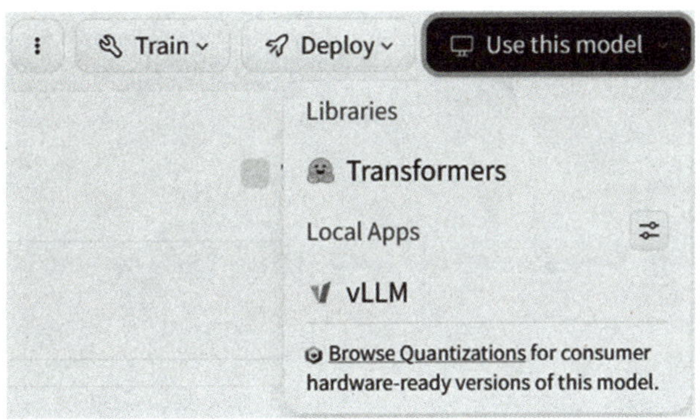

图 5-27　DeepSeek-R1 使用方式

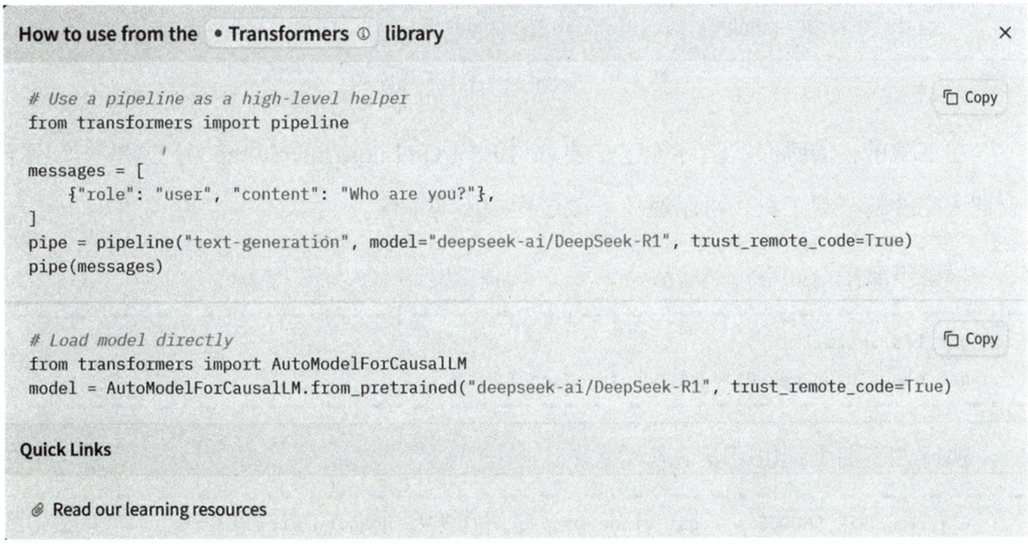

How to use from the Transformers library

```
# Use a pipeline as a high-level helper
from transformers import pipeline

messages = [
    {"role": "user", "content": "Who are you?"},
]
pipe = pipeline("text-generation", model="deepseek-ai/DeepSeek-R1", trust_remote_code=True)
pipe(messages)
```

```
# Load model directly
from transformers import AutoModelForCausalLM
model = AutoModelForCausalLM.from_pretrained("deepseek-ai/DeepSeek-R1", trust_remote_code=True)
```

Quick Links

Read our learning resources

图 5-28　Transformers 框架调用 DeepSeek-R1 示例

5. 下载模型文件

如果需要将模型下载到本地，单击页面上的“Git Clone”按钮，选择“Clone repository”（如图 5-29 所示），会弹出下载模型的说明，提供 HTTPS 和 SSH 两种方式（如图 5-30 所示）。

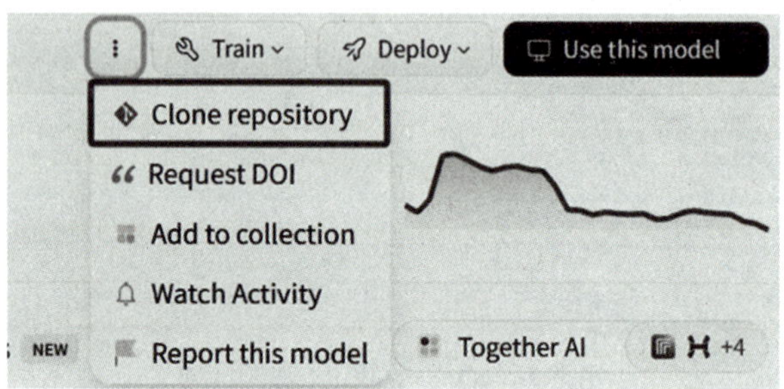

图 5-29 下载 DeepSeek-R1

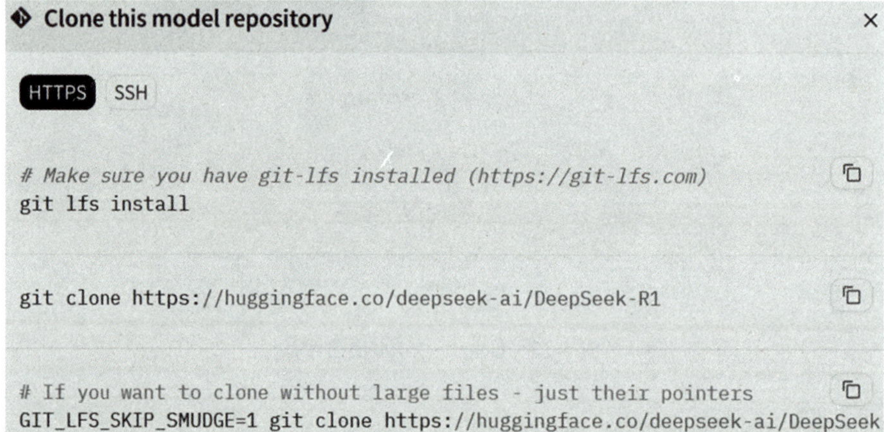

图 5-30 DeepSeek-R1 下载方式

在下载前，请确保实验环境已安装 Git LFS（Git Large File Storage），这是一个用于管理大文件的开源工具，可以避免下载过程中出现错误。

模型下载指令如下：

```
git lfs install
git clone DeepSeek-R1 模型的 Hugging Face 仓库地址
```

执行如下指令，也可以下载模型。

```
GIT_LFS_SKIP_SMUDGE = 1 git clone DeepSeek-R1 模型的 Hugging Face 仓库地址
```

6. 访问 DeepSeek 官方主页

在 DeepSeek-R1 模型主页上单击“deepseek-ai”链接，可以进入 DeepSeek 的官方主页（如图 5-31 所示）。其中提供 DeepSeek 模型的所有版本，用户可以根据需求，选择合适的模型。

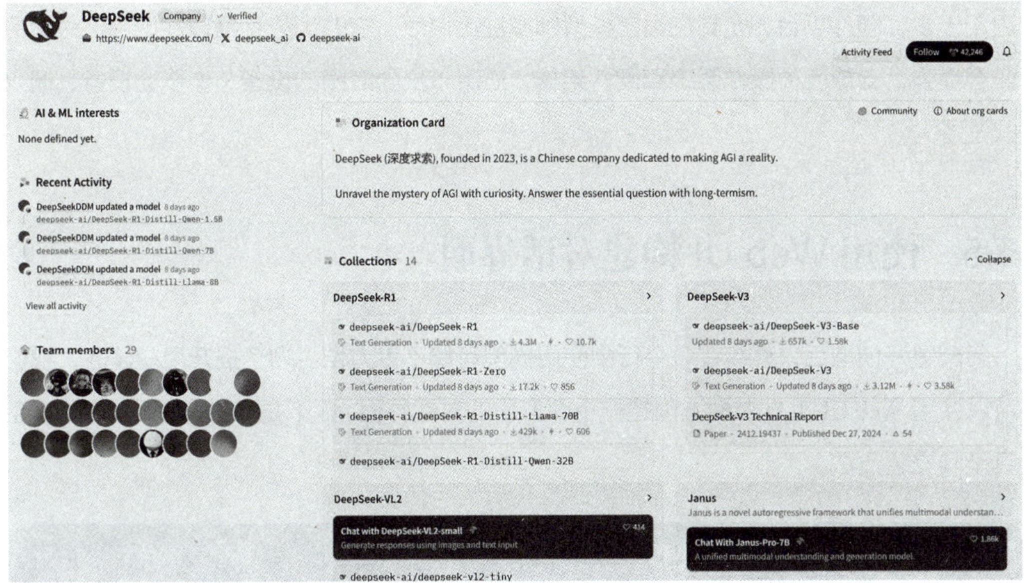

图 5-31　DeepSeek 主页

5.4.3 常见大模型文件类型

在下载和使用模型时，了解不同文件格式的特点非常重要。以下是常见的模型文件格式及其优势。

1. .pth 文件

.pth 是 PyTorch 框架常用的模型文件格式，用于存储模型的参数和训练状态。它的优势是与 PyTorch 框架高度集成，支持保存模型的各种状态（如优化器状态、训练轮数等），便于断点续训。PyTorch 社区生态丰富，许多开源模型都以 .pth 格式发布，方便开发者交流和共享。

2. .safetensors 文件

.safetensors 是一种专门为机器学习模型设计的文件格式，用于存储张量数据，解决了传统格式中的数据安全和效率问题。它的优势是安全性高，支持内存映射技术，加载大模型时占用内存少，效率高；跨框架兼容性好，便于不同框架之间的数据交互。

3. .gguf 文件

.gguf 是 GGML 格式（一种通过量化存储等方式，让大模型能在 CPU 及资源受限设备上高效运行，具有跨平台兼容、便于优化定制等特性的文件格式）的一个演进版本，适用于多种硬件平台，尤其在语言模型领域应用广泛。它的优势是推理性能高，跨平台兼容性强，支持多种操作系统和硬件架构，适用于资源有限的设备（如移动设备、嵌入式设备）。

5.5 使用 Web UI 构建对话界面

部署好模型后，直接在命令行中使用模型可能不太方便。为了提升用户体验，我们可以使用 Web UI 工具为模型创建一个图形化的对话界面。以下是 3 种常用的 Web UI 工具及其安装方法。

5.5.1 Open-WebUI

Open-WebUI 是一款功能强大的开源 AI 交互平台，支持 Ollama 和 OpenAI 兼容的 API，可以轻松创建对话界面。其使用方式也非常简单，可以使用 pip 命令或 Docker 工具进行安装。

1. 通过 pip 安装

在终端中运行以下命令安装 Open-WebUI：

```
pip install open-webui
```

安装完成后，输入如下指令启动服务：

```
open-webui serve
```

启动成功后（如图 5-32 所示），访问网址"http://localhost:8080"即可进入 Open-WebUI 页面，如图 5-33 所示。

Open-WebUI 会自动加载本地 Ollama 服务中已启动的模型，不需进行额外配置。

```
(OllamaModel) PS E:\WorkSpace\PyCharmSpace\OllamaModel> open-webui serve
Loading WEBUI_SECRET_KEY from file, not provided as an environment variable.
Loading WEBUI_SECRET_KEY from E:\WorkSpace\PyCharmSpace\OllamaModel\.webui_secret_key
E:\DevTool\anaconda3\envs\OllamaModel\Lib\site-packages\open_webui
E:\DevTool\anaconda3\envs\OllamaModel\Lib\site-packages
E:\DevTool\anaconda3\envs\OllamaModel\Lib
INFO  [alembic.runtime.migration] Context impl SQLiteImpl.
INFO  [alembic.runtime.migration] Will assume non-transactional DDL.
INFO  [open_webui.env] 'ENABLE_SIGNUP' loaded from the latest database entry
INFO  [open_webui.env] 'DEFAULT_LOCALE' loaded from the latest database entry
INFO  [open_webui.env] 'DEFAULT_PROMPT_SUGGESTIONS' loaded from the latest database entry
WARNI [open_webui.env]

WARNING: CORS_ALLOW_ORIGIN IS SET TO '*' - NOT RECOMMENDED FOR PRODUCTION DEPLOYMENTS.

INFO  [open_webui.env] Embedding model set: sentence-transformers/all-MiniLM-L6-v2
E:\DevTool\anaconda3\envs\OllamaModel\Lib\site-packages\pydub\utils.py:170: RuntimeWarning: Couldn't find ffmpeg or avconv - defaulting to ffmpeg, but may not work
  warn("Couldn't find ffmpeg or avconv - defaulting to ffmpeg, but may not work", RuntimeWarning)
WARNI [langchain_community.utils.user_agent] USER_AGENT environment variable not set, consider setting it to identify your requests.

OPEN WEBUI

v0.5.18 - building the best open-source AI user interface.

https://github.com/open-webui/open-webui

Fetching 30 files: 100%|██████████████████████████████| 30/30 [00:00<00:00, 29982.36it/s]
INFO:     Started server process [22792]
INFO:     Waiting for application startup.
2025-03-04 15:49:01.953 | INFO     | open_webui.utils.logger:start_logger:140 - GLOBAL_LOG_LEVEL: INFO - {}
```

图 5-32　启动 Open-WebUI 服务

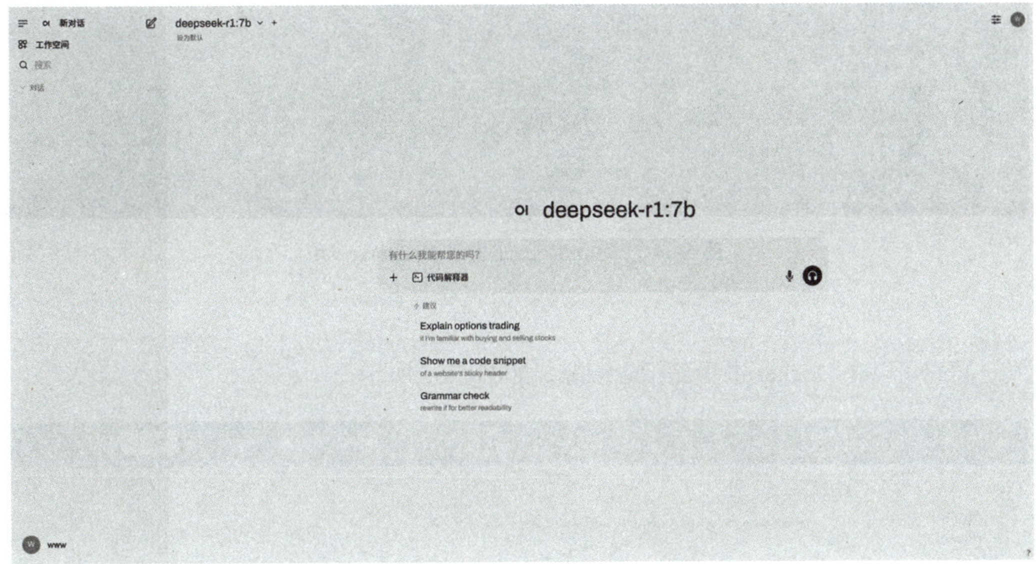

图 5-33　Open-WebUI 页面

2. 通过 Docker 安装

如果系统已安装 Docker 并且将 Ollama 安装在本地，就可以通过以下命令安装 Open-WebUI：

```
docker run -d -p 3000:8080 --add-host=host.docker.internal:host-gateway -v open-webui:/app/backend/data --name open-webui --restart always ghcr.io/open-webui/open-webui:main
```

若 Ollama 位于其他服务器上，则需执行下述指令安装 Open-WebUI，并将其中的 OLLAMA_BASE_URL 参数修改为服务器的 URL 地址。

```
docker run -d -p 3000:8080 -e OLLAMA_BASE_URL = https://example.com -v open-webui:
/app/backend/data --name open-webui --restart always ghcr.io/open-webui/open-
webui:main
```

安装完成后，终端显示内容如图 5-34 所示。

```
C:\Users\hao>docker run -d -p 3000:8080 --add-host=host.docker.internal:host-gateway -v open-webui:/app/backend/data --n
ame open-webui --restart always ghcr.io/open-webui/open-webui:main
Unable to find image 'ghcr.io/open-webui/open-webui:main' locally
main: Pulling from open-webui/open-webui
7cf63256a31a: Pull complete
183f0922284a: Pull complete
5dbb3b698b72: Pull complete
0c5ce2cb4ecc: Pull complete
96d17593eba8: Pull complete
4f4fb700ef54: Pull complete
2671deb00349: Pull complete
f13d720819a1: Pull complete
522e3f1759d3: Pull complete
515b6fb538bd: Pull complete
d18e3bc9f9d3: Pull complete
a9aa3271bee3: Pull complete
2f9b562d5f7c: Pull complete
67b881f68b5d: Pull complete
12479d1f0d64: Pull complete
Digest: sha256:9b7fb388f0828b597e67c263667214c93592cbc5cac3047be89f5e92bc1085ba
Status: Downloaded newer image for ghcr.io/open-webui/open-webui:main
c9e251c11edcfe9e0fabf77afcfec25d1d5fd926153c1150a7846593cf5ac9ce
```

图 5-34　通过 Docker 安装 Open-WebUI

同时可以在 Docker 中看到相应镜像，如图 5-35 所示。

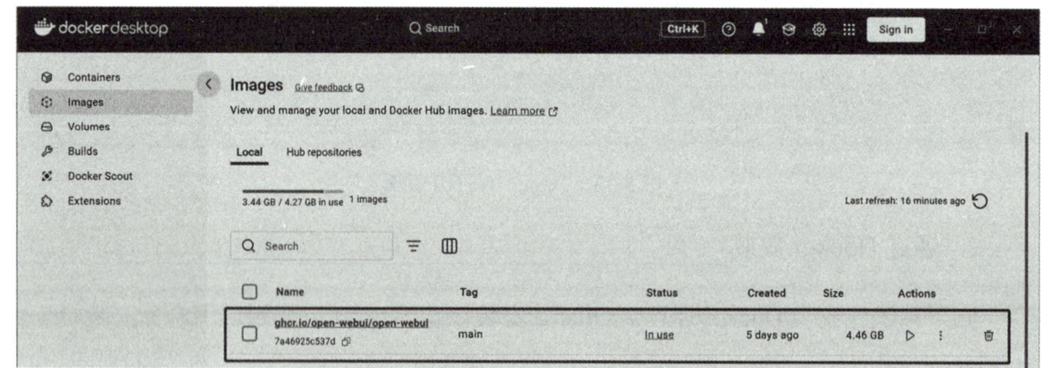

图 5-35　Docker 中的 Open-WebUI 镜像

单击条目中的三角形标志即可启动 Open-WebUI 服务。启动成功后，在 Containers 页面中单击对应链接，即可打开 Open-WebUI 页面，如图 5-36 所示。

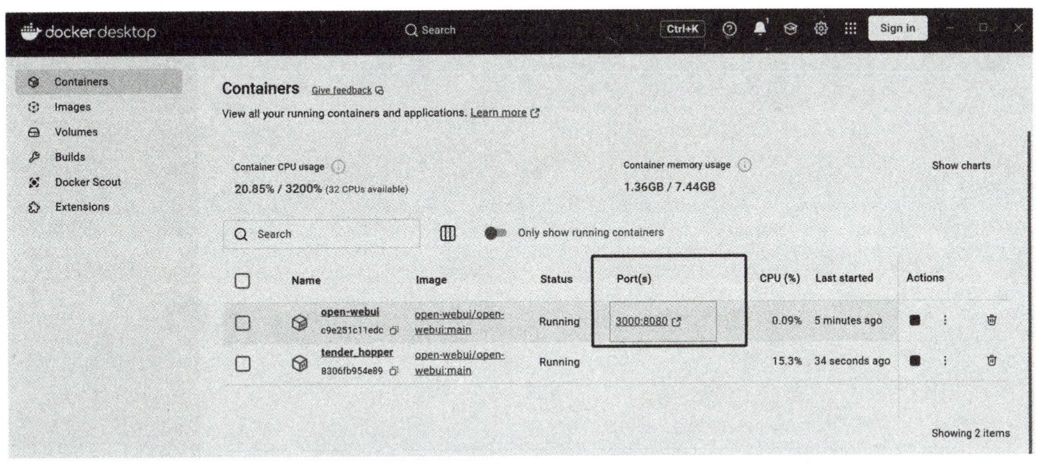

图 5-36　Docker 中的 Open-WebUI 服务

5.5.2　Hollama

Hollama 是一个为 Ollama 服务器设计的极简 Web 用户界面，支持桌面端应用和 Docker 安装。

1. 安装桌面应用

在搜索引擎中搜索“Hollama”，找到其 GitHub 仓库，单击“Download for macOS, Windows & Linux”链接（如图 5-37 所示），选择对应操作系统的版本进行下载，然后进行安装。

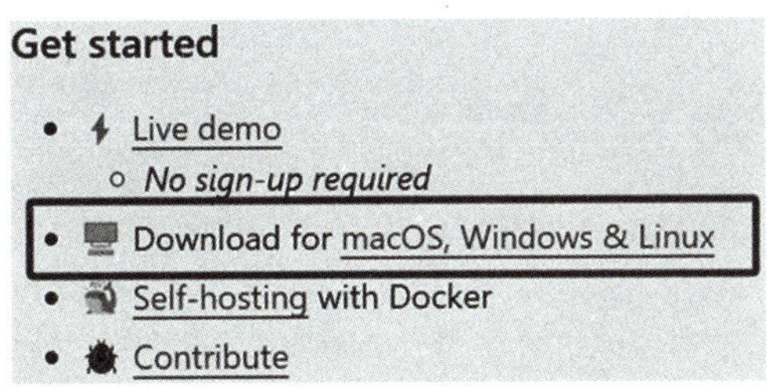

图 5-37　Hollama 安装地址

安装完成后，打开 Hollama 客户端，进入设置页面，选择连接类型为“Ollama”，输入 Ollama 服务的 URL 地址并验证连接（如图 5-38 所示）。

验证成功后，切换到会话页面，单击“新建对话”，即可选择本地部署的模型进行对话（如图 5-39 所示）。

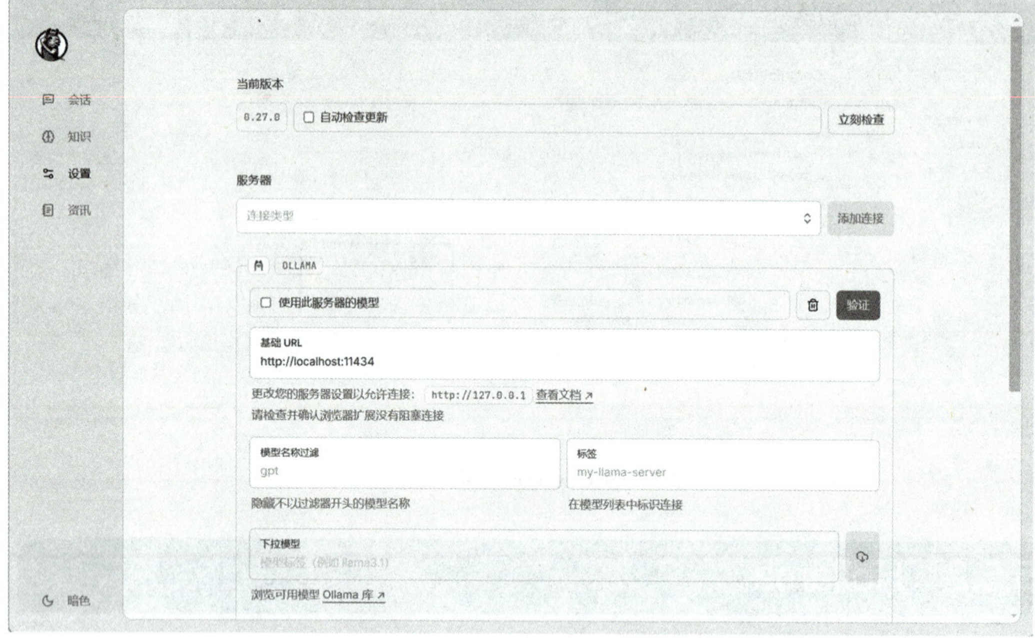

图 5-38　Hollama 客户端

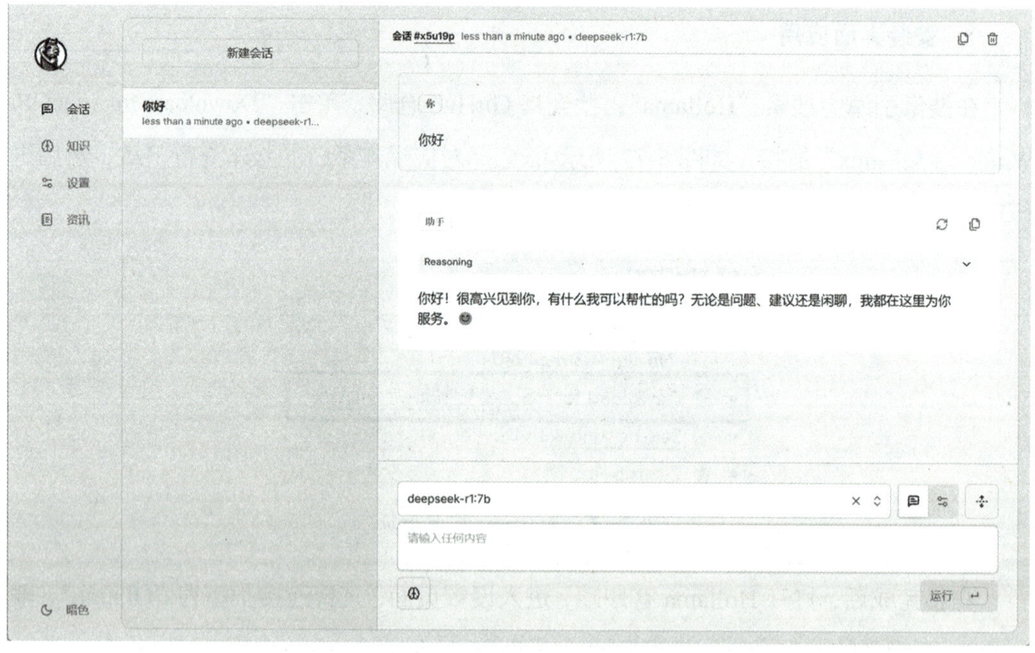

图 5-39　Hollama 会话页面

此外，Hollama 支持创建知识库，通过知识库检索功能，模型可以更智能地回答用户问题（如图 5-40 和图 5-41 所示）。

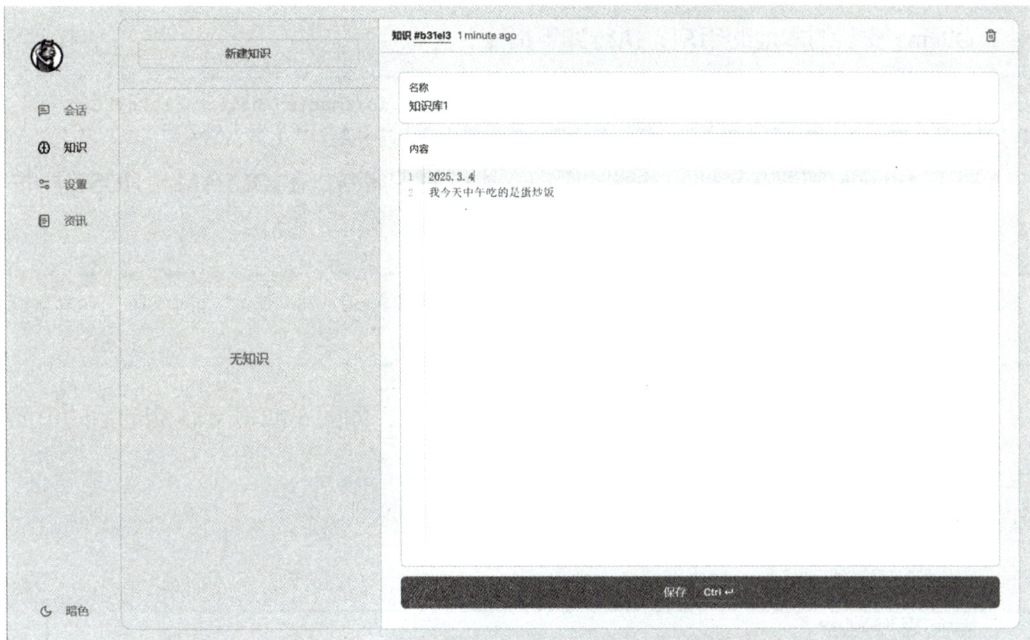

图 5-40　Hollama 创建知识库

图 5-41　Hollama 检索知识库

2. 通过 Docker 安装

与 Open-WebUI 类似，通过 Docker 安装 Hollama 只需在终端中执行对应指令即可。

对于 Ollama 安装的本地的用户，执行如下指令：

```
docker run --rm -d -p 4173:4173 --name hollama ghcr.io/fmaclen/hollama:latest
```

对于 Ollama 部署在其他服务器的用户，执行如下指令，在 OLLAMA_HOST 中填入相应服务器的 URL 地址：

```
docker run --rm -d -p 4173:4173 -e OLLAMA_HOST="服务器的 URL 地址" ghcr.io/ fmaclen/
hollama:latest
```

安装完成后，即可在 Docker 中找到对应条目启动，如图 5-42 所示。启动后的页面与其桌面客户端的页面相同，这里不再赘述使用方式。

Name ↑	Tag	Status	Created	Size	Actions
ghcr.io/open-webui/open-webui 7a46925c537d	main	In use	5 days ago	4.46 GB	
ghcr.io/fmaclen/hollama f210751c216a	latest	In use	10 days ago	1.51 GB	

图 5-42　Docker 中的 Hollama 镜像

5.5.3　ChatBox

Chatbox 是一款支持多种 AI 模型 API 的客户端应用，可以在 Windows、MacOS、Android、iOS、Linux 操作系统和网页上使用。用户可以直接访问 Chatbox 官网，下载对应系统的客户端（如图 5-43 所示）。

图 5-43　ChatBox 客户端

在设置中，我们可以选择想要连接的 API，这里选择“Ollama API”，如图 5-44 所示，便可通过 Ollama 部署到本地的模型进行对话。

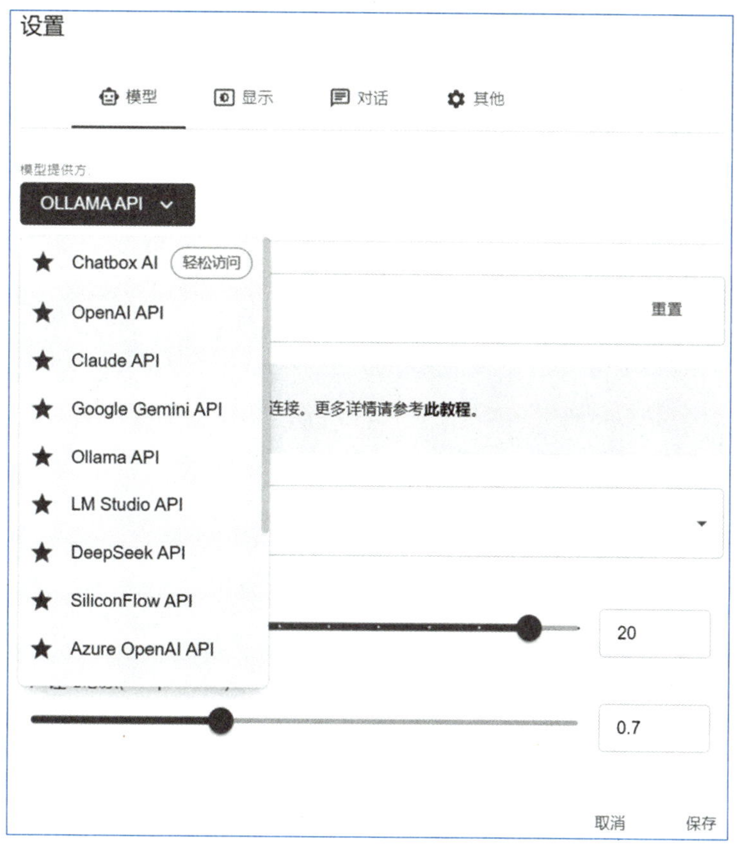

图 5-44　ChatBox 配置 API

小　结

本章围绕个人如何部署 DeepSeek 模型展开了全面介绍。

在模型层面，详细阐述了 DeepSeek 的 V3、R1、VL2、Janus、Coder-V2 等主要开源模型的特点、应用场景，以及模型版本命名规则和开源许可证相关知识，帮助读者根据自身需求精准选择模型。

在硬件与软件环境方面，深入讲解了部署 DeepSeek 模型时显存占用的估算方法，涵盖模型参数、KV Cache、中间激活显存等方面，同时介绍了 Ollama 工具的安装、使用其部署 DeepSeek 模型的步骤及常用 API，方便读者搭建模型运行环境并实现交互；

介绍了 Hugging Face 社区下载模型的流程，以及 .pth、.safetensors、.gguf 等常见模型文件类型的特点；为优化模型使用体验，介绍了 Open-WebUI、Hollama、Chatbox 工具构建对话界面的方法，让模型交互更加便捷。

通过这些内容，读者能够系统掌握 DeepSeek 模型的个人部署流程，充分发挥模型效能。

第 6 章

面向企业的 DeepSeek API 调用

在当今数字化时代，企业对于高效、灵活且经济的人工智能解决方案的需求日益增长。不同于个人用户，对于中小型企业来说，私有化部署大模型服务的成本较高，因此可以通过 API 调用的方式，将 AI 能力集成到自己的应用程序、网站或其他项目中。这种方式尤其适合希望快速接入 DeepSeek 的企业。本章将详细介绍调用 API 的优势以及具体的调用方法。

6.1 API 调用的优势

DeepSeek 系列模型不仅提供官网的网页版使用和本地部署使用的方式，还特别推出了 API 调用，相比在线使用和本地部署，具有诸多独特的优势，尤其受到开发者和企业的青睐。

1. 定制灵活性更高

与在线使用网页应用（如使用 DeepSeek 官方提供的网页端应用），API 调用具有更高的灵活性。使用成熟的网页应用通常受限于平台预设的操作模式和功能框架，更新节奏也由服务商决定。而 API 调用允许开发者根据自身业务需求，将 DeepSeek 的功能与内部系统深度融合。例如，在企业级项目管理软件中，开发者可以通过调用 DeepSeek API，将智能文本分析功能嵌入任务描述和进度汇报环节，从而实现精准的信息提取与分析，大幅提升软件的智能化水平和用户体验。

2. 系统集成更强大

API 调用在系统集成方面表现出色，可以打破信息孤岛，实现与其他内部系统或第三方软件的无缝对接，促进数据的顺畅流通和功能的协同运作。以大型电商企业为例，通过调用 DeepSeek API，企业可以将商品描述的智能优化、客户咨询的智能回复等功能融入采购、销售、客服等多个业务流程，极大提高整体运营效率和客户满意度。

此外，开发者还可以根据自身技术实力对请求发送、数据缓存等环节进行优化，增强系统的性能和稳定性，并通过与自身监控、运维系统的集成，及时排查并解决潜在问题，这是在线使用模式难以实现的。

3. 维护更新更省心

从维护和更新的角度，本地部署需要企业组建专业的 IT 团队，持续投入人力、物力进行系统维护和版本更新，这无疑增加了运营成本和管理难度。相比之下，API 调用的维护和更新工作由 DeepSeek 团队负责，开发者可以将精力集中在业务创新和拓展上，无须分心于烦琐的系统管理事务。

4. 可扩展性更强

在可扩展性和弹性方面，API 调用的优势更加突出。当业务规模扩张或需求发生变化时，用户可以根据实际情况灵活调整 API 的使用资源，来应对业务高峰和低谷。而本地部署在资源扩展时，不仅需要面临硬件采购周期长、成本高的问题，还需要进行复杂的安装调试工作，灵活性和响应速度远不及 API 调用。

此外，当 DeepSeek 推出更高性能的新版模型时，用户通常只需更改 API 地址即可接入最新模型。

总之，DeepSeek API 调用在灵活性、集成性、成本控制、维护更新、可扩展性等方面展现出显著的优势。无论是追求个性化应用的开发者，还是希望高效利用资源、降低运营成本的企业，API 调用都为他们提供了一种高效、便捷且经济的解决方案，使其能够在激烈的市场竞争中快速响应市场变化，实现业务的持续创新和发展。

6.2 常用 DeepSeek API 调用方式 

本节将介绍具体的 API 调用方法。由于 API 调用方式可能随时更新，因此如果读者在实践中遇到无法正常接入的问题，建议前往 DeepSeek 开放平台查阅最新的接口文档。

注意：建议各位读者优先通过官方渠道或官方推荐渠道下载和部署 DeepSeek 模型，谨慎下载、安装未知来源的应用程序。

6.2.1 DeepSeek 官方开放平台

最常用的 API 调用方式是通过 DeepSeek 开放平台申请 API Key，然后通过其提供的 URL 进行调用，以下是具体操作步骤。

1. 申请 API Key

API Key 是一种用于验证用户身份和授权访问 API 服务的唯一密钥。首次使用 DeepSeek API 的用户需要先在浏览器中进入 DeepSeek API 开放平台并注册账户。在左侧菜单栏中找到“API keys”（如图 6-1 所示），然后进入 API Key 管理页面。在此页面，用户可以创建和管理自己的 API Key。创建 API Key 时，只需输入一个描述其用途的名称即可。

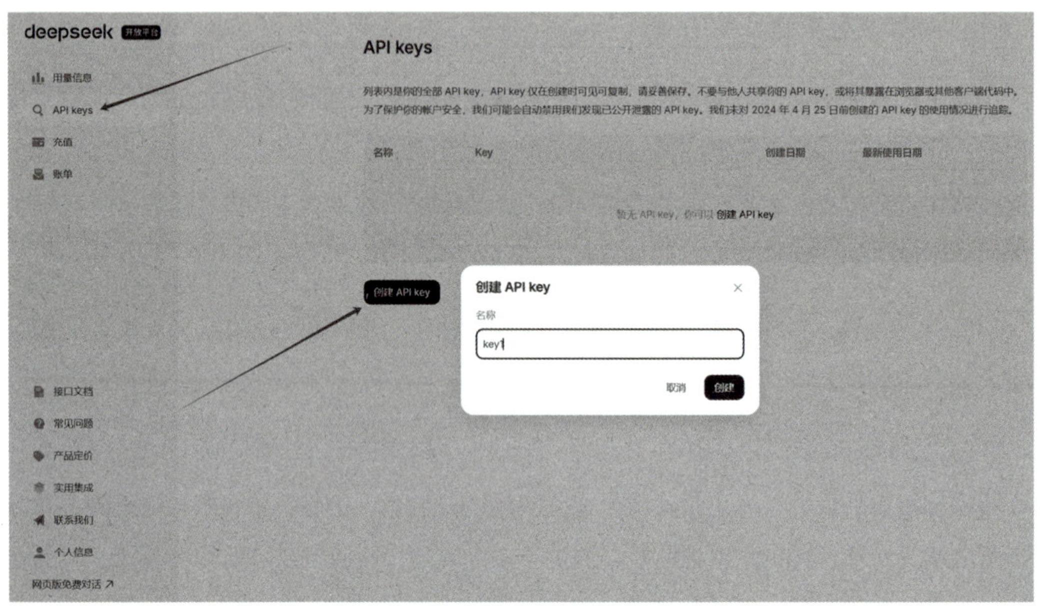

图 6-1　DeepSeek API Key 管理页面

创建成功后，会弹出一个显示 API Key 的页面。用户需要将该页面中的 Key 复制（如图 6-2 所示）并保存在安全的地方。

注意：一旦关闭该页面，将无法再次查看该 Key。如果忘记保存或丢失，可以删除该 Key 后重新创建。

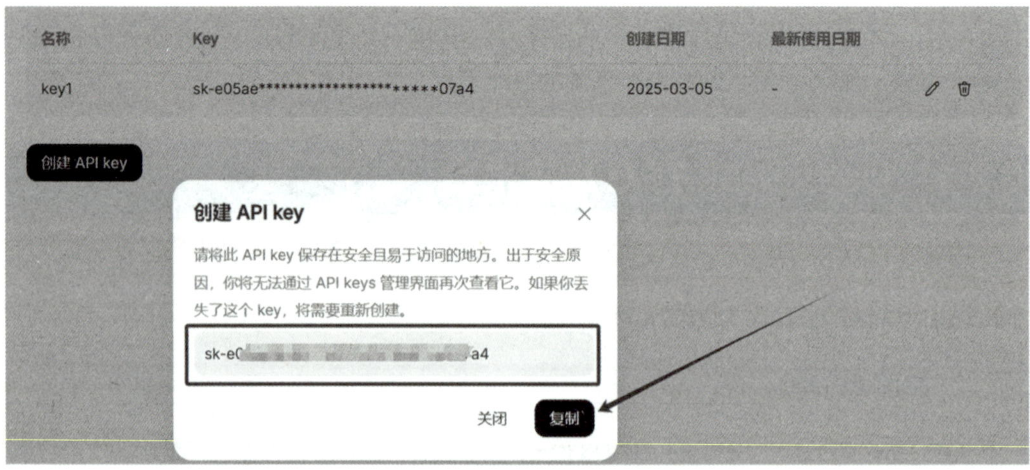

图 6-2　创建 API key

请注意妥善保管 API Key，避免外泄，否则可能导致隐私数据泄露或财产损失。

2. 充值

在正式使用 API 前，用户需要对自己的账户进行充值。同样在 DeepSeek API 开放平台的左侧菜单栏中找到"充值"，然后进入充值页面（如图 6-3 所示）。

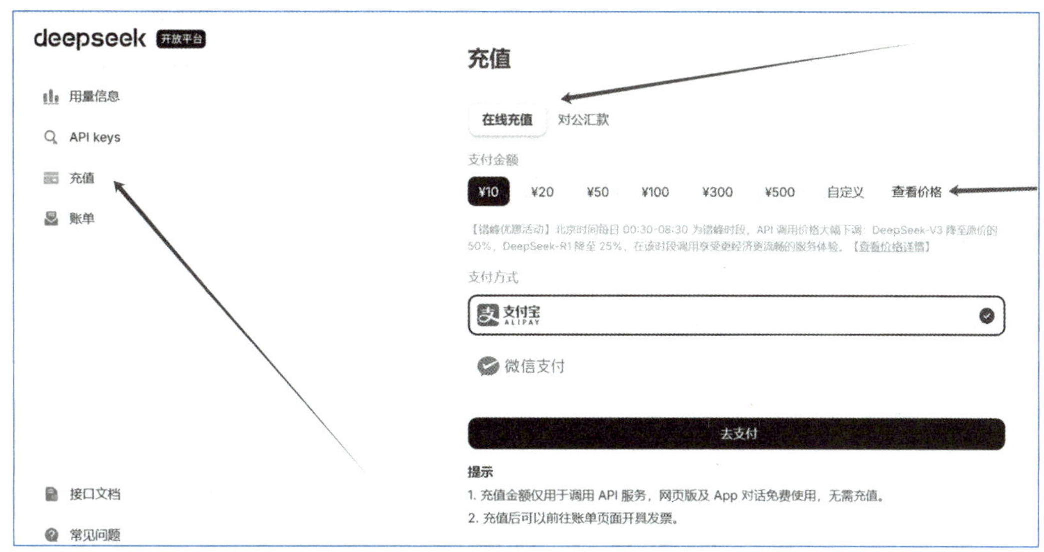

图 6-3 充值页面

当前平台提供了在线充值和对公汇款两种支付方式。个人开发者可以选择在线充值，而企业用户可以在完成企业认证后进行对公汇款。

充值成功后，用户可以在左侧菜单栏单击"账单"，查看充值记录或开具发票。单击"用量信息"，可以查看当前账户余额和消费记录。在金额选项的右侧有一个"查看价格"链接，单击后会跳转到 API 收费标准页面。由于收费标准可能会随时变化，建议读者在使用前查看 DeepSeek 的最新收费标准。

关于价格细节中的"缓存命中"和"缓存未命中"，在此进行解释。在大模型应用场景中，输入内容可能重复，如提示词中的重复引言部分或对话中的前几轮内容。为此，DeepSeek 启用了上下文硬盘缓存技术，将预计会重复使用的内容缓存在分布式硬盘阵列中。如果输入内容存在重复，重复部分只需从缓存读取，无须重新计算。

- 缓存命中：当用户向 DeepSeek API 发送请求时，如果该请求的内容与之前已处理并存储在缓存中的请求内容前缀部分相同，API 可以直接从缓存中获取结果并返回给用户，而无须重新进行复杂计算和处理。

❖ 缓存未命中：如果用户的请求内容在缓存中没有找到匹配记录，DeepSeek API 需要启动完整的计算流程来生成答案，这将消耗更多的计算资源和时间。

3. 获取 URL

完成 API Key 的申请和充值后，用户还需要获取具体的 API 调用 URL 地址。该信息可以在 DeepSeek 的 API 文档中找到（如图 6-4 所示）。文档中提供了 base_url 以及当前支持调用的模型 DeepSeek-V3 和 DeepSeek-R1，它们在接口中的名称分别是“deepseek-chat”和“deepseek-reasoner”。

图 6-4　DeepSeek API 文档

4. 调用 API

准备工作完成后，就可以开始调用 API 了。目前，官方提供了 curl、Python、Node.js 三种方式的调用示例，本书主要以 Python 代码为例进行演示。

首先，需要安装 OpenAI 依赖，执行以下指令：

```
pip3 install openai
```

以下是通过 Python 调用 DeepSeek API 的基本代码：

```
from openai import OpenAI

client = OpenAI(api_key = "读者自己的 API Key", base_url = "https://api.deepseek.com")

response = client.chat.completions.create(
```

```
    model = "deepseek-chat",                    # 模型名称。具体模型对应名称需查看 API 文档
    messages = [
        {"role": "system", "content": "You are a helpful assistant"},
        {"role": "user", "content": "Hello"},
    ],
    stream = False                                  # 是否流式输出
)

print(response.choices[0].message.content)
```

5. 多轮对话

目前，DeepSeek 服务端不记录用户请求的上下文，因此在多轮对话中，用户需要在每次请求时将之前所有对话历史拼接好后传递给模型。以下是示例代码。

```
from openai import OpenAI

client = OpenAI(api_key = "读者自己的 API Key", base_url = "https://api.deepseek.com")

messages = []
def chat_with_deepseek(user_input):
    messages.append({"role":"user", "content":user_input})
    response = client.chat.completions.create(
    model = "deepseek-chat",
    messages = messages
)
return response.choices[0].message

while True:
    user_input = input("用户: ")
    if user_input.lower() == '退出':
        break
    reply = chat_with_deepseek(user_input)
    # 将回答内容拼接到 messages 中
    messages.append(reply)
    print(f"DeepSeek: {reply.content}")
```

运行上述代码的效果如图 6-5 所示。

6. 其他常用功能

在使用 DeepSeek API 时，除了调用模型进行对话等核心功能，我们还可以通过 API 获取一些辅助信息，如列出可用的模型列表和查询账户余额。这些功能对于开发者来说

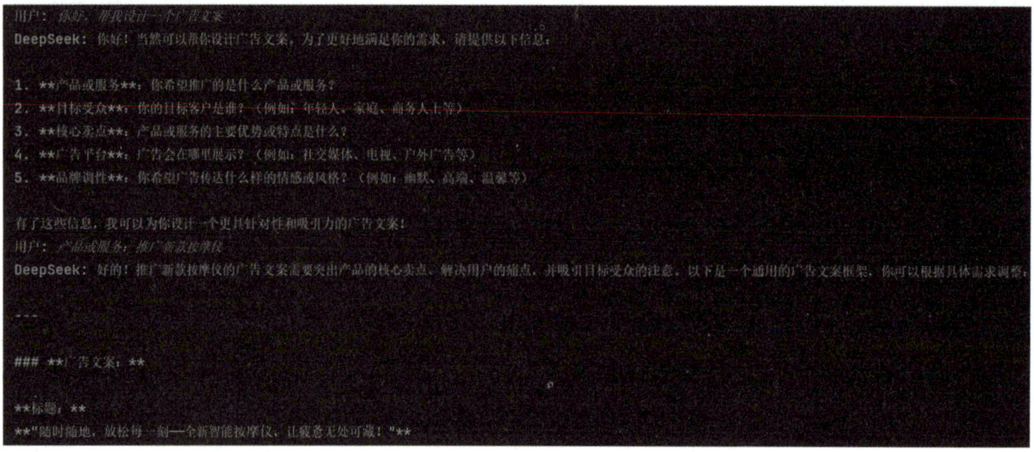

```
用户：你好，帮我设计一个广告文案
DeepSeek：你好！当然可以帮你设计广告文案。为了更好地满足你的需求，请提供以下信息：

1. **产品或服务**：你希望推广的是什么产品或服务？
2. **目标受众**：你的目标客户是谁？（例如：年轻人、家庭、商务人士等）
3. **核心卖点**：产品或服务的主要优势或特点是什么？
4. **广告平台**：广告会在哪里展示？（例如：社交媒体、电视、户外广告等）
5. **品牌调性**：你希望广告传达什么样的情感或风格？（例如：幽默、高端、温馨等）

有了这些信息，我可以为你设计一个更具针对性和吸引力的广告文案！
用户：产品或服务：推广新款按摩仪
DeepSeek：好的！推广新款按摩仪的广告文案需要突出产品的核心卖点、解决用户的痛点，并吸引目标受众的注意。以下是一个通用的广告文案框架，你可以根据具体需求调整：

---

### **广告文案：**

**标题：**
**"随时随地，放松每一刻——全新智能按摩仪，让疲惫无处可藏！"**
```

图 6-5　DeepSeek API 多轮对话效果

非常实用，有助于更好地管理和使用 API 资源。

列出可用的模型列表是了解 DeepSeek API 支持的模型及其基本信息的重要方式。以下是实现该功能的代码示例：

```
from openai import OpenAI

client = OpenAI(api_key = "读者自己的 API Key", base_url = "https://api.deepseek.com")
print(client.models.list())
```

运行结果如图 6-6 所示。

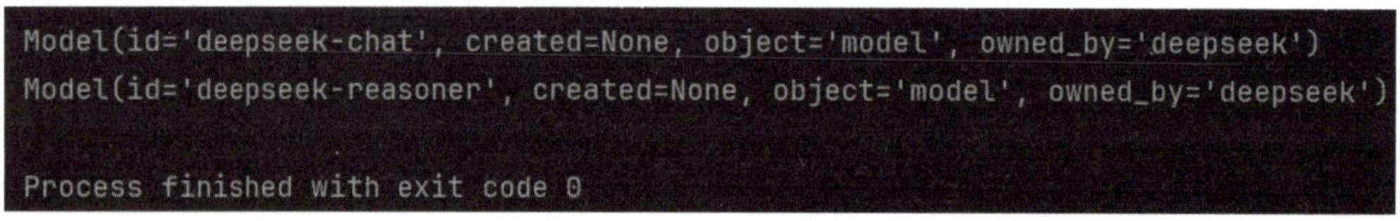

```
Model(id='deepseek-chat', created=None, object='model', owned_by='deepseek')
Model(id='deepseek-reasoner', created=None, object='model', owned_by='deepseek')

Process finished with exit code 0
```

图 6-6　调用 API 列出模型

查询账户余额可以帮助开发者了解当前账户的消费情况和可用余额，从而更好地规划 API 使用。以下是查询余额的代码示例。

```
import requests

url = "https://api.deepseek.com/user/balance"

payload = {}
headers = {
    'Accept':'application/json',
```

```
    'Authorization':'Bearer 读者自己的 API Key'
}

response = requests.request("GET", url, headers = headers, data = payload)
print(response.text)
```

输出结果如图 6-7 所示，返回信息中包含如表 6-1 所示的内容。

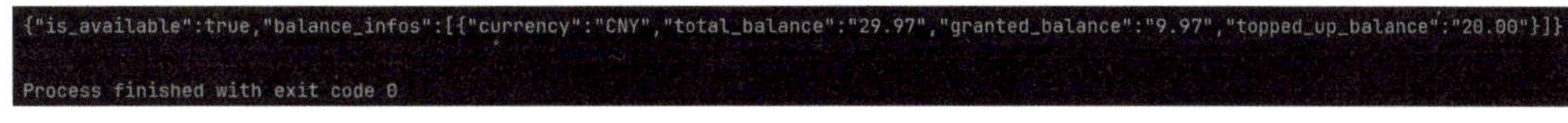
{"is_available":true,"balance_infos":[{"currency":"CNY","total_balance":"29.97","granted_balance":"9.97","topped_up_balance":"20.00"}]}

Process finished with exit code 0

图 6-7　调用 API 查询余额

表 6-1　返回信息说明

返回信息	说　明
currency	货币单位
total_balance	总的可用余额（充值金额+赠送金额）
granted_balance	未过期的赠金余额
topped_up_balance	充值余额

7. 常见错误码说明

在 API 调用过程中，可能出现报错并返回错误码。这些错误码可以帮助用户快速定位问题的原因。

DeepSeek API 接口文档中提供了完整的错误码说明及解决方案，如表 6-2 所示。

表 6-2　DeepSeek API 常见错误码说明

错 误 码	说　明
400	请求体格式错误，根据错误信息提示修改请求体
401	API Key 错误，认证失败
402	账号余额不足
422	请求体参数错误，根据错误信息提示修改相关参数
429	请求速率（TPM 或 RPM）达到上限，可通过代码限制请求的访问速率。其中，TPM 指每分钟 Token 数（Tokens Per Minute），RPM 指每分钟请求数（Requests Per Minute）
500	服务器内部故障
503	服务器繁忙
400	请求体格式错误，根据错误信息提示修改请求体

6.2.2 DMXAPI

除了直接通过 DeepSeek 官方提供的 URL 调用 API，还可以通过一些第三方 API 平台（如 DMXAPI）来调用 DeepSeek API。DMXAPI 是一个智能 API 聚合服务平台，用户可以通过它接入多种大模型，并以人民币计价的方式调用国外多个大模型。这种方式为用户提供了更多选择和便利。

1. 访问 DMXAPI 官网

在浏览器中搜索“DMXAPI”，进入其官网，如图 6-8 所示。

图 6-8 DMXAPI 官网

2. 注册账号

首次使用的用户需要单击官网右上角的“注册”按钮，完成账号注册。注册成功后，即可进入工作台页面，如图 6-9 所示。工作台页面包含用量监控、API Key 管理、充值等板块，功能与 DeepSeek API 开放平台类似。

3. 添加 API Key

在 DMXAPI 工作台中，需要添加 API Key 以进行身份验证。与 DeepSeek 开放平台不同，DMXAPI 在添加 API Key 时提供了多个设置项，更加灵活，如图 6-10 所示。用户可以根据需求设置相关选项（如表 6-3 所示），设置完成后单击“提交”，即可完成 API Key 的创建。

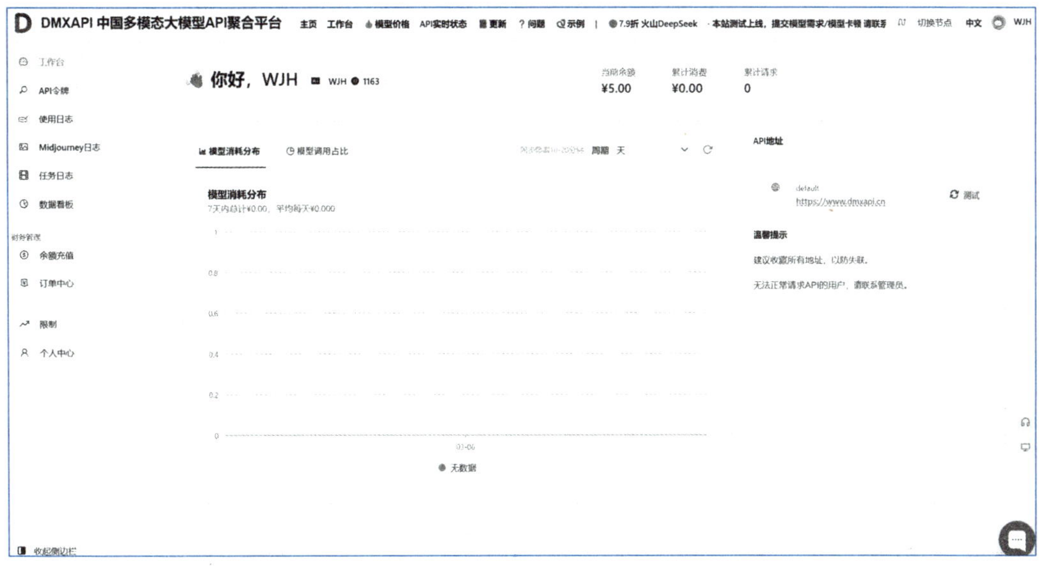

图 6-9　DMXAPI 工作台

图 6-10　添加 DMXAPI 令牌

表 6-3　配置选项

配　置	说　明
过期时间	限定 API Key 的有效使用时间
令牌限额	限制 API Key 的使用额度，避免超预算
令牌渠道分组	限制 API Key 只能调用分组内限定的部分模型
安全设置	限制可调用该 API Key 的 IP 地址，以及设置速率限制

4. 查看 API Key

令牌创建完成后，可以在工作台中查看该 API Key，如图 6-11 所示。

图 6-11　查看 DMXAPI 令牌

在 DMXAPI 工作台的菜单栏中单击“示例”，可以查看官方给出的调用 API 代码示例。以下是一个简单的文本对话示例。

```
import requests
import json

url = "https://www.dmxapi.cn/v1/chat/completions"

payload = json.dumps({
    "model": "deepseek-v3",                                # 模型名称
    "messages": [
    {
        "role": "system",
        "content": "你是一个智能助手"
    },
    {
        "role": "user",
        "content": "你好"
    }]
})

headers = {
```

```
    'Accept': 'application/json',
    'Authorization': '读者自己的 API Key',
    'User-Agent': 'DMXAPI/1.0.0 (https://www.dmxapi.cn)',
    'Content-Type': 'application/json'
}

response = requests.request("POST", url, headers = headers, data = payload)
print(response.text)
```

用户只需修改代码中的模型名称，并在 Authorization 中填入自己的 DMXAPI Key，即可调用大模型进行对话。读者可以在 DMXAPI 主页菜单栏中找到“模型价格”板块，查看当前平台支持的所有模型及其名称，如图 6-12 所示。

图 6-12　DMXAPI 模型列表

与直接调用 DeepSeek 官方提供的大模型服务相比，DMXAPI 平台具有如表 6-4 所示的优缺点。

表 6-4　DMXAPI 平台的优缺点

配　置	说　明
模型资源丰富（同时调用多种模型，方便在不同任务或场景下选择最合适的模型）	稳定性依赖平台（平台的稳定性受自身架构、所调用模型的提供商等多种因素影响，可能会出现波动）
优惠力度大（DMXAPI 会提供折扣等优惠活动）	技术支持间接性（DMXAPI 对 DeepSeek API 的了解可能不如官方深入，在遇到复杂问题时，解决效率可能较低）
操作便捷统一（提供统一的操作界面和调用方式）	数据安全风险（作为第三方平台，数据需要经过 DMXAPI 平台进行传输和处理，可能存在一定的数据安全和隐私风险）

小 结

本章主要介绍了如何通过 API 使用 DeepSeek 大模型。DeepSeek 提供的 API 调用方式为企业和开发者带来了诸多便利和优势。相比在线使用和本地部署，API 调用在灵活性、集成性、成本控制、维护更新、可扩展性等方面表现突出。开发者可以根据自身业务需求深度定制功能，实现与其他系统的无缝对接，且无须承担高额硬件成本与运维负担，能够灵活应对业务变化。

在调用方式上，本章主要介绍了通过 DeepSeek 官方开放平台和 DMXAPI 两种途径。用户完成申请 API Key、充值、获取 URL 等步骤后，便可以在自己的程序中进行调用。

企业在选择调用方式时，应综合考虑自身需求、预算、数据安全要求等因素，合理选择调用途径，充分发挥 DeepSeek API 的优势，将强大的 AI 功能高效集成到自身项目中，提升产品竞争力，推动业务创新和发展。

第 7 章

面向企业的 DeepSeek 云服务部署

随着企业数字化转型的加速，云计算已经成为企业 IT 架构的重要支柱。前文提到的 API 调用方式受限于服务提供商的服务质量，而本地部署又会耗费较高的人力物力，因此企业可以采用云服务部署的方式，灵活应对业务需求，降低运维成本。

本章将围绕 DeepSeek 云服务的企业级部署展开讨论，重点介绍部署策略、模型推理加速方案以及部署案例，我们将探讨如何在云环境下高效部署 DeepSeek 服务。

通过本章的学习，企业技术团队将能够掌握 DeepSeek 云服务的核心部署方法，理解其在企业应用中的最佳实践，并探索如何通过合理的架构设计提升业务竞争力。

7.1 本地部署与云服务部署的对比

企业级模型应用对部署模式的要求比面向个人的本地部署更为复杂和多样。

7.1.1 本地部署的特点

企业不仅需要应对大规模数据处理和实时计算的挑战，更需要在系统稳定性、扩展性和安全性方面达到更高标准，因此对企业来说，本地部署存在一些不可忽视的局限性。

1. 硬件门槛高

企业在采用本地部署时，通常需要一次性投入大量硬件资源，包括服务器、存储设备和网络设施等。这种前期投资不但成本高昂，而且由于硬件更新换代周期较长，难以满足业务快速变化和技术革新的需求。此外，硬件设备的采购和配置还要求企业具备较高的专业知识和管理能力。大模型的部署需要高性能 GPU、大内存及高速存储等，这对资金并不充裕的中小企业来说尤为不利。

2. 维护烦琐

本地部署涉及硬件、操作系统、中间件及应用软件等多个层面的管理和维护工作，包括自行配置 CUDA（Compute Unified Device Architecture，计算统一设备架构）驱动、深度学习框架（如 PyTorch、TensorFlow）和依赖库等，兼容性问题较多。企业需要组建专门的运维团队来负责日常监控、故障排查、系统升级和安全补丁更新等任务。这种复杂的维护过程不仅增加了人力资源和技术支持的成本，还容易因管理不善而引发系统稳定性和安全性问题，进而影响业务的连续性。

3. 扩展性差

在面对业务量激增或不断变化的市场需求时，本地部署的扩展能力往往受限于现有硬件的容量和部署架构。一旦业务需要更高的计算能力或存储空间，企业往往需要重新采购和部署新设备，这个过程不仅耗时耗力，还会带来额外的资金压力。相比之下，云服务部署可以实现按需扩展，快速响应业务需求的变化，从而为企业提供更大的灵活性和竞争优势。

7.1.2 云服务部署的特点

云服务是一种基于互联网的软件服务提供模式，厂商将应用软件统一部署在云端服务器上，企业用户可以根据自身需求通过网络订购所需的服务。企业无须购买和维护昂贵的硬件，而是以按需付费、灵活扩展的方式获得服务。这种模式不仅适用于 IT、软件和互联网相关领域，还可延伸至其他各类业务服务，为企业提供高效、便捷的解决方案。

相比本地部署，云服务部署具有以下 5 个显著优势。

1. 高可靠性和稳定性

云服务器的物理设备通常部署在经过严格设计和安全加固的专业机房中，这些机房具备完善的环境控制措施（如恒温、恒湿、防尘等）和多重安全防护系统，同时配备了冗余电源和网络链路。厂商专业技术团队全天候 24 小时在线运维管理，能够及时响应并处理各类故障，保障服务器始终处于高效、稳定的工作状态，为用户提供可靠的业务支撑和高稳定性的服务体验。

2. 便捷的远程访问

云平台采用基于互联网的访问模式，不受地理位置限制。只要用户拥有能够联网的设备（如手机、计算机等），就可以访问系统资源和管理后台。这种设计使得企业员工无论是在办公室、在家办公还是出差途中，都能够随时查看、处理和导出数据，实现实时协同和高效办公。此外，多终端支持和跨平台兼容性进一步提升了用户体验，使得操作更加便捷、流畅。

3. 灵活的资源配置

在云平台模式下，企业无须进行一次性大额投资，而是可以根据实际需求自由选择和定制所需的计算、存储及网络资源，实现资源的动态扩展或收缩。这种按需配置的模式不仅显著提升了资源利用效率，还能有效降低运营成本，帮助企业在面对业务波动时灵活应对，保持最佳的运行状态。

4. 适合现代应用部署

当前，越来越多的企业正在向微服务架构和容器化部署转型，以提升系统的灵活性和扩展性。云服务器正是这一转型的理想载体，能够支持快速创建、部署和缩减各类微服务实例，满足业务快速迭代和持续交付的需求。通过容器化技术和自动化编排工具，企业能够实现对各服务模块的精细化管理，快速响应市场变化，从而在竞争激烈的环境中保持创新和领先优势。

5. 高效简化的管理方式

云平台集成了计算、网络和存储等多项服务，并通过自动化管理和智能监控工具大幅简化了运维流程。企业用户无须经历传统物理服务器采购、上架、系统安装等烦琐步骤，而是可以实现即买即用、快速上线的便捷体验。完善的自动化运维机制不仅能够实时监控资源状态，及时检测和修复故障，还能自动进行安全防护和数据备份，显著降低了管理复杂度和人力成本，从而为企业的快速部署和持续运营提供了坚实保障。

对于中小企业来说，云服务部署是一种高效、灵活且成本可控的模型部署方式。国内有许多优秀的云服务提供商，如阿里云、华为云、腾讯云等。下面将详细演示如何在这些主流云服务平台上部署 DeepSeek 模型。通过学习云服务部署的优势和实际操作方法，企业技术团队将能够更好地应对业务需求的变化，提升整体运营效率和竞争力。

7.2 模型推理加速框架

在云部署 DeepSeek 模型前，我们需要先了解一个重要的工具：模型推理加速框架。

推理加速框架是优化大模型性能的关键，不仅能显著提高模型的响应速度，还能降低对计算资源的需求，从而满足实时应用的要求并降低部署成本。本节将介绍推理加速框架的重要性和优势，并展示 3 种常用的推理框架。

7.2.1 推理加速框架的必要性

大模型虽然功能强大，但是在实际应用中面临着诸多挑战。例如，大规模模型通常需要大量的计算资源和内存，这在资源受限的场景中（如移动设备或边缘计算）会导致推理效率低下。此外，实时应用（如语音助手、实时翻译）对响应速度要求极高，用户期待即时反馈。推理加速框架通过优化推理流程，解决了这些问题，显著提高了模型的实用性和经济性。推理加速框架的主要优势包括以下 4 点。

1. 计算和内存优化

大规模模型需要大量计算资源和内存来完成复杂任务。在资源受限的场景中，推理效率往往较低，通过对 KV Cache 进行优化，推理加速框架可以在保证模型效果的前提下，显著减少计算量和内存占用，从而实现高效推理。

2. 实时性保障

在语音助手、实时翻译等对响应速度要求极高的应用中，用户期待即时反馈。大模型的推理速度直接影响用户体验，推理加速框架能够显著降低延迟，确保交互过程流畅无阻。

3. 降低部署成本

部署大模型通常需要依赖高性能 GPU 等昂贵硬件，推理加速框架可以使模型在相对低成本的硬件平台上高效运行，从而降低硬件投入，促进大模型技术在更多场景中的应用。

4. 系统层面的性能优化

大模型的推理性能不仅取决于模型本身，还受到系统架构（如内存带宽、计算单元利用率等）的影响。通过全系统的优化策略，如高效的数据传输、缓存优化和算子融合等方法，推理加速框架可以进一步提升整体推理速度和效率。

7.2.2 BladeLLM

BladeLLM 是阿里云 PAI 平台提供的大模型推理引擎，专为帮助用户部署高性能、低成本的大语言模型服务而设计，通过对模型推理和服务的全链路进行深度优化，确保不同模型在不同设备上都能达到最优性价比。

在实际业务场景中，高额的框架开销严重限制了系统吞吐量，尤其是在高并发场景下，造成资源浪费和性能下降。为解决这个问题，BladeLLM 设计并实现了基于 Python 的纯异步大语言模型推理架构 TAG（Totally Asynchronous Generator，完全异步生成器），以最大程度提高 GPU 利用率，提升引擎性能。

典型的大语言模型推理引擎可以分为 4 个组件（如表 7-1 所示）。

表 7-1　大语言模型推理引擎组件划分

组件名称	功　能
API Server	负责接收请求和返回响应
Scheduler	负责请求调度和 KV Cache Block 分配
Model Runner	主要负责模型计算和采样
Decoder	负责将采样得到的 Token ID 转化为字符形式输出

传统的同步推理引擎在高并发场景下存在明显的性能瓶颈。如图 7-1 展示了一个完全同步的推理引擎的时间线示意图。

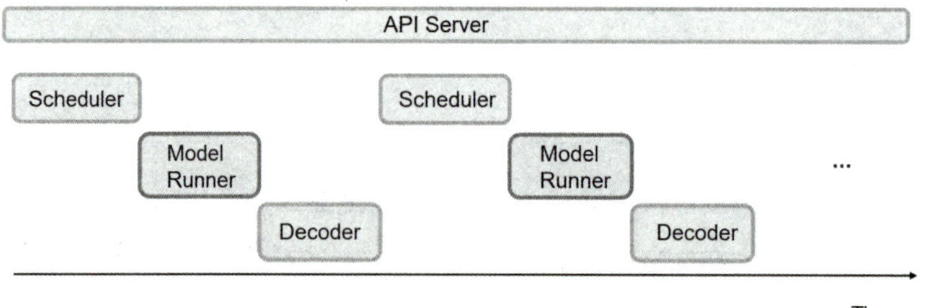

图 7-1　完全同步的推理引擎的时间线示意图（来源于阿里云）

推理引擎的关键在于 Scheduler 与 ModelRunner 执行之间存在同步关系，这个同步关系主要来源于：Scheduler 进行调度时，会为每个请求分配 KVCacheBlock，而分配决策依赖于每个请求的 Token；当前阶段调度所需的 Token 需要等待上一步 ModelRunner 运行结果返回给 Scheduler，从而形成了依赖，导致 Scheduler 和 ModelRunner 执行需要同步串行进行。

BladeLLM 通过消除 Scheduler 与 ModelRunner 之间的同步点，将整个推理系统完全异步化，并提出了 TAG 架构（如图 7-2 所示）。

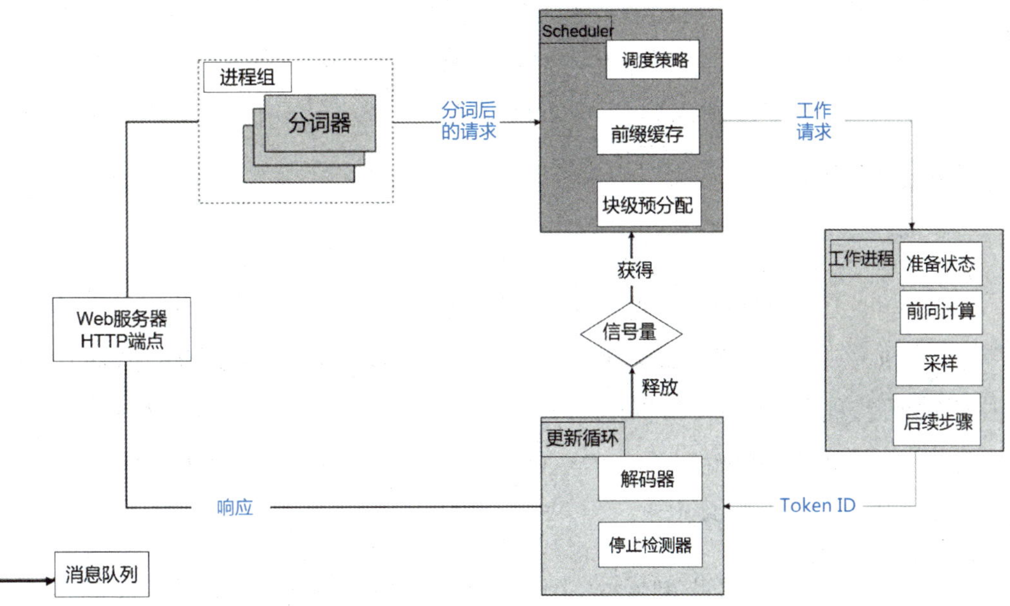

图 7-2　TAG 架构（来源于阿里云）

在 TAG 架构中，所有组件之间的消息传递都是异步完成的，整体流程如下。

1. Web 服务器接收用户请求

请求经过分词器后，被添加到 Scheduler 的请求队列中；同时，系统并行从解码器中接收响应并返回给用户。

2. 更新循环

更新循环主要负责处理 Model Runner 的返回消息队列，包括如下。

- 更新 Token 数：在 Model Runner 生成 Token 后，将实际生成的 Token 数反馈给 Scheduler，确保 Scheduler 分配的 KV Cache 不会浪费。
- Detokenize 处理：对生成的 Token 进行解码操作，转换成用户可读的文本，并传递给 WebServer。
- 判停处理：判断请求是否达到终止条件（如遇到结束标志或达到最大 Token 数），及时将已完成的请求从队列中移除。
- 释放信号量：完成上述工作后，释放信号量，让 Scheduler 能够进行下一次调度。

- Scheduler 和更新循环：Scheduler 和 Update Loop 通过 Python 协调并行运行，这样两个模块可以同时工作，互不阻塞。Scheduler 在每次调度前需要先获取信号量，这个信号量限制了 Scheduler 同时可以进行的调度步数，从而避免因调度过多而导致系统资源过载。Scheduler 的主要循环为：获取信号量 → 预分配最大 Token Cache → 将调度结果发送给 Model Runner。

3. Model Runner

Scheduler 可以同时向 Model Runner 发送多个调度请求，Model Runner 不会因为等待某个请求完成而处于空闲状态，而是可以持续地接收并处理请求。因此，Model Runner 内部的处理流程也完全采用异步设计，包括：接收并反序列化请求（异步接收 Scheduler 的调度请求并进行数据解析）→ 调用模型进行推理（异步调用大模型执行推理任务，生成 Token）→ 序列化结果并返回（将生成的 Token 序列化后返回给 Update Loop）。

图 7-3 展示了 TAG 的时间线示意图。纯异步的大语言模型推理引擎 TAG 解决了推理引擎各组件的同步依赖，最大程度地提高了 GPU 利用率，提升了服务吞吐量，降低了请求延迟。

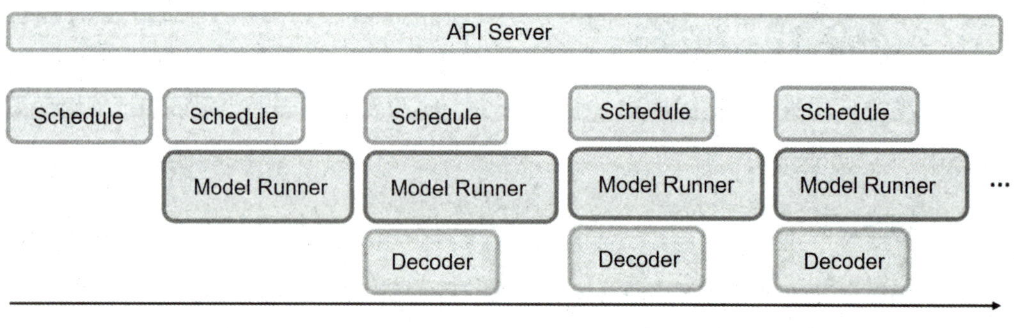

图 7-3　TAG 的时间线示意图（来源于阿里云）

7.2.3　SGLang

在开发和执行大语言模型任务时，开发者常常面临系统效率不足的挑战。这些任务涉及多次生成调用、复杂的提示策略、控制流程、结构化的输入和输出。为了应对这些挑战，开源社区的研究者们提出了 SGLang，一种专为高效执行复杂语言模型程序而设计的系统。SGLang 通过联合设计后端系统和前端语言，显著简化了大模型应用开发的便捷性，使模型运行得更快、更可控。

SGLang 由前端和后端两大部分组成，协同工作，以提高复杂大语言模型程序的执行效率。

1. 后端：RadixAttention 技术

后端的核心是 RadixAttention，一种跨多个大语言模型生成任务的 KV 缓存复用技术。对于不断到来的大量用户会话任务，RadixAttention 通过自动且高效地重用缓存，减少了计算冗余和内存消耗。

- KV 缓存复用：在大语言模型的推理阶段，KV 缓存存储前向传递的中间张量，这些张量用于解码未来的标记。RadixAttention 通过基数树（一种先进的数据结构）管理这些缓存，使得具有相同提示符前缀的请求可以共享同一 KV 缓存。
- 基数树的优势：与传统的字典树相比，基数树的边可以表示元素的连续序列，从而显著提升空间利用效率，加速数据处理速度。
- 缓存管理：GPU 的内存容量是有限的，无法容纳无限的 KV 缓存，因此当被装满的 GPU 内存需要容纳新的 KV 缓存时，就需要驱逐策略。SGLang 采用 LRU（Least Recently Used，最近最少使用）驱逐策略，递归地驱逐叶节点，确保 GPU 内存的有效利用。此外，RadixAttention 与连续批处理和分页注意力等技术兼容，能够扩展以处理多模态模型。

图 7-4 展示了在处理多个传入请求时如何维护基数树。前端总是向后端发送完整的提示词，后端自动进行前缀匹配、复用和缓存。树结构存储在 CPU 上，维护开销较小。

2. 前端：SGLang 域特定语言

前端的核心是 SGLang，一种嵌入 Python 的 DSL（Domain Specific Language，领域特定语言），允许开发者编写高级的提示词、控制流、多模态、解码约束和外部交互代码。

图 7-5 展示了使用 SGLang 框架进行“多维度评估（multi-dimensional_judge）”的示例，用于让模型同时从多个角度（如“Clarity”“Originality”“Evidence”）评估一篇与图片相关的文章，最后输出总结与评分。

总之，SGLang 框架专为高效编程和执行结构化语言模型程序而设计，通过 RadixAttention 创新优化技术，极大提升了复杂语言模型程序的吞吐量和响应速度。SGLang 框架是研究和开发高级提示技术及智能体工作流的强大工具。

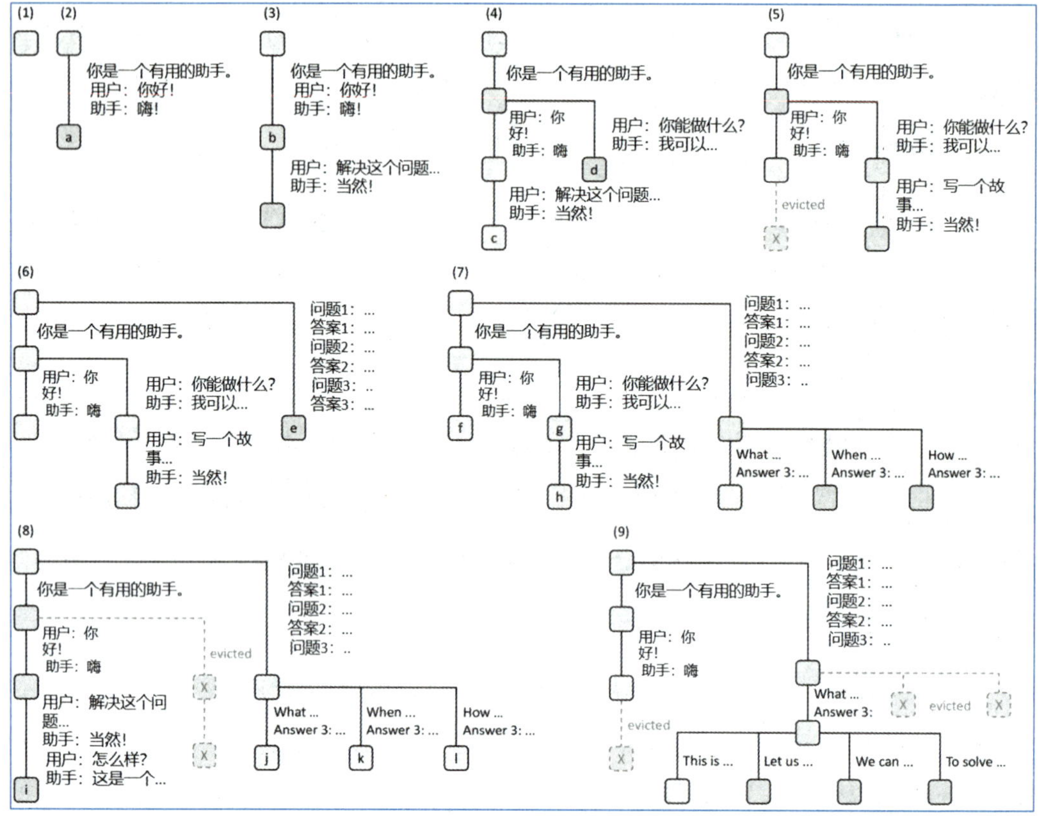

图 7-4　采用 LRU 驱逐策略的 RadixAttention 操作示例[17]

```
dimensions = ["Clarity", "Originality", "Evidence"]
@function
def multi_dimensional_judge(s, path, essay):
  s += system("Evaluate an essay about an image.")
  s += user(image(path) + "Essay:" + essay)
  s += assistant("Sure!")
  # Return directly if it is not related
  s += user("Is the essay related to the image?")
  s += assistant(select("related", choices=["yes", "no"]))
  if s["related"] == "no": return
  # Judge multiple dimensions in parallel
  forks = s.fork(len(dimensions))
  for f, dim in zip(forks, dimensions):
    f += user("Evaluate based on the following dimension:" +
      dim + ". End your judgment with the word 'END'")
    f += assistant("Judgment:" + gen("judgment", stop="END"))
  # Merge the judgments
  judgment = "\n".join(f["judgment"] for f in forks)
  # Generate a summary and a grade. Return in the JSON format.
  s += user("Provide the judgment, summary, and a letter grade")
  s += assistant(judgment + "In summary," + gen("summary", stop=".")
              + "The grade of it is" + gen("grade"))
  schema = r'\{"summary": "[\w\d\s]+\.", "grade": "[ABCD][+-]?"\}'
  s += user("Return in the JSON format.")
  s += assistant(gen("output", regex=schema))
state = multi_dimensional_judge.run(...)
print(state["output"])
```

处理聊天模板和多模态输入

选择概率最高的选项

获取结果；使用Python控制流程

运行时优化：KV缓存重用

多个生成调用并行运行

获取生成结果

运行时优化：API投机执行

运行时优化：快速受限解码

运行一个 SGLang 程序

图 7-5　用 SGLang 实现多维文章评分[17]

7.2.4 vLLM

在大模型推理服务中，内存管理是影响性能的关键因素之一。现有的大模型服务通常采用静态连续分布内存的策略，这会导致显著的内存浪费，从而限制了推理性能的提升。vLLM 是一个专为大语言模型推理服务设计的开源工具，通过优化内存管理和高效资源利用，显著提升了推理性能。

现有的大语言模型服务存在以下 3 种主要的内存浪费问题。

- 预留浪费：为每个请求预留最大可能序列长度的内存，但实际请求的长度可能远小于最大长度。
- 内部碎片：内存分配的低效率会导致内存碎片，进一步降低内存的可用性。
- 外部碎片：一些内存块由于过小而无法使用，直接导致内存浪费。

为了解决这些问题，vLLM 提出了一种创新的注意力机制 PagedAttention，并构建了高效的 KV 缓存管理系统（KV Cache Manager）。该系统利用分页技术对 KV 缓存进行精细化管理，从而提升内存利用率，减少不必要的内存浪费，并支持更复杂的解码算法。通过这个方法，键值对可以存储在非连续的物理内存区域，同时保持逻辑上的连续性，使得内存管理更加灵活高效，从而更好地应对大语言模型服务中的内存挑战。

图 7-6 展示了 vLLM 的系统架构。

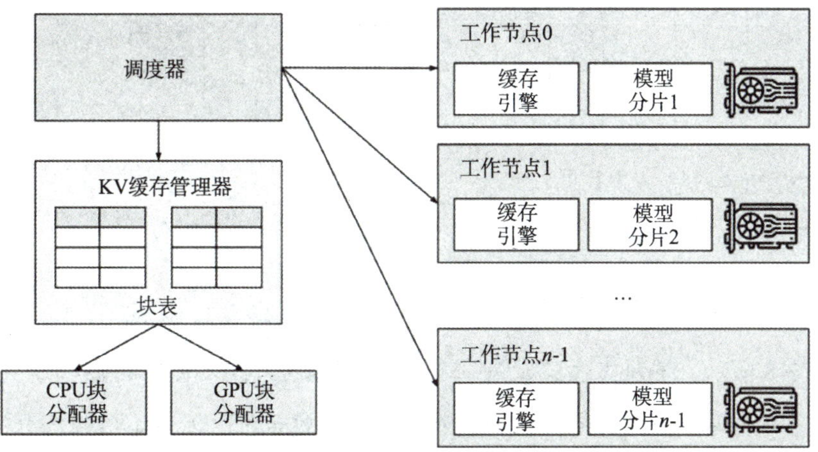

图 7-6 vLLM 的系统架构[18]

vLLM 采用集中式调度器来协调分布式 GPU 工作站的执行。KV 缓存管理器通过 PagedAttention 以分页方式有效管理 KV 缓存。具体来说，KV 缓存管理器通过集中式调度程序发送的指令来管理 GPU 工作节点上的物理 KV 缓存内存。

PagedAttention 的设计灵感来源于操作系统中的虚拟内存分页机制，通过将 KV 缓存拆分为多个不连续的内存块进行存储，有效减少了内存碎片并提升了内存利用率。基于这个机制，PagedAttention 不仅显著提高了推理吞吐量，最大限度地减少了内存浪费，还通过内存共享机制支持诸如并行采样和波束搜索等复杂采样算法，从而增强了整体模型服务的性能。

下面介绍 vLLM 的工作流程。

1. 共享提示

如图 7-7 所示，两个序列 A 和 B 共享相同的提示 “The future of artificial intelligence is（人工智能的未来）”，它们的逻辑块映射到相同的物理块中，节省了内存并提高了性能，因为两者不需要各自保存同样的键值缓存。

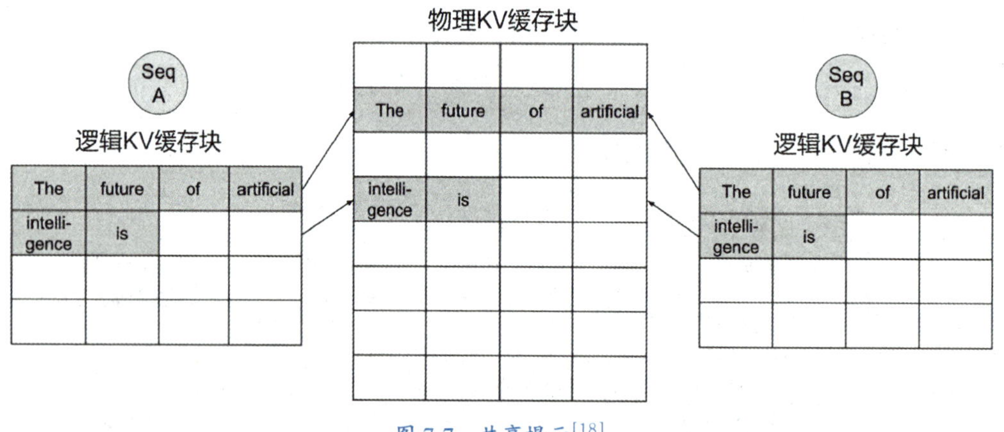

图 7-7　共享提示[18]

2. 序列 A 生成第一个 Token

如图 7-8 所示，序列 A 生成了第一个 Token “likely”，这个 Token 存储在逻辑块中，并且与之前的共享物理块保持连接；同时，引用计数标记为 2，因为该物理块仍被序列 B 使用。

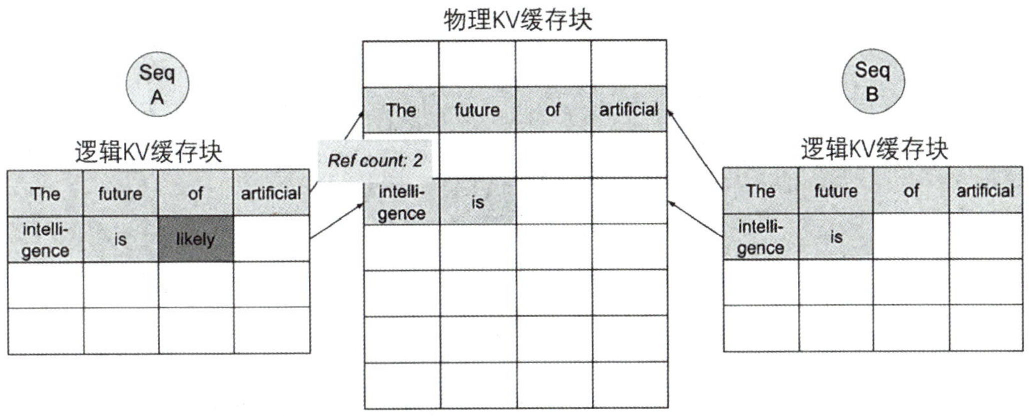

图 7-8 序列 A 生成了一个 Token[18]

3. 写时复制机制（Copy-on-Write）

如图 7-9 所示，当序列 A 对共享物理块进行更改时，系统将复制出一个新的物理块，以避免与序列 B 的冲突。此时，引用计数从 2 降为 1，表示序列 A 复制了独立的物理块。

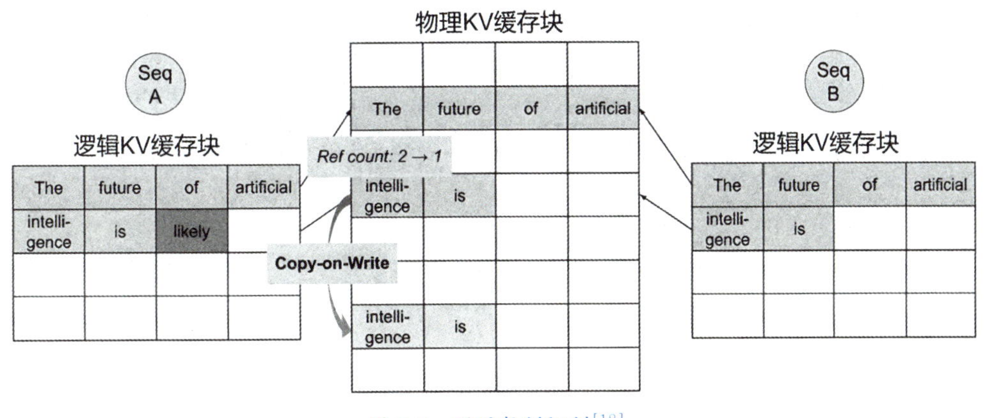

图 7-9 写时复制机制[18]

4. 序列 B 生成第一个 Token

如图 7-10 所示，序列 B 生成了第一个 Token “a”，并且由于没有冲突，不需要进行复制操作。此时，B 的生成过程直接更新到共享的物理块中。

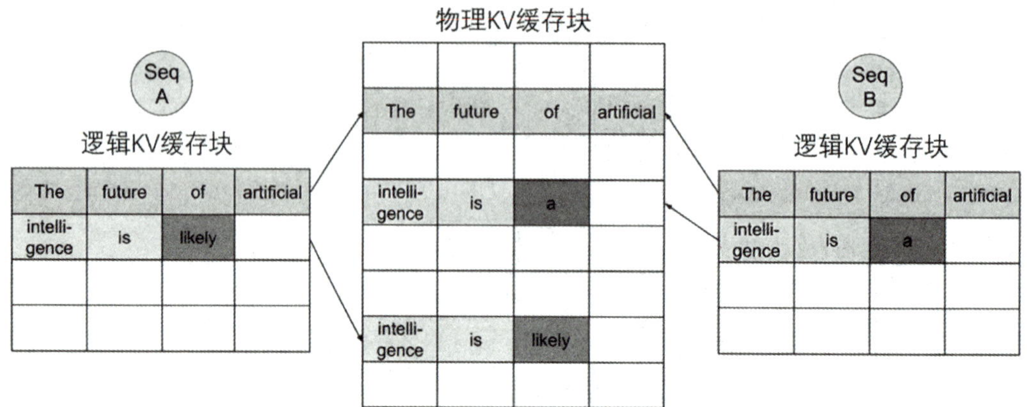

图 7-10　序列 B 生成第一个 Token[18]

5. 序列 A 和 B 生成第二个 Token

如图 7-11 所示，序列 A 生成"to"，序列 B 生成"subject"。这两个生成操作分别更新各自的逻辑块，并将生成的内容存储到对应的物理块中。

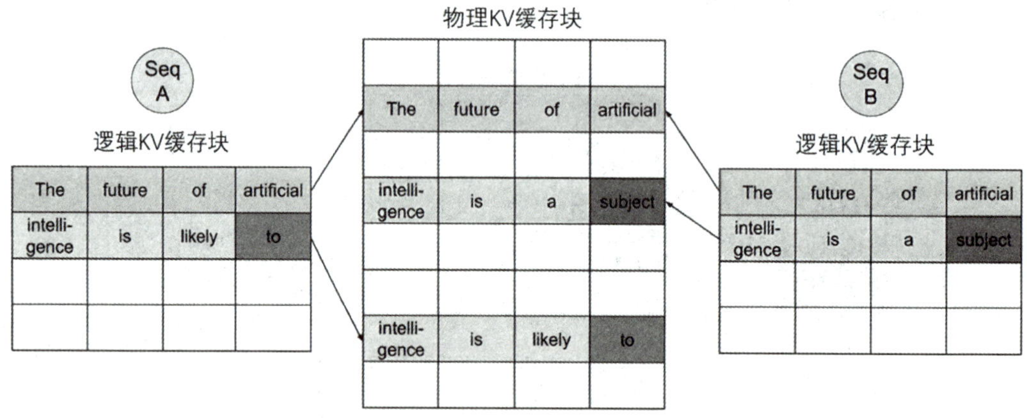

图 7-11　序列 A 和 B 生成第二个 Token[18]

6. 序列 A 和 B 生成第三个 Token

如图 7-12 所示，序列 A 生成"be"，序列 B 生成"of"，两个 Token 分别被存入对应的物理块。共享部分仍然继续使用之前的物理块。

5.序列A和B生成第三个Token

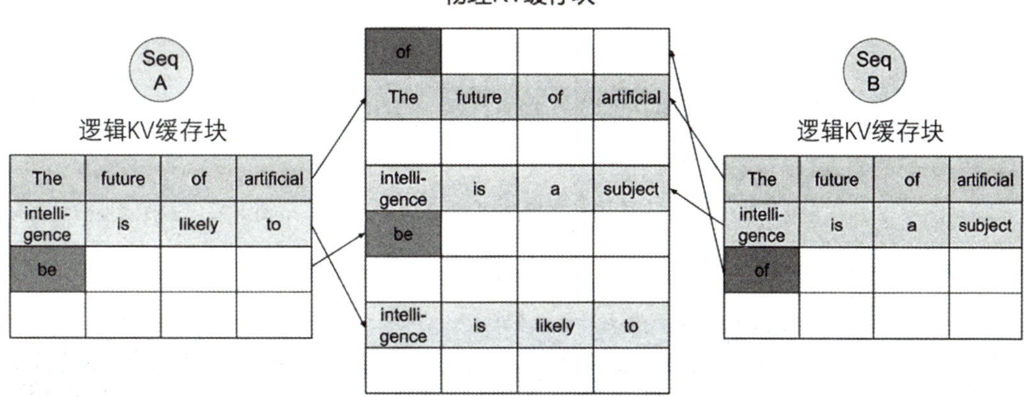

图 7-12　序列 A 和 B 生成第三个 Token[18]

7. 序列 A 和 B 生成第四个 Token

如图 7-13 所示，序列 A 生成了“profound”，序列 B 生成了“great”，并各自存入物理块。每个序列都逐步完成生成。

6.序列A和B生成第四个Token

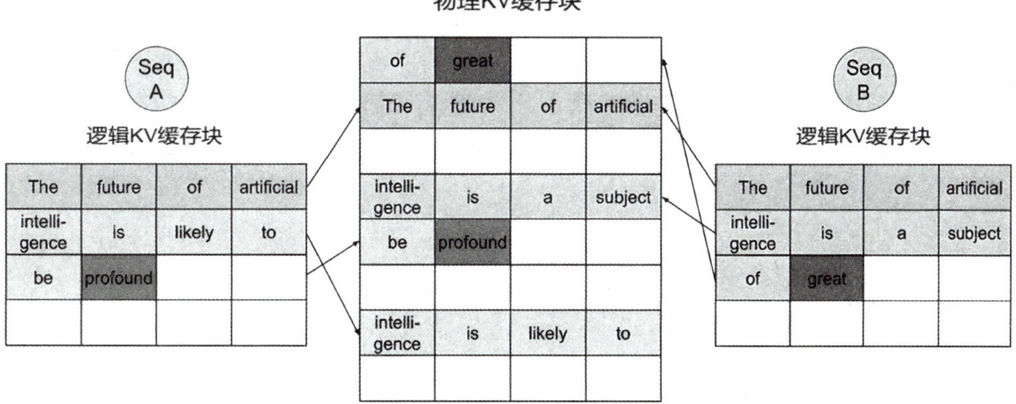

图 7-13　序列 A 和 B 生成第四个 Token[18]

vLLM 的流程可以类比为两个人 A 和 B 共同撰写论文，他们都需要参考相同的背景信息“人工智能的未来”，为了避免重复劳动，共享一本笔记本，而不必各自单独抄写相同的资料。当其中一位学生（序列 A）需要在写作过程中引入新的观点“likely”时，他只需从共享笔记本中复制出相关部分进行修改；同时，另一位学生（序列 B）仍旧使用原始的共享笔记本。这种方式不仅避免了不必要的重复复制，还大幅提升了写作效率。

这正是 PagedAttention 算法的核心思想：通过共享和按需复制内存中的部分数据，有效降低内存冗余，提高整体性能。

7.3 常用 DeepSeek 云服务部署方式

在学习了云部署的优势和常见的模型推理加速技术后，下面将介绍使用云服务部署 DeepSeek 模型的具体过程。

7.3.1 阿里云

在选择和部署大模型时，我们常常面临资源和成本的挑战。DeepSeek 提供了多种模型版本，其中一些模型参数量较大（如 DeepSeek-R1 和 DeepSeek-V3 满血版，参数量达 671B），需要较高的硬件配置和部署成本（至少 8 个 96 GB 显存的显卡）。对于资源有限的用户，选择合适的蒸馏版模型可以显著降低部署成本，同时保持较高的性能。

根据测试，DeepSeek-R1-Distill-Qwen-32B 模型在效果和成本上表现较优，适合普通用户在云服务上进行部署，可以作为 DeepSeek-R1 的替代模型。此外，阿里云平台提供了 7B、8B、14B 等其他蒸馏模型，用户可以根据需求选择。Model Gallery 还提供了模型评测功能，帮助用户评估不同模型的实际效果。

表 7-2 列出了 DeepSeek 模型各版本的最低配置需求，用户可以根据自身需求选择合适的配置。

表 7-2 云部署 DeepSeek 模型最低配置需求（来源于阿里云）

模 型	最低配置
DeepSeek-R1	8 卡 GU120（8×96 GB 显存）
DeepSeek-V3	8 卡 GU120（8×96 GB 显存）
DeepSeek-R1-Distill-Qwen-1.5B	1 卡 A10（24 GB 显存）
DeepSeek-R1-Distill-Qwen-7B	1 卡 A10（24 GB 显存）
DeepSeek-R1-Distill-Llama-8B	1 卡 A10（24 GB 显存）
DeepSeek-R1-Distill-Qwen-14B	1 卡 GPU L（48 GB 显存）
DeepSeek-R1-Distill-Qwen-32B	2 卡 GPU L（2×48 GB 显存）
DeepSeek-R1-Distill-Llama-70B	2 卡 GU120（2×96 GB 显存）

下面以阿里云平台为例讲解模型部署的全流程操作。

1. 访问阿里云平台

在浏览器中搜索“阿里云”，进入阿里云服务平台。如果没有账号，需要先进行注册。如图 7-14 所示，单击页面顶部的“产品”选项卡，选择“人工智能与机器学习”，然后单击“人工智能平台 PAI”。

图 7-14 阿里云主页

2. 开通服务并进入控制台

初次使用人工智能平台 PAI 需要先开通服务，如图 7-15 所示。开通后，单击“管理控制台”按钮，进入控制台界面。

3. 选择模型并部署

如图 7-16 所示，在控制台中单击左上角的“Model Gallery”，选择需要部署的模型（如 DeepSeek-R1-Distill-Qwen-7B）。该模型通过知识蒸馏技术训练小型化模型的推理能力，降低了计算成本，同时保持了较高的性能。单击“部署”按钮，进入部署设置页面。

4. 配置部署选项

阿里云提供多种部署方式，包括三种加速推理部署和一种常规部署，如图 7-17 所示。

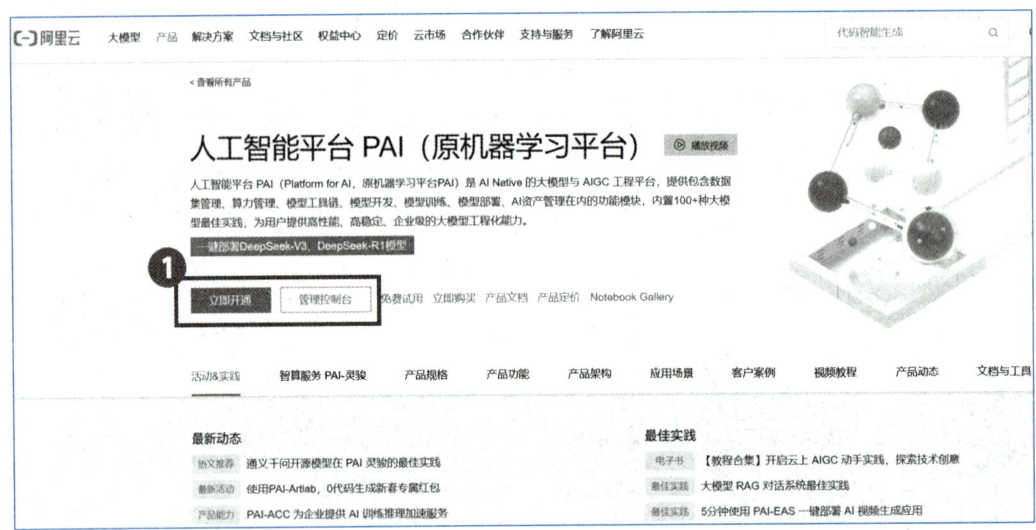

图 7-15　人工智能平台 PAI

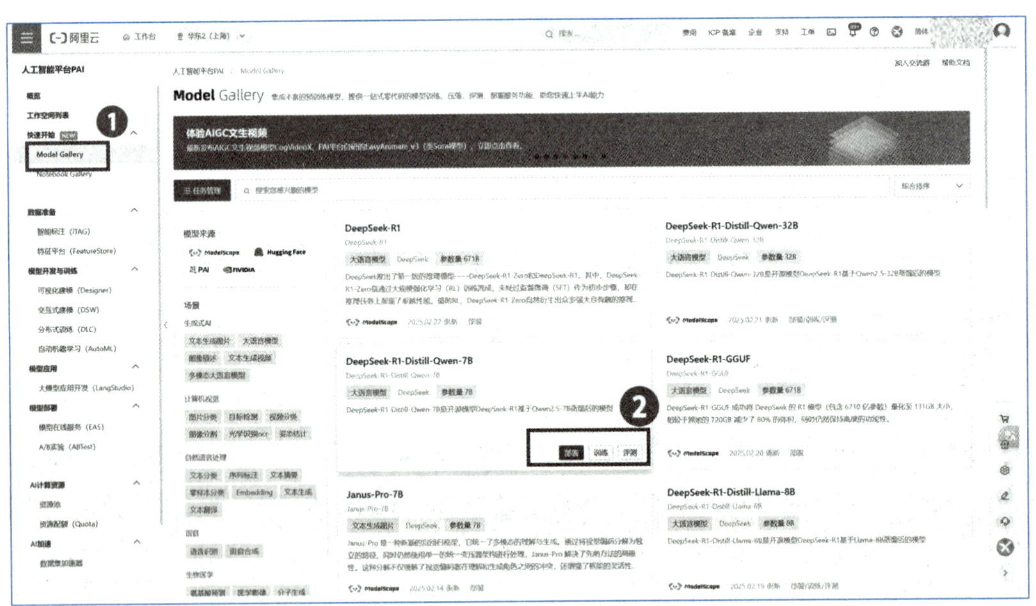

图 7-16　选择模型并部署

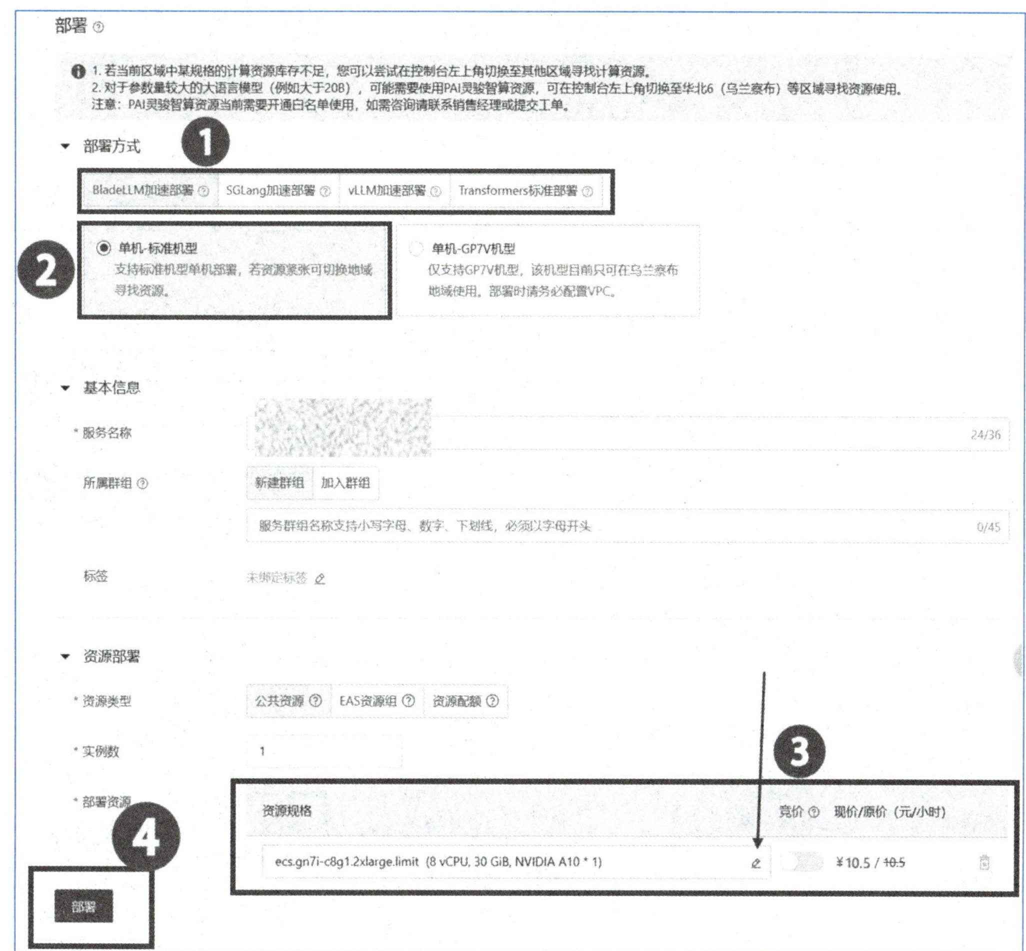

图 7-17　部署设置

本次部署选择阿里自研的 BladeLLM 部署方式。如果需要部署更高配置的模型，可以单击“修改”按钮，选择合适的资源配置。

5. 查看部署信息

单击“部署”按钮后，页面会跳转到部署信息页面（如图 7-18 和图 7-19 所示）。当状态显示为“运行中”时，表示模型部署成功。单击模型名称，可以查看使用文档；单击“查看调用信息”可以获取模型的调用地址和 Token。

当 2 号状态转变成“运行中”时，代表模型已经部署成功了，单击“预训练模型”的模型名称时，可以跳转到该模型的使用文档，如图 7-19 所示。单击“查看调用信息”时，可以跳转到部署模型的调用信息界面。图 7-20 是模型的调用的访问地址和 Token。

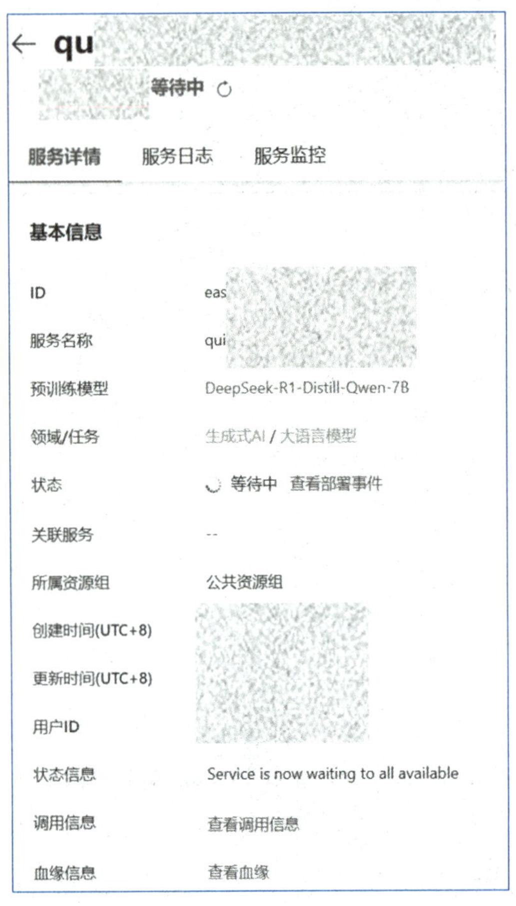

图 7-18 部署信息（一）

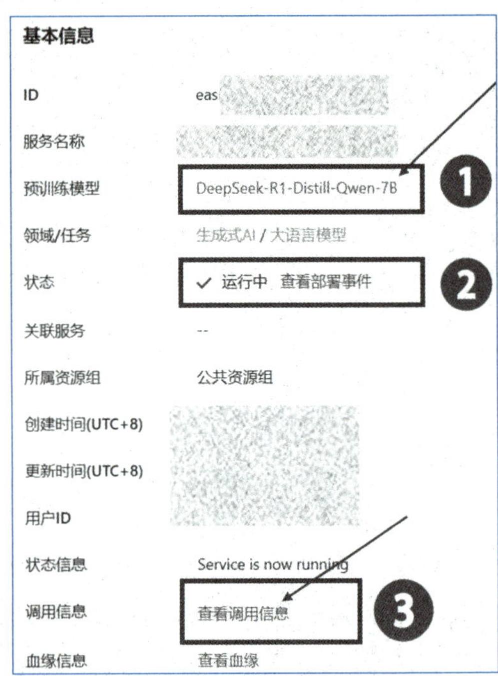

图 7-19 部署信息（二）

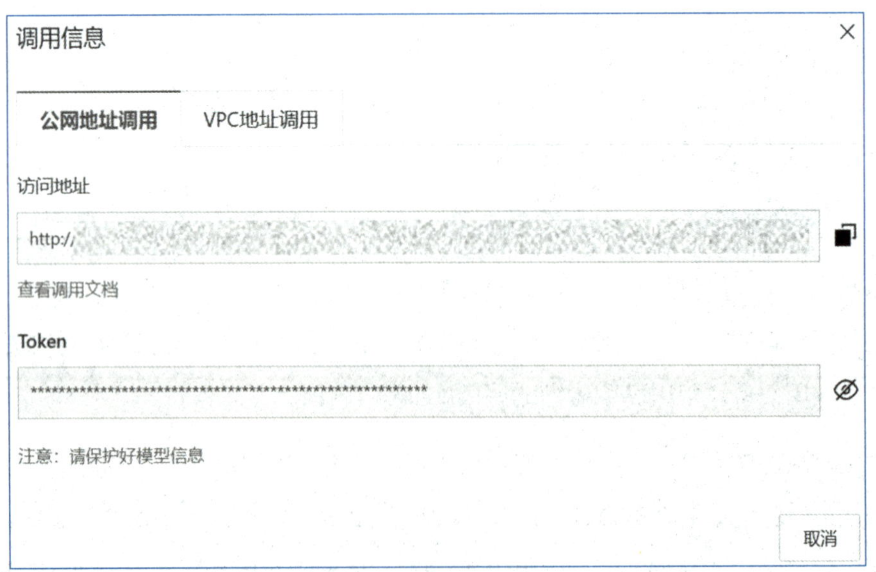

图 7-20 调用信息

6. 调用部署的模型

通过图 7-20 中的调用信息可以调用部署的模型。下面是通过 Python 语言调用部署的大模型的代码示例，需要在 EAS_ENDPOINT（调用地址）和 EAS_TOKEN 处填入图 7-20 的信息。

```
import json                                    # 导入 json 模块，用于解析和生成 JSON 数据
import requests                                # 导入 requests 库，用于发送 HTTP 请求

# 设置 EAS 服务的调用地址
EAS_ENDPOINT = "<读者自己的调用地址>"
# 设置 EAS 调用所需的 Token
EAS_TOKEN = "<读者自己的 Token 密钥>"

# 构造 EAS API 的请求 URL
url = f"{EAS_ENDPOINT}/v1/chat/completions"
# 设置 HTTP 请求头，包括内容类型和认证信息
headers = {
    "Content-Type": "application/json",        # 指定请求体的内容格式为 JSON
    "Authorization": EAS_TOKEN,  # 认证信息
}

def main():
    stream = True                              # 是否使用流式传输
    # 构造对话消息，包含系统消息和用户输入
    messages = [
        # 设定系统角色
        {"role": "system", "content": "You are a helpful assistant."},
        # 用户的输入内容
        {"role": "user", "content": "你好，下周我要去北京旅游，帮我设计一个行程吧。"},
    ]
    # 构造请求体
    # BladeLLM 默认会截断超过 max_tokens（默认值为 16）的信息，这里设置为 300，确保返回足够的内容
    req = {
        "messages": messages,                  # 发送的对话消息
        "stream": stream,                      # 是否开启流式输出
        "temperature": 0.0,                    # 设定模型的温度，数值越高，生成的内容越随机
        "top_p": 0.5,                          # 核采样参数，影响生成内容的多样性
        "top_k": 10,                           # 限制每次生成时考虑的单词数量
        "max_tokens": 300,                     # 设置生成文本的最大长度
    }
```

```python
    # 发送 POST 请求到 EAS 服务
    response = requests.post(
        url,                                  # API 请求地址
        json = req,                           # 发送的 JSON 数据
        headers = headers,                    # 请求头
        stream = stream,                      # 是否使用流式传输
    )

    if stream:                                # 处理流式响应
        for chunk in response.iter_lines(chunk_size = 8192, decode_unicode = False):
            msg = chunk.decode("utf-8")       # 解码字节流
            if msg.startswith("data"):        # 过滤掉非数据内容
                info = msg[6:]                # 提取有效数据
                if info == "[DONE]":          # 若收到结束标志，则终止循环
                    break
                else:
                    resp = json.loads(info)   # 解析 JSON 数据
                    # 打印返回的文本内容
                    print(resp["choices"][0]["delta"]["content"], end = "", flush = True)
    else:                                     # 处理非流式响应
        resp = json.loads(response.text)      # 解析 JSON 响应
        print(resp["choices"][0]["message"]["content"])          # 输出完整文本

# 入口函数，确保脚本作为主程序执行时运行 main()
if __name__ == "__main__":
    main()
```

图 7-21 是上述代码的运行结果。

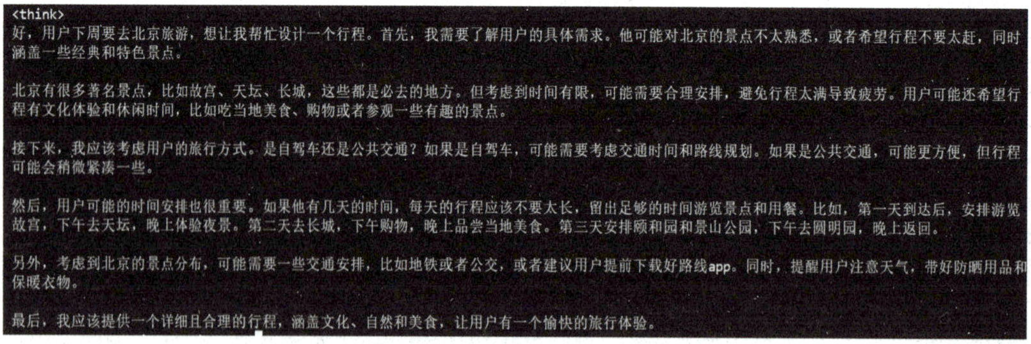

```
<think>
好，用户下周要去北京旅游，想让我帮忙设计一个行程。首先，我需要了解用户的具体需求。他可能对北京的景点不太熟悉，或者希望行程不要太赶，同时涵盖一些经典和特色景点。

北京有很多著名景点，比如故宫、天坛、长城，这些都是必去的地方。但考虑到时间有限，可能需要合理安排，避免行程太满导致疲劳。用户可能还希望行程有文化体验和休闲时间，比如吃当地美食、购物或者参观一些有趣的景点。

接下来，我应该考虑用户的旅行方式。是自驾车还是公共交通？如果是自驾车，可能需要考虑交通时间和路线规划。如果是公共交通，可能更方便，但行程可能会稍微紧凑一些。

然后，用户可能的时间安排也很重要。如果他有几天的时间，每天的行程应该不要太长，留出足够的时间游览景点和用餐。比如，第一天到达后，安排游览故宫，下午去天坛，晚上体验夜景。第二天去长城，下午购物，晚上品尝当地美食。第三天安排颐和园和景山公园，下午去圆明园，晚上返回。

另外，考虑到北京的景点分布，可能需要一些交通安排，比如地铁或者公交，或者建议用户提前下载好路线app。同时，提醒用户注意天气，带好防晒用品和保暖衣物。

最后，我应该提供一个详细且合理的行程，涵盖文化、自然和美食，让用户有一个愉快的旅行体验。
```

图 7-21　运行结果

更多信息请参考图 7-19 中“预训练模型”的模型文档。

7.3.2 腾讯云

腾讯云是国内领先的云服务提供商，为用户提供了便捷的一键部署服务，方便快速部署 DeepSeek 大模型。以下是详细的部署流程和调用方法。

1. 访问腾讯云官网

在浏览器中搜索“腾讯云”，进入腾讯云官网（如图 7-22 所示）。如果没有账号，需要先进行注册。注册完成后，单击页面中的“人工智能与机器学习”→“腾讯云 TI 平台”的“立即使用”按钮，进入 TI 平台。

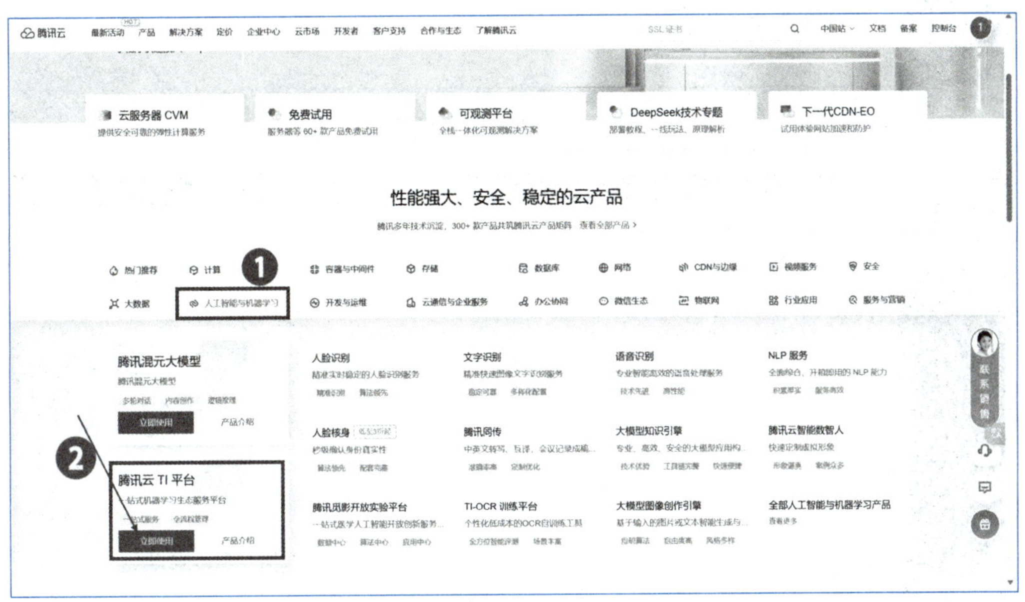

图 7-22 腾讯云官网

2. 进入 TI 平台

腾讯云 TI 平台界面如图 7-23 所示，“大模型广场”中有很多支持一键部署的大模型，单击“精选通用大模型”中的 DeepSeek 系列模型，进入 DeepSeek 模型介绍界面。

3. 选择模型并新建在线服务

图 7-24 是 DeepSeek 系列模型的详情界面，选择其中的“模型介绍”，可以在线体验腾讯云已经部署的 DeepSeek-R1 和 DeepSeek-R1-Distill-Qwen-1.5B 模型。

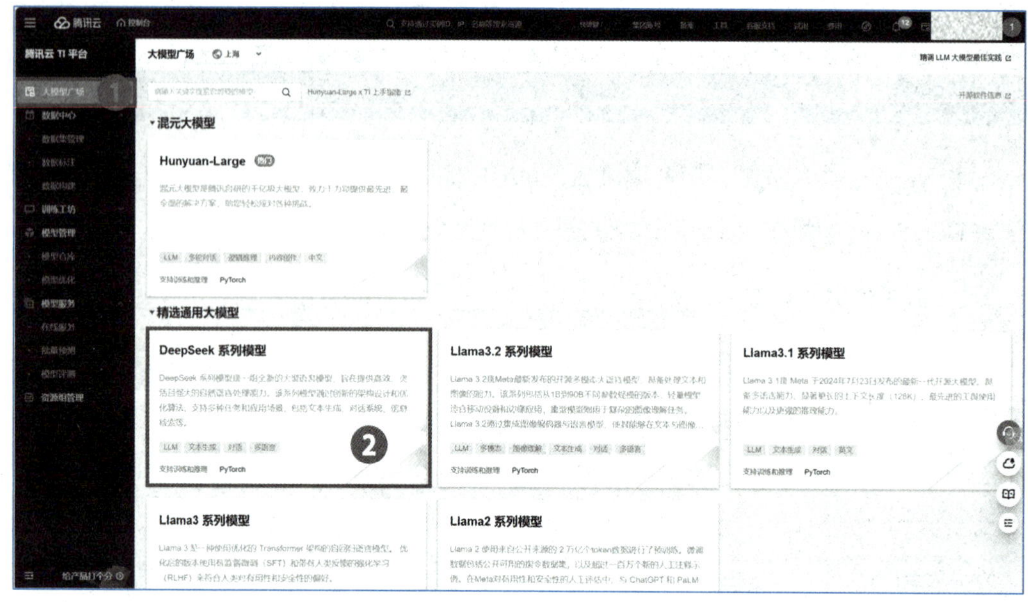

图 7-23　腾讯云 TI 平台

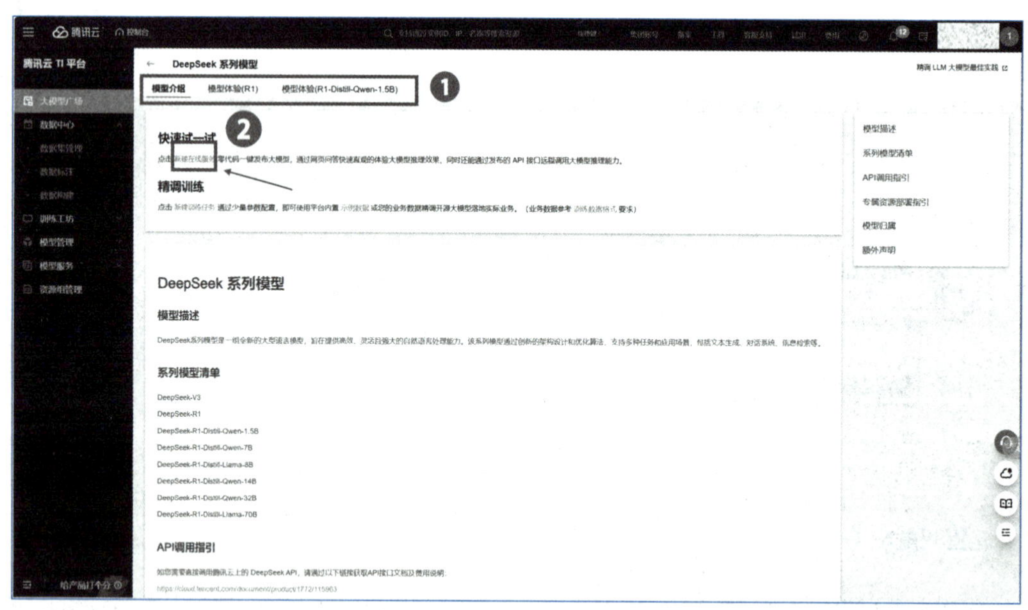

图 7-24　DeepSeek 系列模型界面

4. 模型部署

单击“快速试一试”中的“新建在线服务”链接，进入模型部署的配置界面，如图 7-25 所示，从中填写服务名称，在“机器来源”的“从 CVM 机器中选择”选项中选择“从 TIONE 平台购买”；在“计费模式”中选择“按量收费”；在“部署方式”中选择“标准部署”；在“副本设置”中，在“模型来源”中选择“镜像”，在“模型和运行环境”

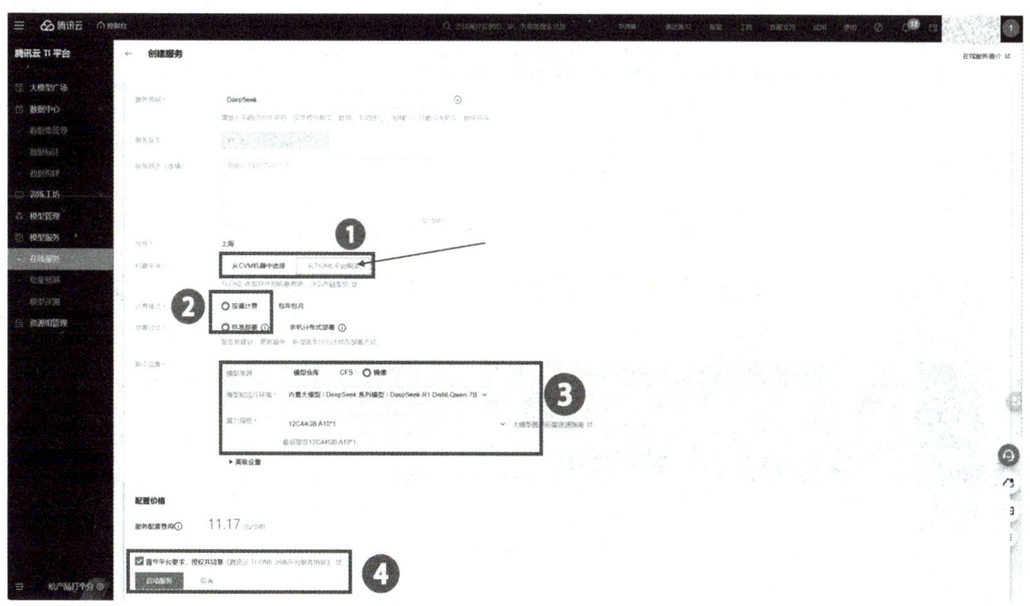

图 7-25 DeepSeek 配置界面

中选择“内置大模型/DeepSeek 系列模型/DeepSeek-R1-Distill-Qwen-7B”。

这里选择的是 DeepSeek-R1-Distill-Qwen-7B，读者可根据自己需要选择更高参数的模型。在选择需要的模型后，腾讯云会在“算力规格”选项框下面提供可参考的最低算力资源，可根据提示选择合适资源。

最后，勾选“遵守平台要求，授权并同意（腾讯云 TI-ONE 训练平台服务协议）”，单击“启动服务”。

注意：腾讯云的启动需要在账号中预留 2 小时的费用。

启动服务后，会出现如图 7-26 所示的页面，当部署的模型状态变成“运行中”时，就代表模型部署成功了。

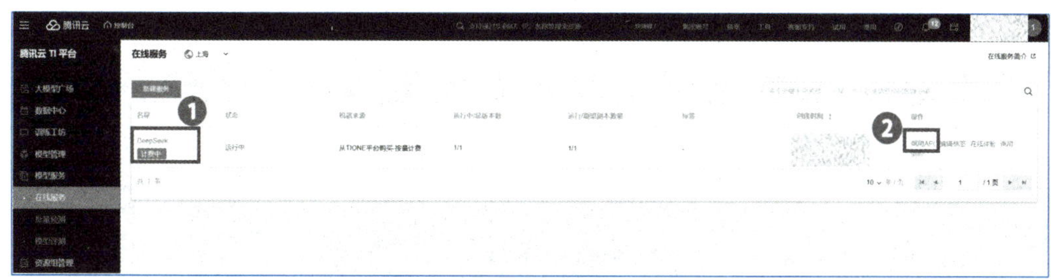

图 7-26 DeepSeek 部署状态页

5. 调用部署的模型

单击图 7-26 中的“调用 API”，可查看调用部署模型的 API 文档。读者可以参考文档进行开发。

单击“DeepSeek”按钮，进入 DeepSeek 的管理界面，如图 7-27 所示。

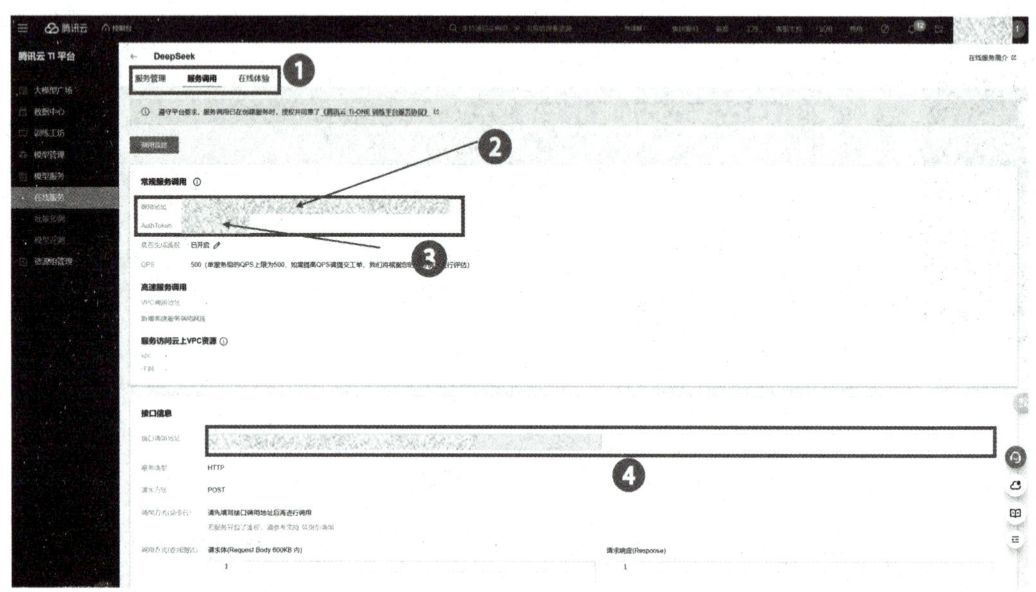

图 7-27　DeepSeek 管理界面

在导航界面中可以在线体验部署的模型。“服务调用”中的是 API 调用的必要信息。在“常规服务调用”中，“调用地址”指的是部署的模型的访问地址，“AuthToken”指的是调用大模型服务必需的 Auth Token。在“接口信息”的“接口调用地址”中，前半部分是“调用地址”所指的调用地址，腾讯云已经帮用户填好，后半部分是需要自己填的接口名，对话接口请填写“/v1/chat/completions”。

腾讯云 TI 平台为 DeepSeek 大模型配备的推理框架是 SGLang，兼容 OpenAI 接口规范，除对话接口外，更多接口请参考 SGLang 官方文档。

下面是接口中请求体的一个示例，在请求体中输入如下代码。注意，代码中的“model”字段值需要读者在自己的请求体中替换为真实有效的值。

```
{
    "model": " ms-读者自己的 Auth Token 字段值",
    "messages":
    [
```

```
        {
            "role": "user",
            "content": "描述一下你对人工智能的理解。"
        }
    ]
}
```

对于 model 字段，读者需要将 ms-xxxxxxxx 中“ms-”后的内容替换为自己的服务组 ID，即图 7-27 中的 Auth Token 字段值。对于“content”字段，读者可以填入自己定义的提示词。

输入正确的请求体后，在图 7-28 的“接口调用地址”中填入“/v1/chat/completions”。注意，填入信息的前面不能有空格等字符，否则地址信息会出错。单击“发送请求”按钮，等待一段时间，“请求响应”中会出现部署模型的返回信息。

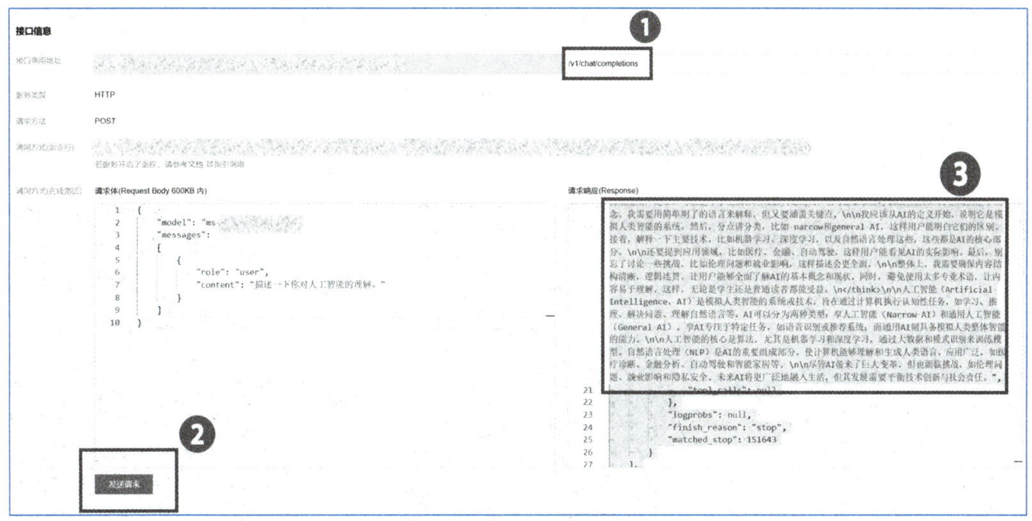

图 7-28　DeepSeek 接口调用

6. 调用模型的 API 服务

在响应成功后，可通过代码实现 API 调用。

下面是一个简单的 Python 代码调用案例。注意，在执行代码时，需要将图 7-27 的“常规服务调用”下的“是否生成鉴权”关闭，否则会出现“AuthFailure.TokenFailure”报错信息。

```
import requests
import json
```

```python
# API 地址
url = "http://读者自己的模型调用地址/v1/chat/completions"

# 请求头
headers = {"Content-Type": "application/json"}

# 请求体
payload = {
    "model": "读者自己的模型信息",
    "messages": [{"role": "user", "content": "描述一下你对人工智能的理解。"}],
}
# 发送 POST 请求
response = requests.post(url, headers = headers, data = json.dumps(payload))

# 输出响应结果
print(response.json())
```

将上述代码中的 API 地址和请求头中的 model 字段填写完毕，即可执行代码。

代码的运行结果如图 7-29 所示。

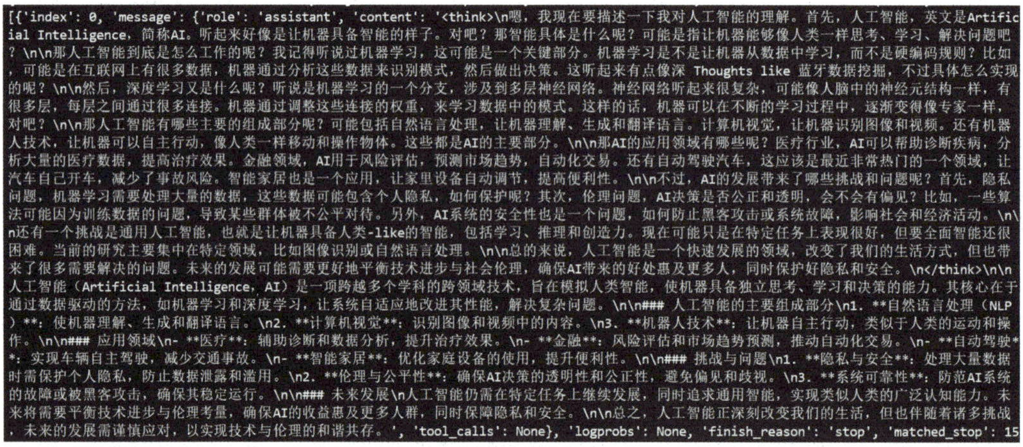

```
[{'index': 0, 'message': {'role': 'assistant', 'content': '<think>\n嗯，我现在要描述一下我对人工智能的理解。首先，人工智能，英文是Artific
ial Intelligence，简称AI。听起来好像是让机器具备智能的样子。对吧？那智能具体是什么呢？可能是指让机器能够像人类一样思考、学习、解决问题吧
？\n\n那人工智能到底是怎么工作的呢？我记得听说过机器学习，这可能是一个关键部分。机器学习是不是让机器从数据中学习，而不是硬编码规则？比如
，可能是在互联网上有很多数据，机器通过分析这些数据来识别模式，然后做出决策。这听起来有点像深 Thoughts like 蓝牙数据挖掘，不过具体怎么实现
的呢？\n\n然后，深度学习又是什么呢？听说是机器学习的一个分支，涉及到多层神经网络。神经网络听起来很复杂，可能像人脑中的神经元结构一样，有
很多层，每层之间通过很多连接。机器通过调整这些连接的权重，来学习数据中的模式。这样的话，机器可以在不断的学习过程中，逐渐变得像专家一样，
对吧？\n\n那人工智能有哪些主要的组成部分呢？可能包括自然语言处理，让机器理解、生成和翻译语言。计算机视觉，让机器识别图像和视频。还有机器
人技术，让机器可以自主行动，像人类一样移动和操作物体。这些都是AI的主要部分。\n\n那AI的应用领域有哪些呢？医疗行业，AI可以帮助诊断疾病，分
析大量的医疗数据，提高治疗效果。金融领域，AI用于风险评估，预测市场趋势，自动化交易。还有自动驾驶汽车，这应该是最近非常热门的一个领域，让
汽车自己开车，减少了事故风险。智能家居也是一个应用，让家里设备自动调节，提高便利性。\n\n不过，AI的发展带来了哪些挑战和问题呢？首先，隐私
问题，机器学习需要处理大量的数据，这些数据可能包含个人隐私，如何保护呢？其次，伦理问题，AI决策是否公正和透明，会不会有偏见？比如，一些算
法可能因为训练数据的问题，导致某些群体被不公平对待。另外，AI系统的安全性也是一个问题，如何防止黑客攻击或系统故障，影响社会和经济活动。\n\
n还有一个挑战是通用人工智能，也就是让机器具备人类-like的智能，包括学习、推理和创造力。现在可能只是在特定任务上表现很好，但要全面智能还很
困难。当前的研究主要集中在特定领域，比如图像识别或自然语言处理。\n\n总的来说，人工智能是一个快速发展的领域，改变了我们的生活方式，但也带
来了很多需要解决的问题。未来的发展可能需要更好地平衡技术进步与社会伦理，确保AI带来的好处惠及更多人，同时保护好隐私和安全。\n</think>\n\n
人工智能（Artificial Intelligence，AI）是一项跨越多个学科的跨领域技术，旨在模拟人类智能，使机器具备独立思考、学习和决策的能力。其核心在于
通过数据驱动的方法，如机器学习和深度学习，让系统自适应地改进其性能，解决复杂问题。\n\n### 人工智能的主要组成部分\n1. **自然语言处理（NLP
）**：使机器理解、生成和翻译语言。\n2. **计算机视觉**：识别图像和视频中的内容。\n3. **机器人技术**：让机器自主行动，类似于人类的运动和操
作。\n\n### 应用领域\n- **医疗**：辅助诊断和数据分析，提升治疗效果。\n- **金融**：风险评估和市场趋势预测，推动自动化交易。\n- **自动驾驶*
*：实现车辆自主驾驶，减少交通事故。\n- **智能家居**：优化家庭设备的使用，提升便利性。\n\n### 挑战与问题\n1. **隐私与安全**：处理大量数据
时需保护个人隐私，防止数据泄露和滥用。\n2. **伦理与公平性**：确保AI决策的透明性和公正性，避免偏见和歧视。\n3. **系统可靠性**：防范AI系统
的故障或被黑客攻击，确保其稳定运行。\n\n### 未来发展\n人工智能仍需在特定任务上继续发展，同时追求通用智能，实现类似人类的广泛认知能力。未
来将需要平衡技术进步与伦理考量，确保AI的收益惠及更多人群，同时保障隐私和安全。\n\n总之，人工智能正深刻改变我们的生活，但也伴随着诸多挑战
，未来的发展需谨慎应对，以实现技术与伦理的和谐共存。', 'tool_calls': None}, 'logprobs': None, 'finish_reason': 'stop', 'matched_stop': 15
```

图 7-29　代码运行结果

7.3.3　华为云

华为云是国内领先的云服务提供商，已经提供了多种预部署的模型，用户可以直接选择已部署的模型进行调用。

1. 访问华为云官网

在浏览器中搜索“华为云”，进入华为云官网（如图 7-30 所示）。初次使用需要先进行注册和实名认证，并登录账号。

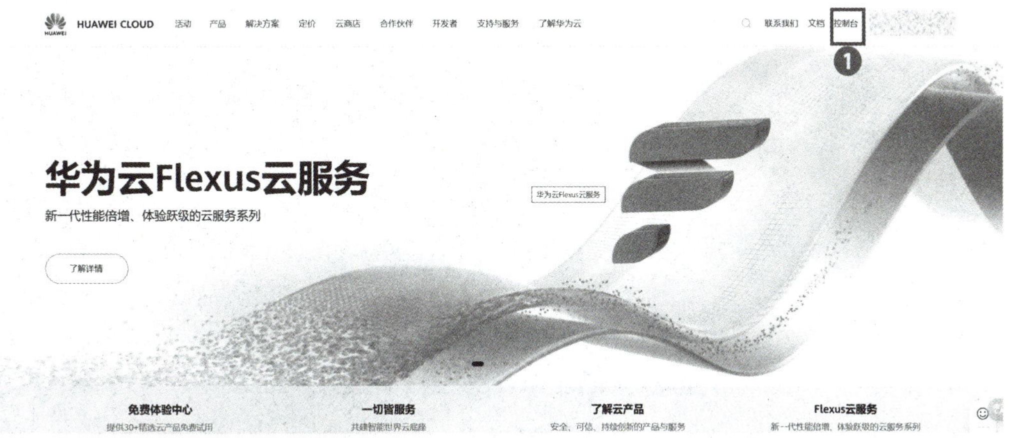

图 7-30 华为云官网

2. 进入控制台

登录后，单击图 7-30 页面上方的“控制台”按钮，进入控制台界面（如图 7-31 所示）。

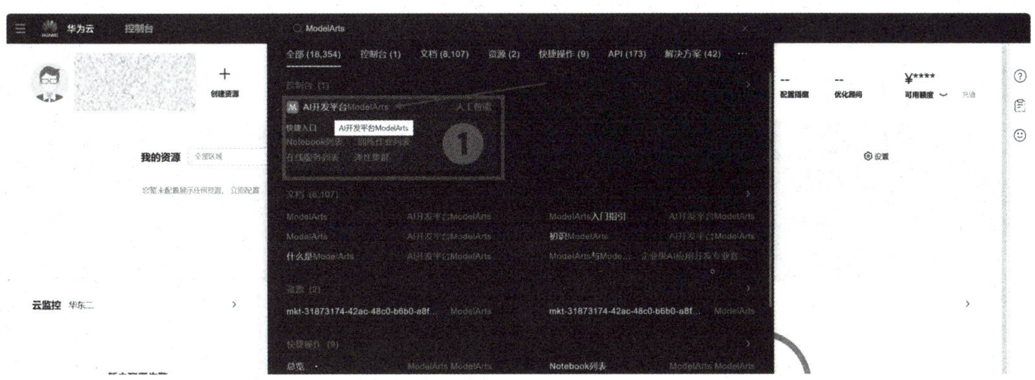

图 7-31 控制台页面

3. 进入 AI 开发平台 ModelArts

在控制台界面中单击最上方的搜索按钮，输入“ModelArts”，单击“AI 开发平台”中的“AI 开发平台 ModelArts”链接，进入华为云 AI 开发平台的界面。

图 7-32　AI 开发平台的界面

在使用华为云提供的模型服务之前，需要界面上方的地区信息切换为“华东二”或者“西南-贵阳一”，其他地区暂不支持 DeepSeek 模型服务（2025 年 3 月之前）；单击“总览”下的“ModelArts Studio”，进入 ModelArts Studio 界面，如图 7-33 所示。

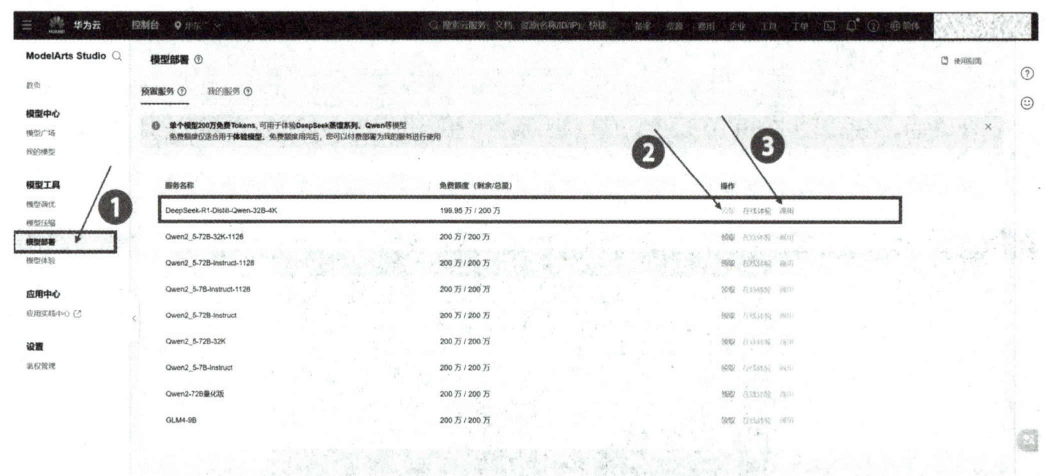

图 7-33　ModelArts Studio 界面

4. 领取免费 Token 额度并选择调用选项

华为云提供了 200 万的免费 Token 额度。在 ModelArts Studio 界面中，单击“模型部署”，然后在右侧的界面中单击“领取”，领取成功后会出现“在线体验”和“调用”选项。单击“调用”选项，出现如图 7-34 所示的“调用”界面。

图 7-34　API 调用

5. 配置 API Key 并调用模型

“调用”界面中会出现调用地址和调用的示例代码，可以使用 API 调用需要配置 API Key。单击“管理 API Key”按钮，进入 API Key 管理界面，如图 7-35 所示。

单击“签权管理”，然后在右侧单击“创建 API Key”按钮，创建 API Key，在弹出的对话框中填写相关信息，即可创建 API Key。

我们复制创建的 API Key，将如下代码中的 Authorization 替换成自己的真实 API Key，并填写图 7-34 中的 API 调用地址，即可正常运行。

```
# coding = utf-8
import requests
import json
```

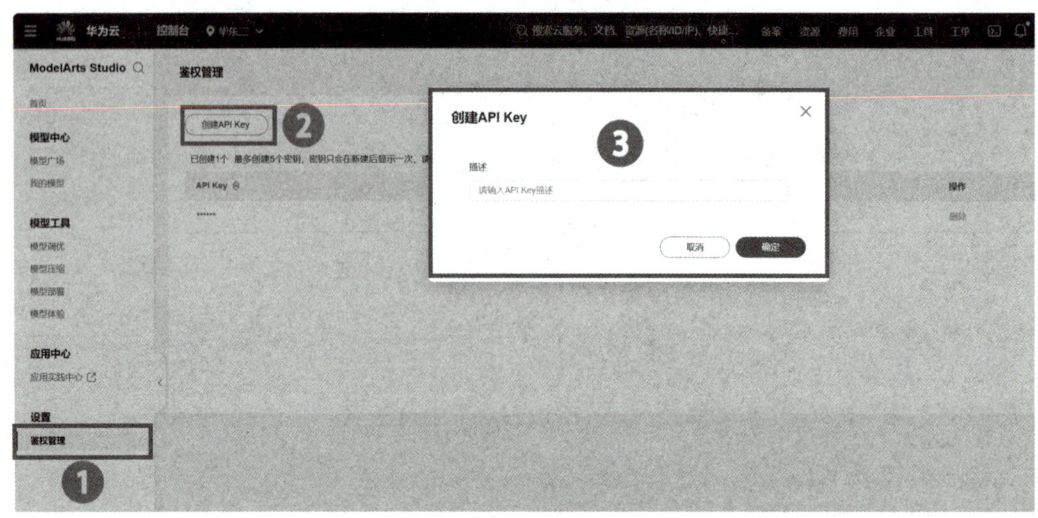

图 7-35 API Key 管理

```
if __name__ == '__main__':
    url = "读者自己的 URL 地址"
    headers = {
        'Content-Type': 'application/json',
        'Authorization': 'Bearer 读者自己的 API Key'
    }
    data = {
        "model": "DeepSeek-R1-Distill-Qwen-32B",
        "max_tokens": 20,
        "messages": [
            {"role": "system", "content": "You are a helpful assistant."},
            {"role": "user", "content": "你好，下周我将要去北京旅游，请帮我制定一份完整的旅游计划"}
        ],
        # 是否开启流式推理，默认为 False，表示不开启流式推理
        "stream": False,
        # 在流式输出时是否展示使用的 Token 数目。只有当 stream 为 True 时该参数才会生效
        "stream_options": { "include_usage": True },
        # 控制采样随机性的浮点数，值较低时模型更具确定性，值较高时模型更具创造性。默认为 1.0
        "temperature": 1.0
    }
    resp = requests.post(url, headers = headers, data = json.dumps(data), verify = False)

    print(resp.status_code)
    print(resp.text)
```

注意：如果代码中的 Max Tokens 字段过小，会导致输出结果不完整。请读者在实操时将该值调整到适合的大小，如 200。

上述代码的运行结果如图 7-36 所示。

```
"index":0,"message":{"role":"assistant","content":"<think>\n嗯，用户下周要去北京旅游，需要制定一份完整的计划。首先，我得考虑用户的需求。可能是个初次去北京的游客，时间可能不算太多，所以需要涵盖主要景点和一些推荐体验，同时还要考虑时间和行程的合理性。\n\n首先，了解北京的主要景点，故宫、天安门、天坛、颐和园这些都是必去的，然后还有胡同、北京大学、798艺术区这些地方，用户可能对历史文化、现代艺术也有兴趣。接下来，我需要把这些景点分配到不同的天数里，确保每天行程充实但不过于紧张。\n\n北京的天气可能会有变化，七月份比较热，建议提醒用户带防晒和雨具。交通方面，地铁是最佳选择，所以提醒购买交通卡。饮食方面，可以推荐一些地道的北京美食和附近的餐厅，这样用户在游览景点后方便用餐。\n\n住宿选择方面，主要景点集中在市中心，东城区和西城区都是不错的选择","tool_calls":[]},"logprobs":null,"finish_reason":"length","stop_reason":null}],"usage":{"prompt_tokens":24,"total_tokens":224,"
```

图 7-36 代码运行结果

7.3.4 火山引擎

火山引擎是字节跳动旗下的云服务平台，已经预部署了 DeepSeek-R1 模型，下面将演示如何调用火山引擎部署的模型。

1. 访问火山引擎官网

在浏览器中搜索“火山引擎”，进入火山引擎官网（如图 7-37 所示）。

图 7-37 火山引擎官网

2. 进入火山方舟一站式服务平台

依次单击“大模型”和“火山方舟”，进入“火山方舟一站式大模型开发平台”，如图 7-38 所示。

New 开通DeepSeek R1，新客限时两周5折 >

火山方舟

一站式大模型开发平台

模型能力拓展 | 专业算法服务 | 安全可信会话无痕 | 高并发算力保障

立即体验　控制台

图 7-38 火山方舟一站式大模型开发平台

3. 开通模型服务

在火山方舟一站式服务平台中，单击“立即体验”按钮，可以立即在线体验火山方舟上的所有模型；单击“控制台”按钮，进入控制台界面，如图 7-39 所示。

图 7-39 控制台界面（一）

在使用 API 服务前，需要首先开通模型。选择“开通管理”，在右侧的页面中，将 4 个 DeepSeek 模型开通。火山引擎为新用户提供了免费的 50 万 Token 额度，当使用完后，需要付费才能使用，每个选项后都有收费标准。

开通模型服务后，选择“在线推理”，在右侧页面的“预置推理接入点”中选择“自定义推理接入点”，然后单击“创建推理接入点”，如图 7-40 所示。

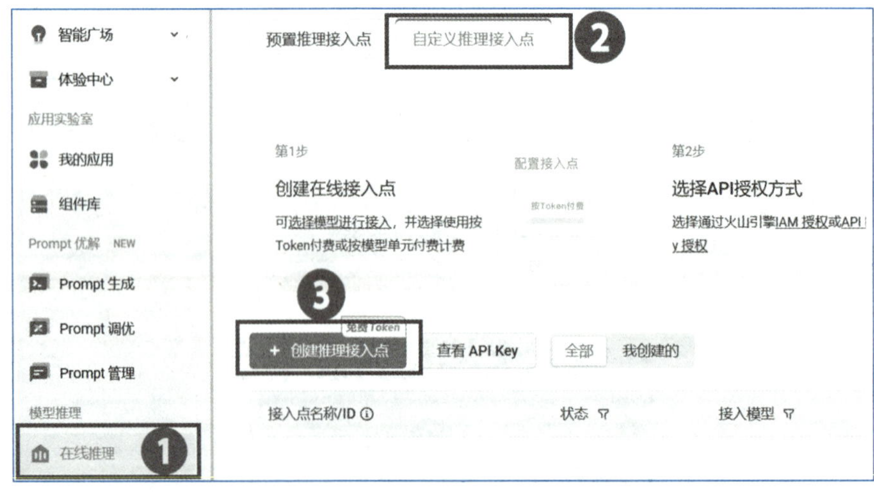

图 7-40 控制台界面（二）

4. 配置接入点并选择模型

进入的接入点配置界面（如图 7-41 所示），在“接入点名称”文本框中输入接入点名称；在“模型选择”中单击“添加模型”按钮，选择添加接入点模型。

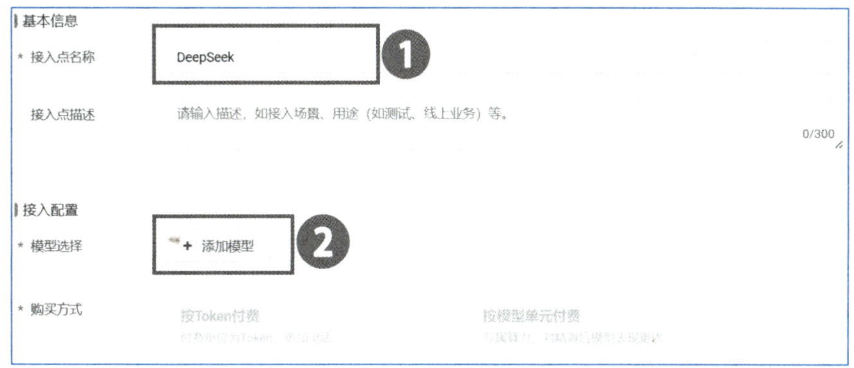

图 7-41　接入点配置界面

出现模型选择界面（如图 7-42 所示），单击“DeepSeek”，然后在“模型”下选择“DeepSeek-R1”，在“版本”下选择“250120”，单击“确定”按钮。

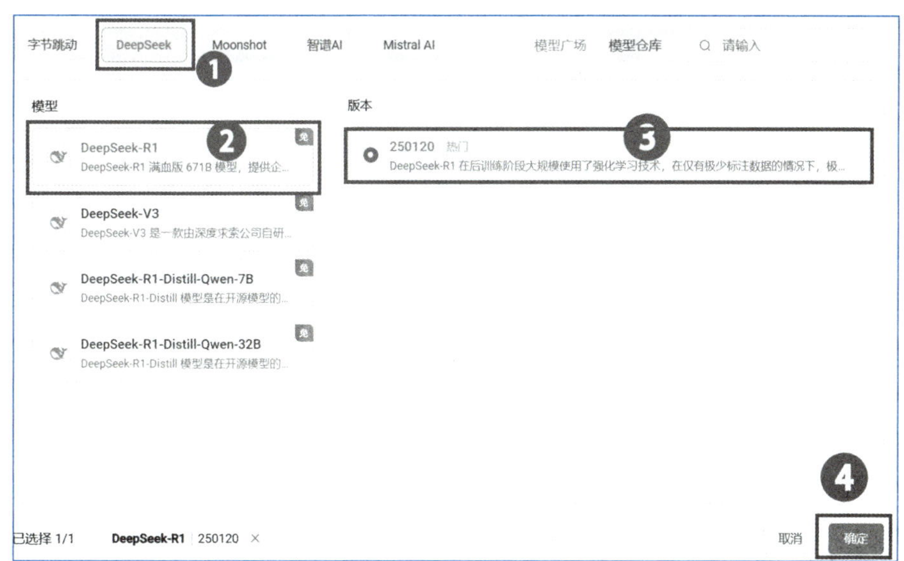

图 7-42　模型选择界面

在模型选择上可以选择 DeepSeek 的其他模型，不同模型有不同收费标准，这里选择 DeepSeek-R1 模型。

选择合适的模型后，跳转到接入点配置界面（如图 7-43 所示），“模型选择”中显示刚才选择的模型，再选择“购买方式”的“按 Token 付费”，单击“确认接入”按钮。

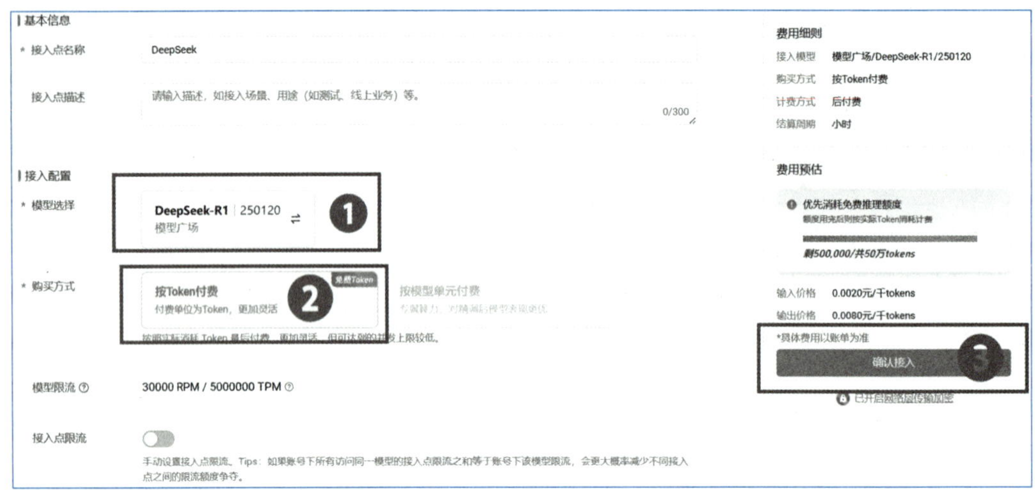

图 7-43　接入点配置

5. 配置 API Key 并调用模型

配置完成接入点后，需要配置自己的 API Key。单击“API Key 管理”，进入 API Key 管理界面，如图 7-44 所示，在“DeepSeek”下显示刚才配置的接入点名称。

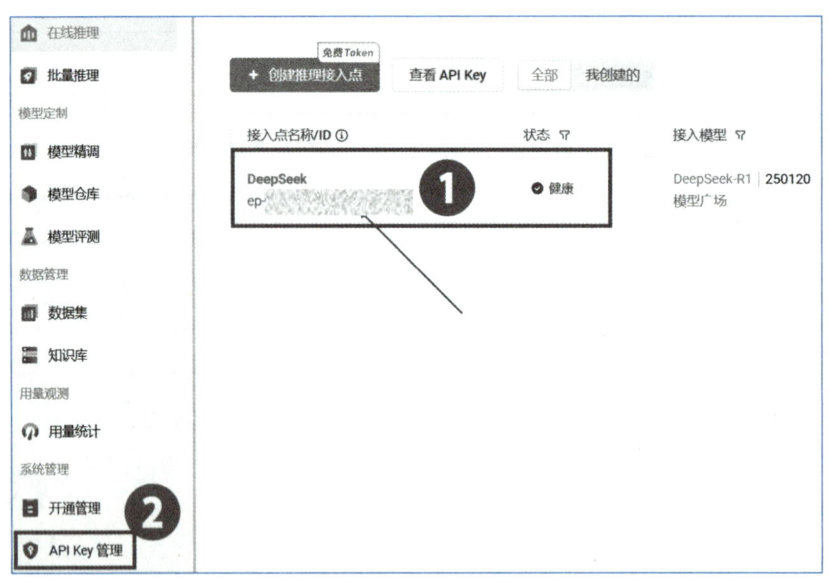

图 7-44　API Key 管理

单击“创建 API Key”按钮，弹出如图 7-45 所示的对话框，从中填写相关信息，单击“创建”按钮，即可创建成功。

复制创建的 API Key，并将其填入以下代码，即可调用模型。

图 7-45 API Key 创建

```
import os
from openai import OpenAI

client = OpenAI(
    api_key = os.environ.get("读者自己的 API Key"),
    base_url = "https://ark.cn-beijing.volces.com/api/v3",
)
# 非流式输出
print("----- standard request -----")
completion = client.chat.completions.create(
    model = "读者自己的模型 ID",
    messages = [
        {"role": "system", "content": "你是人工智能助手"},
        {"role": "user", "content": "我想要去北京旅游，请帮我制定一个旅游计划？"},
    ],
)
print(completion.choices[0].message.content)

# 流式输出
print("----- streaming request -----")
stream = client.chat.completions.create(
    model = "读者自己的模型 ID",
    messages = [
        {"role": "system", "content": "你是人工智能助手"},
        {"role": "user", "content": "我想要去北京旅游，请帮我制定一个旅游计划？"},
    ],
    stream=True
)

for chunk in stream:
    if not chunk.choices:
        continue
```

```
    print(chunk.choices[0].delta.content, end = "")
print()
```

上述代码采用了使用环境变量获得 API Key 的方法，相比较直接在代码中获得，环境变量获取方法更加安全。

在工程项目文件夹下创建 .env 文件，将获得的 API Key 添加到文件中，此时在代码中即可通过环境变量获得配置的 API Key，如图 7-46 所示。

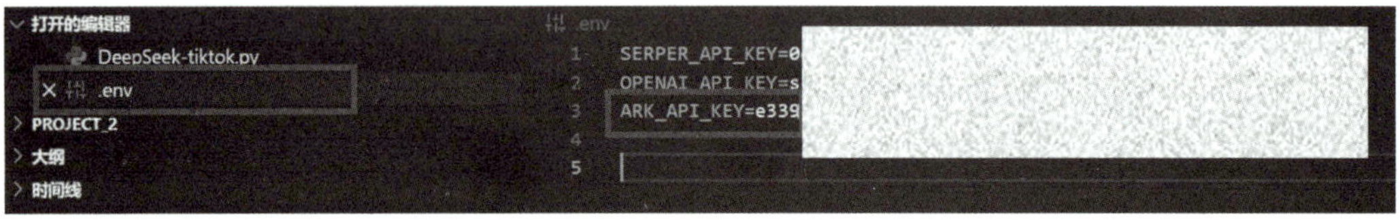

```
打开的编辑器            .env
  DeepSeek-tiktok.py    1  SERPER_API_KEY=0
× .env                  2  OPENAI_API_KEY=s
PROJECT_2               3  ARK_API_KEY=e339
大纲                    4
时间线                  5
```

图 7-46 环境变量的配置

在码中使用了两种访问 API 的方法：一种是 Standard Request，模型会在生成响应后一次性发送给用户；另一种是 Streaming Request，模型会逐步、分块地返回生成的内容，而不是等整个生成过程结束后一次性返回全部结果。

代码运行结果分别如图 7-47 和图 7-48 所示。

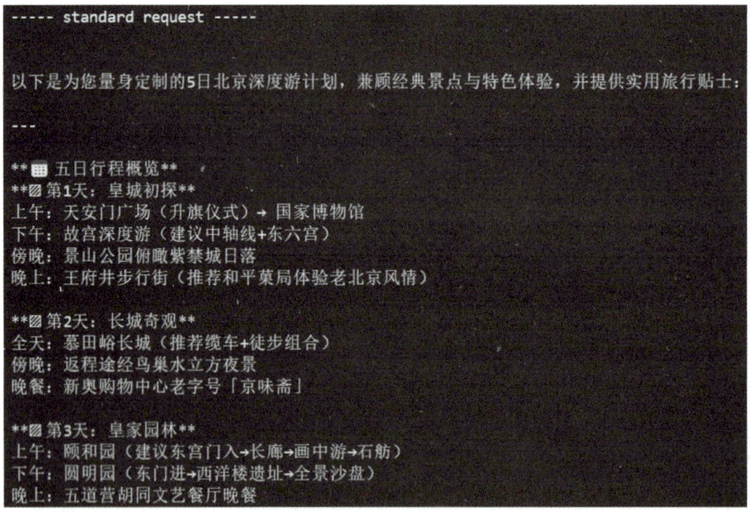

```
----- standard request -----

以下是为您量身定制的5日北京深度游计划，兼顾经典景点与特色体验，并提供实用旅行贴士：

---

** 五日行程概览**
** 第1天：皇城初探**
上午：天安门广场（升旗仪式）→ 国家博物馆
下午：故宫深度游（建议中轴线+东六宫）
傍晚：景山公园俯瞰紫禁城日落
晚上：王府井步行街（推荐和平菓局体验老北京风情）

** 第2天：长城奇观**
全天：慕田峪长城（推荐缆车+徒步组合）
傍晚：返程途经鸟巢水立方夜景
晚餐：新奥购物中心老字号「京味斋」

** 第3天：皇家园林**
上午：颐和园（建议东宫门入→长廊→画中游→石舫）
下午：圆明园（东门进→西洋楼遗址→全景沙盘）
晚上：五道营胡同文艺餐厅晚餐
```

图 7-47 标准输出

```
----- streaming request -----

以下是为您制定的5天4晚北京经典旅游计划，涵盖历史古迹、文化体验和现代都市风情，您可根据兴趣和时间调整：
```

图 7-48 流式输出

```
**Day 1: 皇城根下的历史印记**
**Day 1: 皇城根下的历史印记**
上午: 天安门广场（升旗仪式）→ 故宫博物院（建议提前7天预约）
步行路线: 从午门进→三大殿→西六宫→御花园→神武门出
上午: 天安门广场（升旗仪式）→ 故宫博物院（建议提前7天预约）
步行路线: 从午门进→三大殿→西六宫→御花园→神武门出
午餐: 故宫角楼咖啡（网红打卡）→ 四季民福烤鸭店（故宫店景观位需早到）

午餐: 故宫角楼咖啡（网红打卡）→ 四季民福烤鸭店（故宫店景观位需早到）

下午: 景山公园（俯瞰故宫全景）→ 北海公园（划船看白塔）
晚上: 王府井步行街（吴裕泰茶味冰淇淋必尝）

下午: 景山公园（俯瞰故宫全景）→ 北海公园（划船看白塔）
晚上: 王府井步行街（吴裕泰茶味冰淇淋必尝）
下午: 景山公园（俯瞰故宫全景）→ 北海公园（划船看白塔）
晚上: 王府井步行街（吴裕泰茶味冰淇淋必尝）

住宿推荐: 前门/王府井区域精品四合院酒店（400-800元/晚）
```

图 7-48　流式输出

7.3.5　AutoDL

在前面的部署和调用中，我们都是使用云服务商提供的一键部署功能或者直接调用云服务商提供的已经部署完成的 API。下面学习如何自己手动部署，以及如何调用自己部署的模型。这里租用 AutoDL 上的服务器来实现手动部署。

1. 服务器准备和模型下载

在浏览器中搜索“AutoDL”，进入其官网，如图 7-49 所示。首次使用 AutoDL 需要进行注册和登录。

图 7-49　AutoDL 官网

注册和登录成功后，单击“控制台”按钮，进入控制台界面，如图 7-50 所示；单击左侧的“容器实例”，然后在右侧的“容器示例”下单击“租用新实例”按钮，弹出新实例配置界面，如图 7-51 所示。

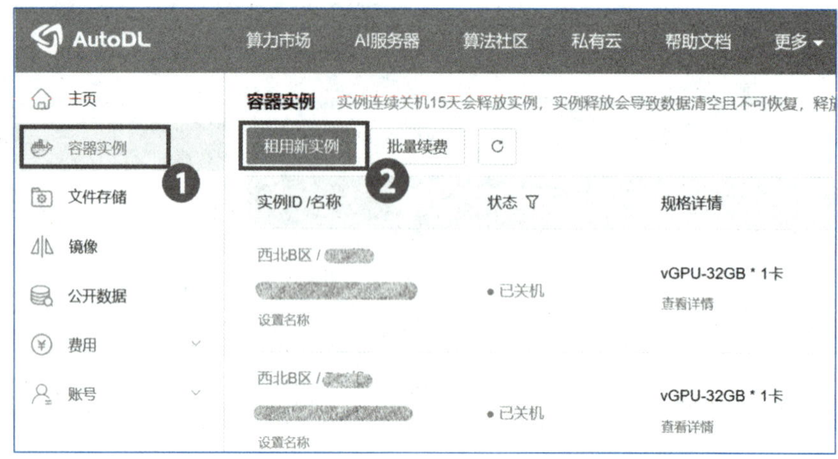

图 7-50　控制台界面

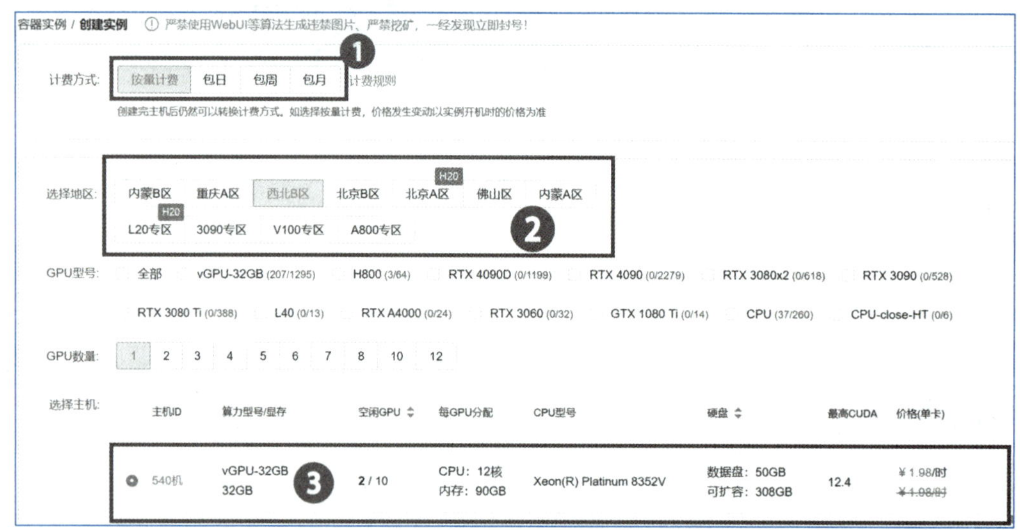

图 7-51　新实例配置界面

然后，配置自己需要的计费方式、GPU 型号和主机。本次部署选择的是"按量计费"和"西北 B 区"，算力型号为"vGPU-32GB"。

在图 7-50 选择"镜像"，出现镜像配置界面（如图 7-52 所示），选择 PyTorch 版本为 2.5.1、Python 版本为 3.12、CUDA 版本为 12.4，其他实例配置可根据自己的实际情况按需选择。最后，单击"创建实例"。

2. 启动实例

创建实例后，云服务器会自动启动，如图 7-53 所示，其中会显示登录密码和指令，可用于 SSH 登录。

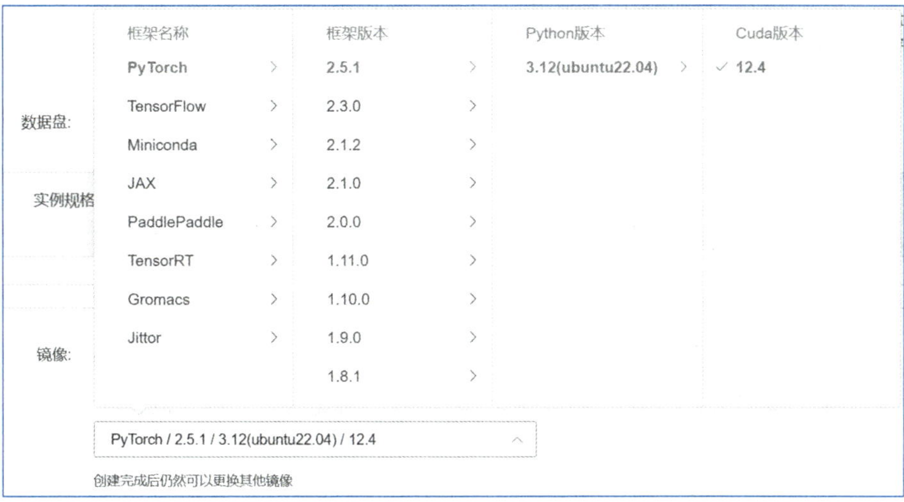

图 7-52　镜像选择

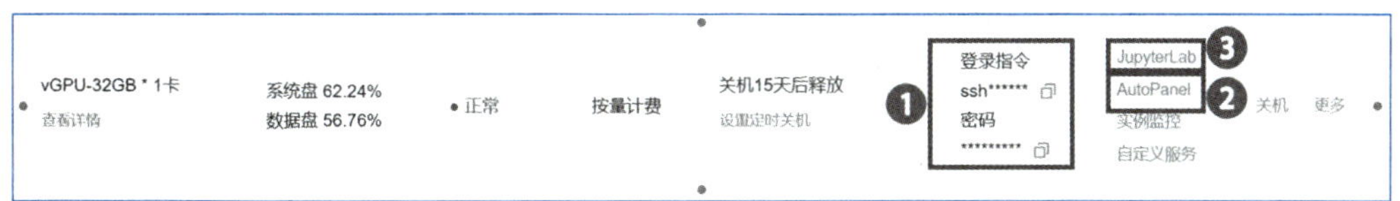

图 7-53　启动实例

这里使用 AutoDL 提供的 SSH 隧道工具代理端口到本地。该工具可在 AutoDL 文档中找到（在图 7-50 中，依次单击“帮助文档”→“最佳实践”→“SSH 隧道”）。

“JupyterLab”指的是服务器的操作界面，“AutoPanel”指的是服务器资源的监控界面，可以查看资源使用情况。单击“JupyterLab”，进入在线操作界面，如图 7-54 所示。

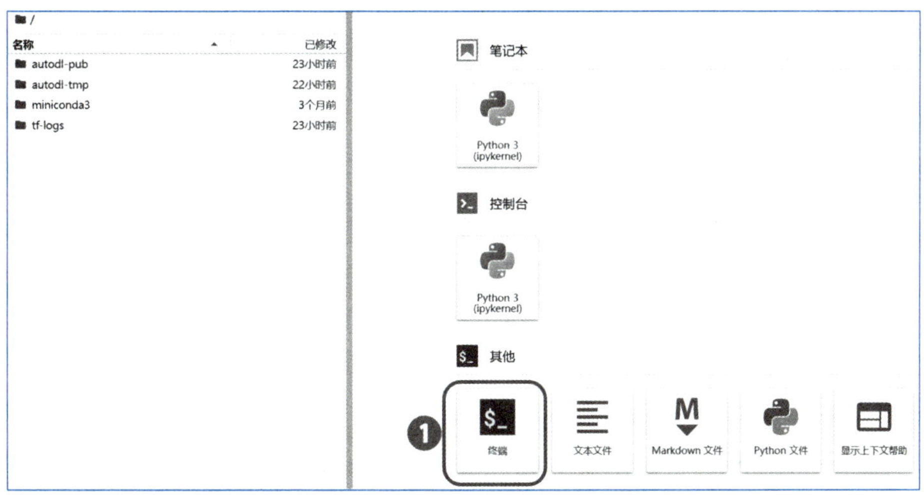

图 7-54　初始化

进入操作界面后，首先进行初始化，输入以下命令，进行初始化。

```
apt-get update
apt-get init
apt-get install git-lfs
```

在初始化完成后，我们将模型文件下载到服务器，这里选择的模型是“DeepSeek-R1-Distill-Qwen-7B”。

在终端输入以下命令：

```
cd autodl-tmp
git clone DeepSeek-R1-Distill-Qwen-7B 项目的 ModelScope 仓库地址
```

则从魔塔社区中将模型下载到 autodl-tmp 文件夹中。这个文件夹是服务器的数据盘。

3. SGLang 推理过程

我们使用 Anaconda 创建一个新的虚拟 Python 环境。

注意：SGLang 要求 Python 版本应大于 3.10 并且小于 3.13。

执行如下命令，创建虚拟环境并激活。

```
conda create -n SGLang python = 3.10 -y
conda activate SGLang
```

虚拟环境激活成功后，输出结果如图 7-55 所示。

```
(base) root@autodl-container-a3db44bd3d-65693571:~# conda activate SGLang
(SGLang) root@autodl-container-a3db44bd3d-65693571:~#
```

图 7-55　虚拟环境激活

随后，安装 SGLang 依赖包，运行以下命令：

```
pip install "sglang[all]" --find-links https://flashinfer.ai/whl/cu118/torch2.4/flashinfer/
```

如果 SGLang 安装包中的 Transformers 版本不兼容，需要重新安装 Transformers 依赖，否则会出现以下错误提示信息。

ImportError: cannot import name 'is_valid_list_of_images' from 'transformers.models.mllama.image_processing_mllama'

执行以下命令，安装 4.48.3 版的 Transformers 依赖。

```
pip install transformers == 4.48.3
```

安装成功后，即可开始使用 SGLang 部署模型，可执行如下代码启动 SGLang 服务。

```
python3 -m sglang.launch_server --model /root/autodl-tmp/DeepSeek-R1-Distill-Qwen-7B -
-trust-remote-code
```

其中，“--model”参数指定要加载的模型路径，可根据需要自己调整。除此之外，SGLang 还有其他命令（更多命令参数请参考官方文档）。例如：

- 如果启动多 GPU 张量并行，添加--tp 2。
- 如果启用多 GPU 数据并行，添加--dp 2。
- 如果在服务期间看到内存不足错误，尝试通过设置较小的--mem-fraction-static 值，减少 KV 缓存池的内存使用量。
- 如果启用 torch.compile 加速，添加--enable-torch-compile。

等待命令行出现如 7-56 所示的提示，即代表 SGLang 服务启动成功。

```
2025-03-01 17:02:23,058 - INFO - flashinfer.jit: Loading JIT ops: batch_prefill_with_kv_cache_dtype_q_bf16_dtype_kv_bf16_dtype_o_bf16_dtype_idx_i32_head_dim_qk_128_head_dim_vo_128_posenc_0_use_swa_False_use_logits_cap_False_f16qk_False
2025-03-01 17:02:51,325 - INFO - flashinfer.jit: Finished loading JIT ops: batch_prefill_with_kv_cache_dtype_q_bf16_dtype_kv_bf16_dtype_o_bf16_dtype_idx_i32_head_dim_qk_128_head_dim_vo_128_posenc_0_use_swa_False_use_logits_cap_False_f16qk_False
100%|████████████████████| 23/23 [00:38<00:00,  1.66s/it]
[2025-03-01 17:02:59 TP0] Capture cuda graph end. Time elapsed: 38.23 s
[2025-03-01 17:03:00 TP0] max_total_num_tokens=247179, chunked_prefill_size=8192, max_prefill_tokens=16384, max_running_requests=2049, context_len=131072
[2025-03-01 17:03:00]      :      Started server process [    ]
[2025-03-01 17:03:00]      :      Waiting for application startup.
[2025-03-01 17:03:00]      :      Application startup complete.
[2025-03-01 17:03:00]      :      Uvicorn running on http://127.0.0.1:30000 (Press CTRL+C to quit)
[2025-03-01 17:03:01]      :      127.0.0.1:46792 - "GET /get_model_info HTTP/1.1"
[2025-03-01 17:03:01 TP0] Prefill batch. #new-seq: 1, #new-token: 7, #cached-token: 0, cache hit rate: 0.00%, token usage: 0.00, #running-req: 0, #queue-req: 0
[2025-03-01 17:03:06]      :      127.0.0.1:46802 - "POST /generate HTTP/1.1"
[2025-03-01 17:03:06] The server is fired up and ready to roll!
```

图 7-56 SGLang 服务启动成功

SGLang 端口默认是 30000，我们需要将服务器端口代理到本地，实现远程访问。

运行官方提供的 SSH 隧道工具（如图 7-57 所示），将图 7-53 中的密码和登录指令填写到 SSH 隧道工具中，在“代理到本地端口”中填写 30000，单击“开始代理”按钮。

4. SGLang 模型调用

我们采用两种方式调用部署的模型，分别是 Web-UI 调用和 Python 程序调用。

1）Web-UI 调用

启动第 5 章学习过的 Web-UI 项目，打开 Web-UI 界面，如图 7-58 所示，单击右上角的“设置”按钮，进入如图 7-59 所示的界面。

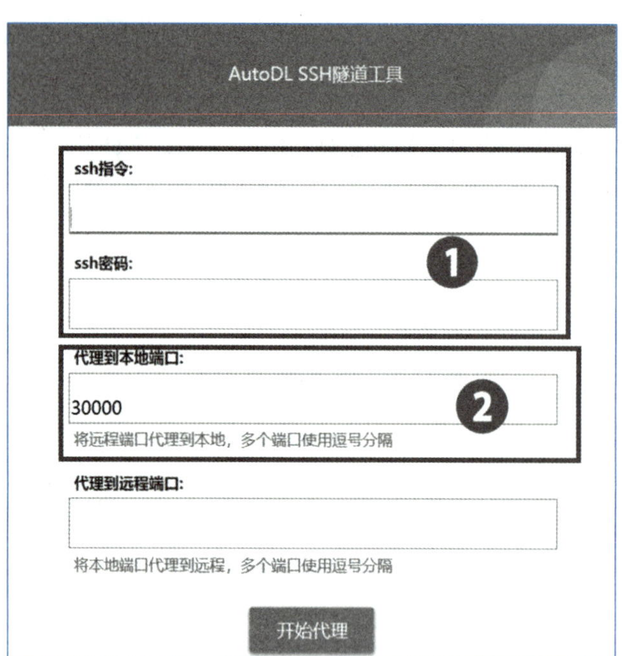

图 7-57　SSH 隧道工具

图 7-58　Web-UI 设置

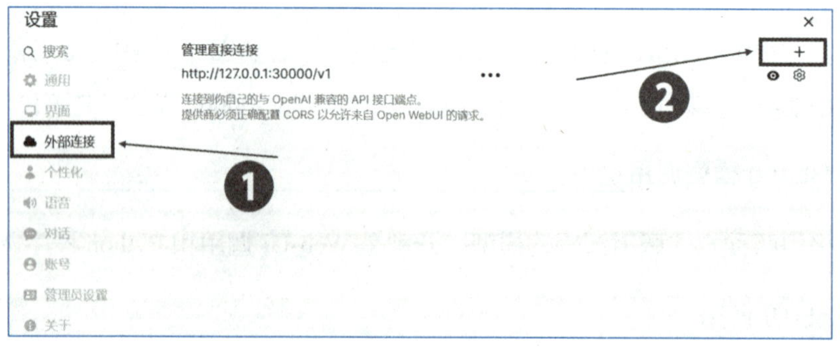

图 7-59　外部连接

单击"外部连接"，然后单击右侧的"+"按钮（见图 7-59），出现如图 7-60 所示的界面。

图 7-60　外部连接配置

填写“URL”地址，“密钥”信息可以任意写，添加一个“模型 ID”，最后单击“保存”按钮。

回到主页，如图 7-61 所示，将模型选择为我们刚才配置的模型后，即可开始对话，如图 7-62 所示。

图 7-61　模型选择

2）代码程序

SGLang 支持代码调用，下面是一个示例代码。

```
import openai

# 创建 OpenAI 客户端，指定 API 服务器地址和 API 密钥
client = openai.Client(base_url = "http://127.0.0.1:30000/v1", api_key = "EMPTY")

# 发送 ChatGPT 对话请求
response = client.chat.completions.create(
    model = "default",
    messages = [                                              # 对话历史记录
        {"role": "system", "content": "你是一个有用的助手。"},
        {"role": "user", "content": "请规划一个北京三天的旅游计划"},
    ],
```

```
    temperature = 0,
    max_tokens = 1000,               # 设定回复的最大 Token 数，限制生成内容的长度
)
print(response)
```

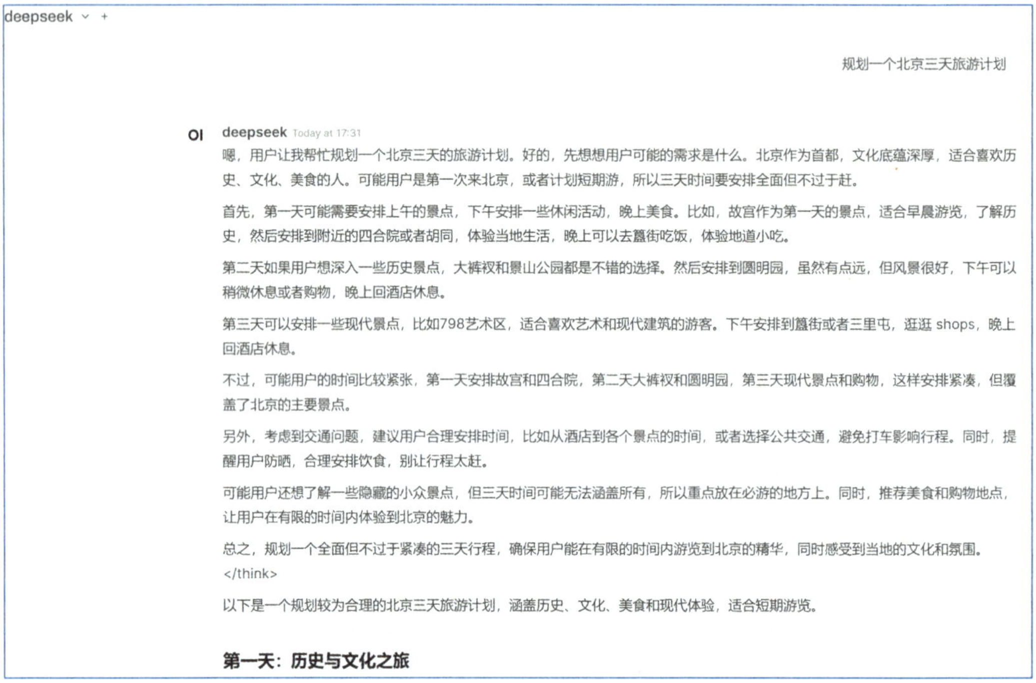

deepseek ⌄ +

规划一个北京三天旅游计划

OI deepseek Today at 17:31

嗯，用户让我帮忙规划一个北京三天的旅游计划。好的，先想想用户可能的需求是什么。北京作为首都，文化底蕴深厚，适合喜欢历史、文化、美食的人。可能用户是第一次来北京，或者计划短期游，所以三天时间要安排全面但不过于赶。

首先，第一天可能需要安排上午的景点，下午安排一些休闲活动，晚上美食。比如，故宫作为第一天的景点，适合早晨游览，了解历史，然后安排到附近的四合院或者胡同，体验当地生活，晚上可以去簋街吃饭，体验地道小吃。

第二天如果用户想深入一些历史景点，大裤衩和景山公园都是不错的选择。然后安排到圆明园，虽然有点远，但风景很好，下午可以稍微休息或者购物，晚上回酒店休息。

第三天可以安排一些现代景点，比如798艺术区，适合喜欢艺术和现代建筑的游客。下午安排到簋街或者三里屯，逛逛 shops，晚上回酒店休息。

不过，可能用户的时间比较紧张，第一天安排故宫和四合院，第二天大裤衩和圆明园，第三天现代景点和购物，这样安排紧凑，但覆盖了北京的主要景点。

另外，考虑到交通问题，建议用户合理安排时间，比如从酒店到各个景点的时间，或者选择公共交通，避免打车影响行程。同时，提醒用户防晒，合理安排饮食，别让行程太赶。

可能用户还想了解一些隐藏的小众景点，但三天时间可能无法涵盖所有，所以重点放在必游的地方上。同时，推荐美食和购物地点，让用户在有限的时间内体验到北京的魅力。

总之，规划一个全面但不过于紧凑的三天行程，确保用户能在有限的时间内游览到北京的精华，同时感受到当地的文化和氛围。
</think>

以下是一个规划较为合理的北京三天旅游计划，涵盖历史、文化、美食和现代体验，适合短期游览。

第一天：历史与文化之旅

图 7-62　模型问答

上述代码是通过 OpenAI 库来实现大模型调用的，可以根据自己需要进行修改和丰富代码。代码输出结果如图 7-63 所示。

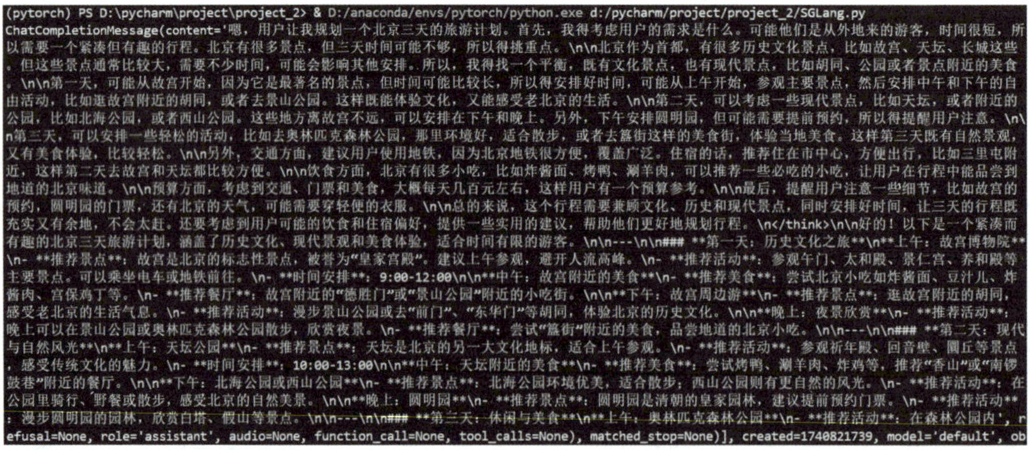

```
(pytorch) PS D:\pycharm\project\project_2> & D:/anaconda/envs/pytorch/python.exe d:/pycharm/project/project_2/SGLang.py
ChatCompletionMessage(content='嗯，用户让我规划一个北京三天的旅游计划。首先，我得考虑用户的需求是什么。可能他们是从外地来的游客，时间很短，所以需要一个紧凑但有趣的行程。北京有很多景点，但三天时间可能不够，所以得挑重点。\n\n北京作为首都，有很多历史文化景点，比如故宫、天坛、长城这些。但这些景点通常比较大，需要不少时间，可能会影响其他安排。所以，我得找一个平衡，既有文化景点，也有现代景点，比如胡同、公园或者景点附近的美食。\n\n第一天，可能从故宫开始，因为它是最著名的景点，但时间可能比较长，所以得安排好时间，可能从上午开始，参观主要景点，然后安排中午和下午的自由活动，比如逛故宫附近的胡同，或者去景山公园。这样既能体验文化，又能感受老北京的生活。\n\n第二天，可以考虑一些现代景点，比如天坛，或者附近的公园，比如北海公园，或者西山公园。这些地方离故宫不远，可以安排在下午和晚上。另外，下午安排圆明园，但可能需要提前预约，所以得提醒用户注意。\n\n第三天，可以安排一些轻松的活动，比如去奥林匹克森林公园，那里环境好，适合散步，或者去簋街这样的美食街，体验当地美食。这样第三天既有自然景观，又有美食体验，比较轻松。\n\n另外，交通方面，建议用户使用地铁，因为北京地铁很方便，覆盖广泛。住宿的话，推荐住在市中心，方便出行，比如三里屯附近，这样第二天去故宫和天坛都比较方便。\n\n饮食方面，北京有很多小吃，比如炸酱面、烤鸭、涮羊肉，可以推荐一些必吃的小吃，让用户在行程中能品尝到地道的北京味道。\n\n预算方面，考虑到交通、门票和美食，大概每天几百元左右，这样用户有一个预算参考。\n\n最后，提醒用户注意一些细节，比如故宫的预约，圆明园的门票，还有北京的天气，可能需要穿轻便的衣服。\n\n总的来说，这个行程需要兼顾文化、历史和现代景点，同时安排好时间，让三天的行程既充实又有余地，不会太赶。还要考虑到用户可能的饮食和住宿偏好，提供一些实用的建议，帮助他们更好地规划行程。\n</think>\n\n好的！以下是一个紧凑而有趣的北京三天旅游计划，涵盖了历史文化、现代景观和美食体验，适合时间有限的游客。\n\n---\n\n### **第一天：历史文化之旅**\n**上午：故宫博物院**\n- **推荐景点**：故宫是北京的标志性景点，被誉为"皇家宫殿"。建议上午参观，避开人流高峰。\n- **推荐活动**：参观午门、太和殿、景仁宫、养和殿等主要景点。可以乘坐电车或地铁前往。\n- **时间安排**：9:00-12:00\n\n**中午：故宫附近的美食**\n- **推荐美食**：尝试北京小吃如炸酱面、豆汁儿、炸酱肉、宫保鸡丁等。\n- **推荐餐厅**：故宫附近的"德胜门"或"景山公园"附近的小吃街。\n\n**下午：故宫周边游**\n- **推荐景点**：逛故宫附近的胡同，感受老北京的生活气息。\n- **推荐活动**：漫步景山公园或去"前门"、"东华门"等胡同，体验北京的历史文化。\n\n**晚上：夜景欣赏**\n- **推荐活动**：晚上可以在景山公园或奥林匹克森林公园散步，欣赏夜景。\n- **推荐餐厅**：尝试"簋街"附近的美食，品尝地道的北京小吃。\n\n---\n\n### **第二天：现代与自然风光**\n**上午：天坛公园**\n- **推荐景点**：天坛是北京的另一大文化地标，适合上午参观。\n- **推荐活动**：参观祈年殿、回音壁、圜丘等景点，感受传统文化的魅力。\n- **时间安排**：10:00-13:00\n\n**中午：天坛附近的美食**\n- **推荐美食**：尝试烤鸭、涮羊肉、炸鸡等，推荐"香山"或"南锣鼓巷"附近的餐厅。\n\n**下午：北海公园或西山公园**\n- **推荐景点**：北海公园环境优美，适合散步；西山公园则有更自然的风光。\n- **推荐活动**：在公园里骑行、野餐或散步，感受北京的自然美景。\n\n**晚上：圆明园**\n- **推荐景点**：圆明园是清朝的皇家园林，建议提前预约门票。\n- **推荐活动**：漫步圆明园的园林，欣赏白塔、假山等景点。\n\n---\n\n### **第三天：休闲与美食**\n**上午：奥林匹克森林公园**\n- **推荐活动**：在森林公园内', refusal=None, role='assistant', audio=None, function_call=None, tool_calls=None), matched_stop=None)], created=1740821739, model='default', ob
```

图 7-63　SGLang 代码输出结果

5. vLLM 调用

与 SGLang 相同，我们也可以通过 vLLM 实现大模型部署。

首先，创建一个新的虚拟环境，运行如下代码：

```
pip install vllm
```

vLLM 安装较为简单，等待执行结束，即为安装成功。

然后，输入如下指令，启动 vLLM 服务：

```
vllm serve /root/autodl-tmp/DeepSeek-R1-Distill-Qwen-7B --max-model-len 32768 --enforce-eager
```

“/root/autodl-tmp/DeepSeek-R1-Distill-Qwen-7B”为模型的加载路径，“--max-model-len 32768”为模型的最大上下文长度，“--enforce-eager”强制使用即时执行模式。

当出现如图 7-64 所示的内容时，代表 vLLM 启动成功。

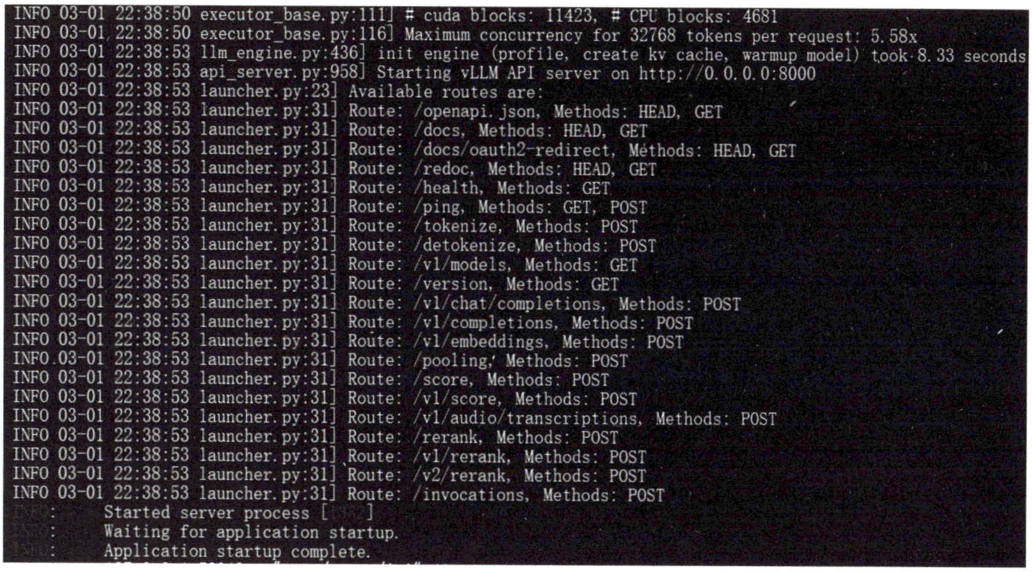

```
INFO 03-01 22:38:50 executor_base.py:111] # cuda blocks: 11423, # CPU blocks: 4681
INFO 03-01 22:38:50 executor_base.py:116] Maximum concurrency for 32768 tokens per request: 5.58x
INFO 03-01 22:38:53 llm_engine.py:436] init engine (profile, create kv cache, warmup model) took 8.33 seconds
INFO 03-01 22:38:53 api_server.py:958] Starting vLLM API server on http://0.0.0.0:8000
INFO 03-01 22:38:53 launcher.py:23] Available routes are:
INFO 03-01 22:38:53 launcher.py:31] Route: /openapi.json, Methods: HEAD, GET
INFO 03-01 22:38:53 launcher.py:31] Route: /docs, Methods: HEAD, GET
INFO 03-01 22:38:53 launcher.py:31] Route: /docs/oauth2-redirect, Methods: HEAD, GET
INFO 03-01 22:38:53 launcher.py:31] Route: /redoc, Methods: HEAD, GET
INFO 03-01 22:38:53 launcher.py:31] Route: /health, Methods: GET
INFO 03-01 22:38:53 launcher.py:31] Route: /ping, Methods: GET, POST
INFO 03-01 22:38:53 launcher.py:31] Route: /tokenize, Methods: POST
INFO 03-01 22:38:53 launcher.py:31] Route: /detokenize, Methods: POST
INFO 03-01 22:38:53 launcher.py:31] Route: /v1/models, Methods: GET
INFO 03-01 22:38:53 launcher.py:31] Route: /version, Methods: GET
INFO 03-01 22:38:53 launcher.py:31] Route: /v1/chat/completions, Methods: POST
INFO 03-01 22:38:53 launcher.py:31] Route: /v1/completions, Methods: POST
INFO 03-01 22:38:53 launcher.py:31] Route: /v1/embeddings, Methods: POST
INFO 03-01 22:38:53 launcher.py:31] Route: /pooling, Methods: POST
INFO 03-01 22:38:53 launcher.py:31] Route: /score, Methods: POST
INFO 03-01 22:38:53 launcher.py:31] Route: /v1/score, Methods: POST
INFO 03-01 22:38:53 launcher.py:31] Route: /v1/audio/transcriptions, Methods: POST
INFO 03-01 22:38:53 launcher.py:31] Route: /rerank, Methods: POST
INFO 03-01 22:38:53 launcher.py:31] Route: /v1/rerank, Methods: POST
INFO 03-01 22:38:53 launcher.py:31] Route: /v2/rerank, Methods: POST
INFO 03-01 22:38:53 launcher.py:31] Route: /invocations, Methods: POST
      :     Started server process [     ]
      :     Waiting for application startup.
      :     Application startup complete.
```

图 7-64 vLLM 启动成功

与 SGLang 相同，我们使用 SSH 隧道工具，将代理端口修改为 8000。vLLM 也支持 Web-UI 调用（5.5.1 节详细介绍了 Web-UI 项目的安装和启动流程）和 Python 代码调用。

1）Web-UI

与 SGLang 相同，我们需要将图 7-60 中的信息补充完整，如图 7-65 所示。

图 7-65　Web-UI 模型配置

注意：vLLM 需要指明模型名称，模型名称是我们执行 vLLM 启动命令的模型加载路径。

保存配置信息，在图 7-65 中选择配置的模型，即可开启对话，如图 7-66 所示。

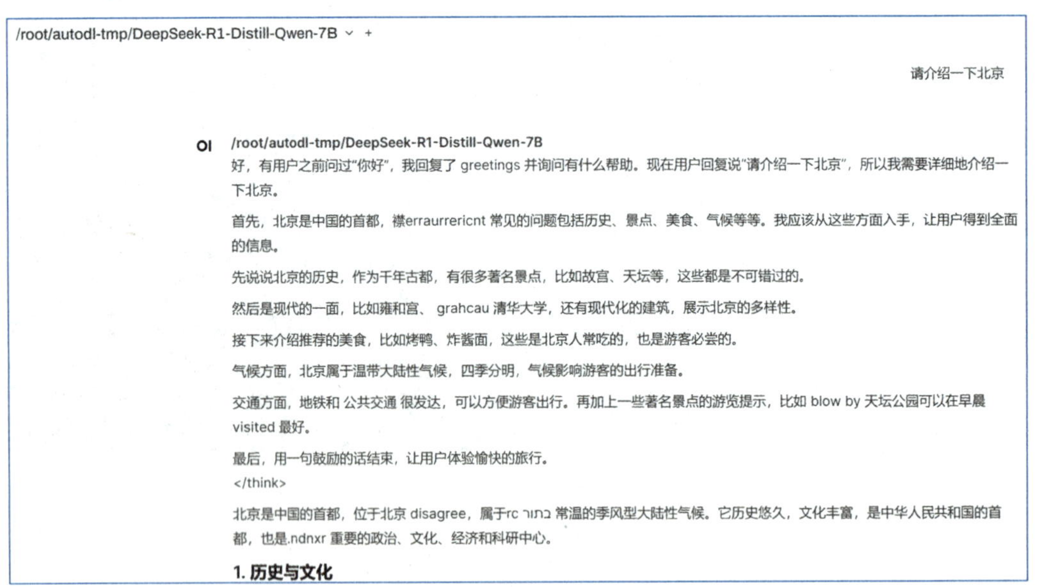

图 7-66　模型响应结果

2）代码调用

vLLM 的调用与 SGLang 相似，都支持 OpenAI 的调用方式，示例代码如下。

```
from openai import OpenAI

# 配置 OpenAI API 密钥和 Base URL，以连接 vLLM 服务
openai_api_key = "EMPTY"                # vLLM 服务不需要 API 密钥，因此可以使用任意字符串
# 设定 vLLM 服务器的 API 地址，请确保端口号与启动 vLLM 时一致
openai_api_base = "http://localhost:8000/v1"

client = OpenAI(
    api_key = openai_api_key,           # 传入 API 密钥（vLLM 可以忽略）
    base_url = openai_api_base,         # 指定 vLLM 服务器地址
)

# 发送 ChatGPT 对话请求
response = client.chat.completions.create(
    # 指定要使用的模型路径（本地存储的 vLLM 兼容模型）
    model = "/root/autodl-tmp/DeepSeek-R1-Distill-Qwen-7B",
    messages = [
        # 设定 AI 助手的角色和行为
        {"role": "system", "content": "你是一个有用的助手。"},
        # 用户输入请求
        {"role": "user", "content": "请规划一个哈尔滨三天的旅游计划"},
    ],
    temperature = 0,
    max_tokens = 10000,
)

# 打印完整的 API 响应
print(response)

# 提取并打印 AI 生成的回答内容
print(response.choices[0].message.content)          # 输出模型的最终回答文本
```

运行结果如图 7-67 所示。

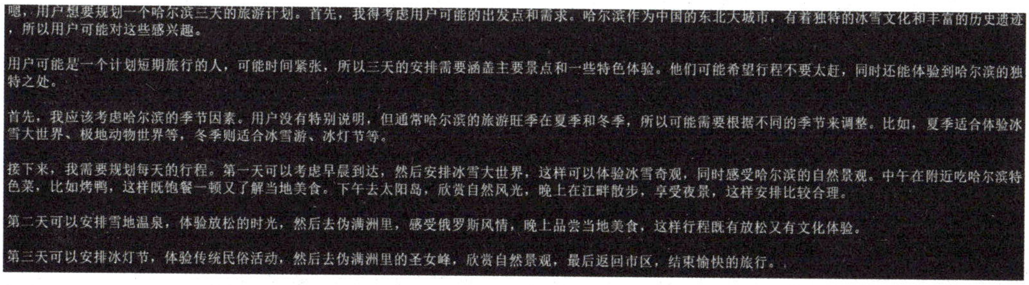

```
嗯，用户想要规划一个哈尔滨三天的旅游计划。首先，我得考虑用户可能的出发点和需求。哈尔滨作为中国的东北大城市，有着独特的冰雪文化和丰富的历史遗迹，所以用户可能对这些感兴趣。

用户可能是一个计划短期旅行的人，可能时间紧张，所以三天的安排需要涵盖主要景点和一些特色体验。他们可能希望行程不要太赶，同时还能体验到哈尔滨的独特之处。

首先，我应该考虑哈尔滨的季节因素。用户没有特别说明，但通常哈尔滨的旅游旺季在夏季和冬季，所以可能需要根据不同的季节来调整。比如，夏季适合体验冰雪大世界、极地动物世界等，冬季则适合冰雪游、冰灯节等。

接下来，我需要规划每天的行程。第一天可以考虑早晨到达，然后安排冰雪大世界，这样可以体验冰雪奇观，同时感受哈尔滨的自然景观。中午在附近吃哈尔滨特色菜，比如烤鸭，这样既饱餐一顿又了解当地美食。下午去太阳岛，欣赏自然风光，晚上在江畔散步，享受夜景，这样安排比较合理。

第二天可以安排雪地温泉，体验放松的时光，然后去伪满洲里，感受俄罗斯风情，晚上品尝当地美食，这样行程既有放松又有文化体验。

第三天可以安排冰灯节，体验传统民俗活动，然后去伪满洲里的圣女峰，欣赏自然景观，最后返回市区，结束愉快的旅行。
```

图 7-67　代码运行结果

```
另外，考虑到用户可能对交通和住宿有需求，可以建议住在市中心，方便出行，同时推荐一些附近的景点，方便步行或短途出行。

最后，提醒用户注意保暖和防晒，这样在旅游中更安全舒适。整个计划需要平衡景点游览和休闲娱乐，让用户在三天内充分体验哈尔滨的魅力。
</think>

哈尔滨是一个充满冰雪魅力的城市，拥有丰富的历史文化和独特的自然风光。以下是一个三天的旅游计划，涵盖了哈尔滨的主要景点和特色体验：
```

图 7-67　代码运行结果（续）

小　结 

本章围绕云服务部署的优势、模型推理加速框架、DeepSeek 云服务的常见部署方式展开讨论。通过系统学习，读者将全面了解云端部署的优势、模型推理加速的技术手段，以及不同云平台的部署方案，为后续的实际应用提供参考。

首先，分析了云服务部署的主要优势，包括计算资源的弹性扩展、成本优化、维护便捷性以及对大规模推理任务的支持。云服务通过按需分配资源，能够灵活应对业务需求的变化，同时显著降低硬件投入和运维成本。这些优势使得云服务成为企业部署大模型的理想选择。

然后，介绍了 3 种主流的模型推理加速框架，如阿里云的 BladeLLM、SGLang 和 vLLM。这些工具能够有效提升大模型推理的效率，减少延迟，优化计算资源的利用率。

最后，介绍了 DeepSeek 模型在各大云服务平台的常见部署方式，包括阿里云、腾讯云、华为云、火山引擎和 AutoDL 等。这些云平台各具特色，提供不同的算力资源和优化方案，可以帮助用户高效地部署和运行大模型推理任务。通过详细的部署步骤和调用示例，读者可以快速上手，实现模型的云端部署和调用。

通过本章学习，读者可以全面了解云端部署的优势、模型推理加速的技术手段，以及不同云平台的部署方案。利用云服务的弹性扩展和成本优化特性，结合高效的推理加速框架，大模型的部署和运行更加高效和经济。不同云平台的多样化支持也为用户提供了丰富的选择。这些内容将为读者后续的实际应用提供宝贵的参考，帮助他们在实际项目中快速实现大模型的部署和应用。

第 8 章

DeepSeek 模型训练

前文介绍的 API 调用和云服务部署方式，都是直接使用未经过训练的 DeepSeek 模型。如果企业内部的业务相对垂直，就可以对模型进行针对性微调，以更好完成相关业务。为了高效地训练和部署 DeepSeek 模型，本章将详细探讨硬件需求、软件环境配置、常用训练框架（如 Unsloth 和 TRL）的使用方法，通过具体案例介绍如何训练数据进行推理，如何对 DeepSeek 模型进行微调。

8.1 常用训练框架

本节将学习两个常用的大模型训练框架：Unsloth、TRL。它们可以大大降低模型的训练难度。

8.1.1 Unsloth

Unsloth 是一个专注于优化大语言模型微调的开源框架，通过一系列技术创新，显著提高了微调过程的速度和效率，同时降低了显存对硬件资源的需求。

Unsloth 的特点如下。

1. 显著提升训练速度

对于部分大语言模型，Unsloth 可以将模型的微调速度提升 2～5 倍。例如，原本需要 85 小时的 Alpaca 模型微调，使用 Unsloth 只需 3 小时。

2. 大幅降低内存使用

Unsloth 通过优化的注意力机制和量化技术，将 GPU 显存使用量减少 60%～80%。这使得开发者可以在消费级 GPU 上进行高效的模型训练。

3. 无缝集成 LoRA

Unsloth 支持 LoRA（Low-Rank Adaptation，低秩适配）技术（一种模型微调技术，能显著降低模型训练所需的显存资源），通过在预训练模型中添加轻量级的适配器层，进一步提高微调的效率，不仅减少了训练所需的计算资源，还可以根据不同的任务需求灵活切换适配器。

4. 易于使用和集成

Unsloth 提供了简洁的 API 和详细的文档，开发者可以将其集成到现有的工作流中。此外，它提供了 Google Colab 和 Kaggle 的示例代码，方便用户快速上手。

8.2 节会使用 Unsloth 对 DeepSeek-R1-Distill-Llama-8B 进行微调训练，便于读者更好地去理解和使用 Unsloth。

8.1.2 TRL

TRL（Transformer Reinforcement Learning，Transformer 强化学习）是一个基于强化学习的开源工具库，专门用于训练和微调 Transformer 语言模型和扩散模型。它提供了一套完整的工具链，涵盖了从监督微调到奖励建模，再到近端策略优化训练的整个流程。TRL 库建立在 Hugging Face 的 Transformer 库之上，因此可以直接加载预训练语言模型，并支持大多数解码器架构和编码器 - 解码器架构。

下面从 TRL 的主要特色、训练器两方面进行详细阐述。

1. 主要特色

TRL 的主要特色是高效性、可扩展性和易用性。

首先，TRL 的高效性和可扩展性体现在它能够灵活地从单 GPU 扩展到多节点集群，利用了 Accelerate 库，支持分布式数据并行和 DeepSpeed 等先进技术，从而大大提升了训练效率。此外，TRL 与 PEFT（Parameter-Efficient Fine-Tuning，参数高效微调）技术完全集成，通过量化和低秩适应（LoRA/QLoRA）技术，使得在普通硬件上训练大型模型成为可能。例如，即使在普通的家用 PC 上，用户也可以通过 TRL 训练出高质量的语言模型。

其次，TRL 集成了 Unsloth，利用其优化核心进一步加速训练过程。这意味着用户可以在更短的时间内完成模型训练，节省大量时间和资源。为了方便用户使用，TRL 提供了命令行界面，用户无须编写代码即可微调模型并与模型交互。这种设计使得 TRL 成为一个功能强大且易于使用的工具。

2. 训练器

TRL 提供了多种训练器，每种训练器都针对特定的微调方法进行了优化。例如，

SFTTrainer 用于监督微调，是训练模型适应特定任务的基础方法；DPOTrainer 用于 DPO（Direct Preference Optimization，直接偏好优化）训练，能够根据用户偏好调整模型输出；RewardTrainer 用于 RM（Reward Model，奖励建模），通过奖励信号指导模型学习；GRPOTrainer 用于通过 GRPO 方法训练模型。

其次，TRL 提供了预定义的模型类，这些模型类专门用于简化大语言模型的强化学习过程。通过这些预定义的模型类，用户可以将强化学习技术应用到语言模型中，而无须从头开始编写复杂的代码。这些训练器和模型类的设计使得用户能够灵活地控制训练过程，并在自定义数据集上对语言模型或 PEFT 适配器进行训练。

8.2 DeepSeek 模型的 SFT 训练 

在大模型的训练和微调过程中，强大的硬件资源是必不可少的。一般，租用算力平台是一种高效且经济的方式。本节以 AutoDL 算力云为例，详细介绍如何租用硬件资源并进行模型微调。

8.2.1 算力租用

为了更好地进行模型训练，读者可以按需选择一个可靠的算力平台。这里使用的算力平台是 AutoDL 算力云，它提供了丰富的 GPU 资源，适合大模型的训练和微调。

访问 AutoDL 官网并注册账号后，进入算力市场，选择适合本次训练的硬件配置，如图 8-1 所示。例如，选择 RTX 4090/24GB 显卡，能够满足大多数大模型的训练需求。

图 8-1　AutoDL 算力选择

单击“1 卡可租”按钮，选择合适的镜像，推荐使用 PyTorch 框架的 2.3.0 版本、Python 的 3.12 版本和 CUDA 的 12.1 版本（如图 8-2 所示），这些配置能够确保训练过程的高效运行。完成镜像选择后，单击“创建”按钮，等待环境搭建完成。

选择主机:	主机ID	算力型号/显存	空闲GPU	每GPU分配	CPU型号	硬盘	最高CUDA
	067机	RTX 4090 24GB	0 / 8	CPU：16核 内存：120GB	Xeon(R) Platinum 8352V	数据盘：50GB 可扩容：192GB	12.6

GPU数量:
数据盘:
实例规格
镜像:

框架名称	框架版本	Python版本	Cuda版本
PyTorch	2.5.1	3.12(ubuntu22.04)	12.1
TensorFlow	2.3.0		
Miniconda	2.1.2		
JAX	2.1.0		
PaddlePaddle	2.0.0		
TensorRT	1.11.0		
Gromacs	1.10.0		
Jittor	1.9.0		
	1.8.1		

PyTorch / 2.3.0 / 3.12(ubuntu22.04) / 12.1

图 8-2　AutoDL 镜像选择界面

单击图 8-3 所示的“JupyterLab”，进入操作界面，如图 8-4 所示，左侧是文件资源界面，右侧是指令终端界面。

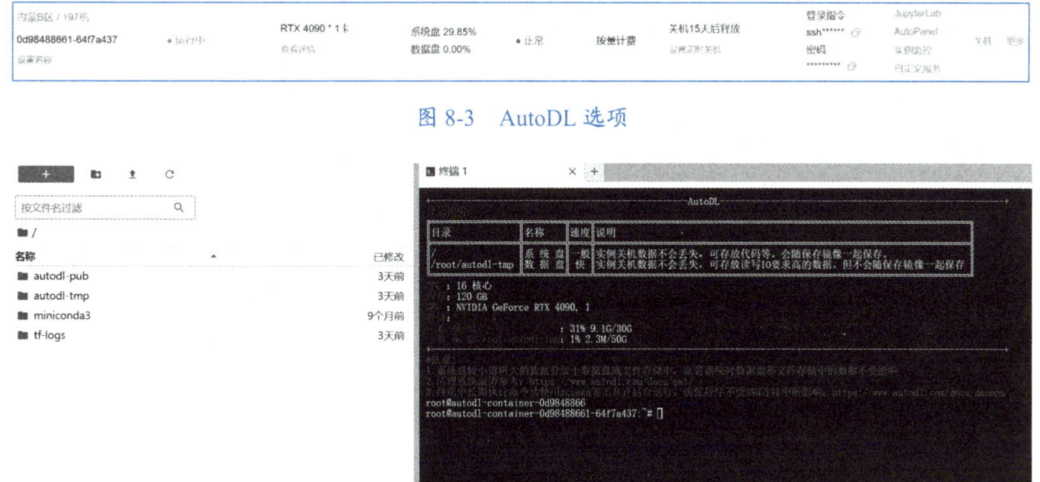

图 8-3　AutoDL 选项

图 8-4　AutoDL 操作界面

至此，算力平台的租用和环境搭建完成，下面进行模型的下载和部署。

8.2.2 模型下载和部署

进入 JupyterLab 界面后，首先需要安装必要的库。在终端中输入以下命令，安装 Unsloth 库：

```
pip install unsloth
```

安装完成后，下载预训练模型。这里选择 DeepSeek-R1-Distill-Llama-8B 模型，运行以下命令进行下载：

```
huggingface-cli    download    deepseek-ai/DeepSeek-R1-Distill-Llama-8B    --local-dir
DeepSeek-R1-Distill-Llama-8B
```

下载完成后，会在当前目录下出现一个新的文件夹，名称为“DeepSeek-R1-Distill-Llama-8B”。其内部的文件结构如图 8-5 所示。

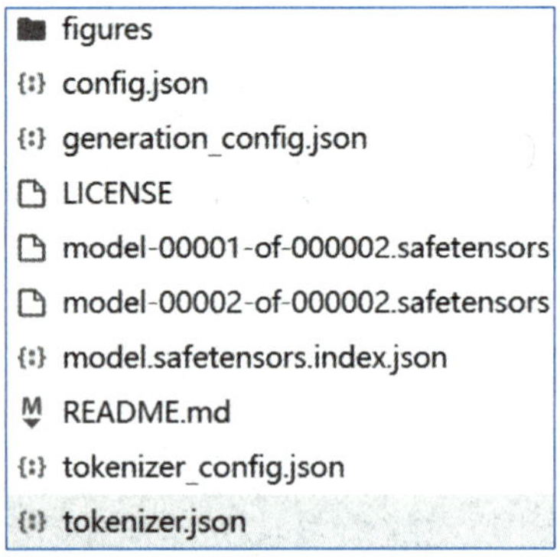

figures
config.json
generation_config.json
LICENSE
model-00001-of-000002.safetensors
model-00002-of-000002.safetensors
model.safetensors.index.json
README.md
tokenizer_config.json
tokenizer.json

图 8-5　DeepSeek-R1-Distill-Llama-8B 模型的文件结构

下面创建一个 run.ipynb 文件（在 Jupyter Notebook 环境中运行 Python 代码），并在第一个单元格中加载模型，代码如下。

```
from unsloth import FastLanguageModel
import torch

max_seq_length = 2048
dtype = None
load_in_4bit = True

model, tokenizer = FastLanguageModel.from_pretrained(
    model_name = "DeepSeek-R1-Distill-Llama-8B",
```

```
    max_seq_length = max_seq_length,
    dtype = dtype,
    load_in_4bit = load_in_4bit,
)
```

这里使用了 4-bit 量化技术加载模型，可以显著降低 GPU 的负载。运行代码后，Unsloth 会提示模型加载成功，如图 8-6 所示。

```
==((====))==  Unsloth 2025.2.15: Fast Llama patching. Transformers: 4.49.0.
   \\   /|    GPU: NVIDIA GeForce RTX 4090. Max memory: 23.546 GB. Platform: Linux.
O^O/ \_/ \    Torch: 2.6.0+cu124. CUDA: 8.9. CUDA Toolkit: 12.4. Triton: 3.2.0
\        /    Bfloat16 = TRUE. FA [Xformers = 0.0.29.post3. FA2 = False]
 "-____-"     Free Apache license: http://github.com/unslothai/unsloth
Unsloth: Fast downloading is enabled - ignore downloading bars which are red colored!
Loading checkpoint shards: 100%  2/2 [00:07<00:00,  3.49s/it]
```

图 8-6 模型加载成功的提示

然后，创建一个提示词模板，并将问题嵌入模板，让模型进行推理，代码如下。

```
prompt_style = """You are a medical expert specializing in clinical reasoning, diagnostics, and treatment strategies.
Your task is to provide a detailed and accurate response to the following medical question.
Before answering, carefully analyze the question and develop a step-by-step chain of thoughts to ensure a logical and precise response.
### Instruction:
As a medical professional, your goal is to address the following question with clarity and expertise.

### Question:
{}

### Response:
<think>{}"""

question = "一个患有急性阑尾炎的病人已经发病五天了，腹痛稍有减轻但仍然发热，在体检时发现右下腹有压缩的包块，此时应该如何处理？"

FastLanguageModel.for_inference(model)
inputs = tokenizer([prompt_style.format(question, "")], return_tensors="pt").to("cuda")

outputs = model.generate(
    input_ids = inputs.input_ids,
    attention_mask = inputs.attention_mask,
    max_new_tokens = 1200,
```

```
    use_cache = True,
)

response = tokenizer.batch_decode(outputs)
print(response[0].split("### Response:")[1])
```

运行代码后，模型会根据提示词生成回答，如图 8-7 所示。

说明：图中的内容为自动生成，未做任何修改，下同。

```
<think>
嗯，我现在要处理一个急性阑尾炎患者的情况。这个病人已经发病五天了，腹痛稍微减轻，但仍然发热。在体检时，医生发现了右下腹有压缩的包块。那么，接下来应该怎么处理呢？我得一步一步来分析。

首先，急性阑尾炎通常是由于细菌感染引起的，主要是大肠杆菌或念珠菌。症状包括发热、腹痛、腹泻或便便带血等。通常情况下，治疗包括抗生素，比如青霉素或者头孢类药物。如果有包块，可能需要考虑是否需要手术。

这个病人已经五天了，腹痛减轻，发热可能仍在，说明病情可能在缓解，但并没有完全消失。包块的存在可能意味着炎症已经开始形成了，可能需要进一步评估。

接下来，我应该考虑是否需要进行腹腔镜检查。因为包块的存在，可能需要确定是否有炎症，是否有囊肿或其他结构。腹腔镜可以帮助明确诊断，尤其是是否有炎症，是否需要切开或留作观察。

如果腹镜显示炎症，可能需要进行外科处理，比如切开包块并引流，或者考虑是否需要手术切除部分阑尾。同时，病人可能需要继续使用抗生素，防止感染扩散。

另外，包块可能是急性阑尾炎的表现，或者可能是其他疾病，比如肠梗阻、肠积聚、或者是感染性腹膜炎。因此，确保诊断的准确性非常重要。

在处理过程中，可能需要进行血常规、C反应蛋白、白细胞计数等检查，评估感染情况。同时，排除其他腹痛原因，如胃病、肠梗阻、肝胆问题、或者泌尿系统感染。

总结一下，处理步骤应该包括：1. 确认诊断，排除其他疾病；2. 进行腹腔镜检查；3. 根据检查结果决定是否手术；4. 继续抗生素治疗；5. 监测病情变化。

现在，我需要把这些思考整理成一个连贯的步骤，确保每一步都有依据，并且逻辑清晰。
</think>

针对患有急性阑尾炎且体检发现右下腹压缩包块的病人，处理步骤如下：

1. **确认诊断，排除其他疾病**：
   - 评估病史和临床表现，确认是否符合急性阑尾炎的特征，如发热、腹痛、腹泻等。
   - 进行必要的辅助检查，如血常规、C反应蛋白、白细胞计数，排除感染性腹膜炎、肠梗阻、肝病等其他可能性。

2. **进行腹腔镜检查**：
   - 通过腹腔镜观察包块的性质，确定是否为炎症包块、囊肿或其他结构。
   - 检查腹腔内的炎症范围，评估是否需要外科干预。

3. **根据检查结果决定治疗方案**：
   - **炎症包块**：若腹镜显示炎症，可能需要外科引流或切除部分阑尾，根据情况决定是否手术。
   - **囊肿**：若为非感染性囊肿，建议内镜下引流或手术切除。

4. **继续抗生素治疗**：
   - 继续使用针对大肠杆菌或念珠菌的抗生素，通常为青霉素或头孢类药物，根据敏感试验结果调整用药。
   - 确保治疗足够长，预防感染复发。

5. **监测病情变化**：
   - 定期复查，观察病情是否缓解，必要时进行进一步治疗。
   - 评估是否需要长期使用抗生素或调整用药方案。

通过以上步骤，确保对急性阑尾炎患者的病情进行准确评估和适当处理，减少并发症风险，促进患者康复。<｜end__of__sentence｜>
```

图 8-7　模型回答结果

8.2.3 数据预处理

在进行模型微调前，我们需要对数据进行预处理，使其符合模型的输入要求。本节将介绍如何下载数据集、创建训练提示词模板，并对数据进行格式化处理。

我们使用的数据集是公开的 FreedomIntelligence/medical-o1-reasoning-SFT 医疗数据集。在终端中运行以下命令，下载数据集。

```
huggingface-cli download --repo-type dataset FreedomIntelligence/medical-o1-reasoning-SFT --local-dir medical-o1-reasoning-SFT
```

下载完成后，创建一个训练提示词模板，并将数据集中的前 500 条数据嵌入模板，代码如下：

```
train_prompt_style = """You are a medical expert specializing in clinical reasoning, diagnostics, and treatment strategies.
Your task is to provide a detailed and accurate response to the following medical question.
Before answering, carefully analyze the question and develop a step-by-step chain of thoughts to ensure a logical and precise response.
### Instruction:
As a medical professional, your goal is to address the following question with clarity and expertise.

### Question:
{}

### Response:
<think>
{}
</think>
{}"""
EOS_TOKEN = tokenizer.eos_token

def formatting_prompts_func(examples):
    inputs = examples["Question"]
    cots = examples["Complex_CoT"]
    outputs = examples["Response"]
    texts = []
    for input, cot, output in zip(inputs, cots, outputs):
        text = train_prompt_style.format(input, cot, output) + EOS_TOKEN
```

```
        texts.append(text)
    return {
        "text": texts,
    }

from datasets import load_dataset
dataset = load_dataset("medical-o1-reasoning-SFT", 'zh', split = "train[0:500]",
trust_remote_code = True)
print(dataset.column_names)

dataset = dataset.map(formatting_prompts_func, batched = True)
dataset['text'][0]
```

运行代码后，我们会看到处理好的第一条数据，如图 8-8 所示。

```
'You are a medical expert specializing in clinical reasoning, diagnostics, and treatment strategies. \nYour tas
k is to provide a detailed and accurate response to the following medical question. \nBefore answering, careful
ly analyze the question and develop a step-by-step chain of thoughts to ensure a logical and precise respons
e.\n### Instruction:\nAs a medical professional, your goal is to address the following question with clarity an
d expertise.\n\n### Question:\n根据描述，一个1岁的孩子在夏季头皮出现多处小结节，长期不愈合，且现在疮大如梅，溃破流
脓，口不收敛，头皮下有空洞，患处皮肤增厚。这种病症在中医中诊断为什么病？\n\n### Response:\n<think>\n这个小孩子在夏天
头皮上长了些小结节，一直都没好，后来变成了脓包，流了好多脓。想想夏天那么热，可能和湿热有关。才一岁的小孩，免疫力本来就
不强，夏天的湿热没准就侵袭了身体。\n\n用中医的角度来看，出现小结节、再加上长期不愈合，这些症状让我想到了头疮。小孩子最
容易得这些皮肤病，主要因为湿热在体表郁结。\n\n但再看看，头皮下还有空洞，这可能不止是简单的头疮。看起来病情挺严重的，也
许是脓肿没治好。这样的情况中医中有时候叫做秃疮或者湿疮，也可能是另一种情况。\n\n等一下，头皮上的空洞和皮肤增厚更像是疾
病已经深入到头皮下，这是不是说明有可能是流注或瘰疬？这些名字常描述头部或颈部的严重感染，特别是有化脓不愈合，又形成通道
或空洞的情况。\n\n仔细想想，我怎么感觉这些症状更贴近瘰疬的表现？尤其考虑到孩子的年纪和夏天发生的季节性因素，湿热可能是
主因，但可能也有火毒或者痰湿造成的滞留。\n\n回到基本的症状描述上看，这种长期不愈合又复杂的状况，如果结合中医更偏重的病
名，是不是有可能是涉及更深层次的感染？\n\n再考虑一下，这应该不是单纯的瘰疬，得仔细分析头皮增厚并出现空洞这样的严重症
状。中医里头，这样的表现可能更符合'蚀疮'或'头疽'。这些病名通常描述头部严重感染后的溃烂和组织坏死。\n\n看看季节和孩子的
体质，夏天又湿又热，外邪很容易侵入头部，对孩子这么弱的免疫系统简直就是挑战。头疽这个病名听起来真是切合，因为它描述的感
染严重，溃烂到出现空洞。\n\n不过，仔细琢磨后发现，还有个病名似乎更为合适，叫做'蝼蛄疖'，这病在中医里专指像这种严重感染
并伴有深部空洞的情况。它也涵盖了化脓和皮肤增厚这些症状。\n\n哦，该不会是夏季湿热，导致湿毒入侵，孩子的体质不能御，其病
情发展成这样的感染？综合分析后我觉得'蝼蛄疖'这个病名真是相当符合。\n</think>\n从中医的角度来看，你所描述的症状符合"蝼
蛄疖"的病症。这种病症通常发生在头皮，表现为多处结节，溃破流脓，形成空洞，患处皮肤增厚且长期不愈合。湿热较重的夏季更容易
导致这种病症的发展，特别是在免疫力较弱的儿童身上。建议结合中医的清热解毒、祛湿消肿的治疗方法进行处理，并配合专业的医疗
建议进行详细诊断和治疗。<｜end__of__sentence｜>'
```

图 8-8　数据预处理展示

8.2.4　模型训练

在完成数据预处理后，接下来进入模型训练阶段。本节将介绍如何使用 LoRA 技术对模型进行微调，并使用 SFTTrainer 训练器完成训练过程。

首先，准备 PEFT 模型。LoRA 技术可以对预训练模型进行轻量级微调，代码如下：

```
FastLanguageModel.for_training(model)
model = FastLanguageModel.get_peft_model(
    model,
    r = 16,                          # 选择任意大于 0 的数字。建议使用 8、16、32、64、128
    target_modules = ["q_proj", "k_proj", "v_proj","o_proj", "qate_proj",
```

```
                    "up_proj", "down_proj",],
    lora_alpha = 16,                              # LoRA 的 alpha 参数
    lora_dropout = 0,                             # 支持任意值
    bias = "none",                                # 支持任意值
    use_gradient_checkpointing = "unsloth",       # True 或"unsloth"用于非常长的上下文
    random_state = 3407,
    use_rslora = False,
    loftq_config = None,
)
```

然后，创建 SFTTrainer 训练器，并将 PEFT 模型变量、分词器和数据集传递给它。

```
from trl import SFTTrainer
from transformers import TrainingArguments
from unsloth import is_bfloat16_supported

trainer = SFTTrainer(
    model = model,
    tokenizer = tokenizer,
    train_dataset = dataset,
    dataset_text_field = "text",
    max_seq_length = max_seq_length,
    dataset_num_proc = 2,
    packing = False,
    args = TrainingArguments(
        per_device_train_batch_size = 2,
        gradient_accumulation_steps = 4,
        warmup_steps = 5,
        max_steps = 60,
        learning_rate = 2e-4,
        fp16 = not is_bfloat16_supported(),
        bf16 = is_bfloat16_supported(),
        logging_steps = 1,
        optim = "adamw_8bit",
        weight_decay = 0.01,
        lr_scheduler_type = "linear",
        seed = 3407,
        output_dir = "outputs",
        report_to = "none",                       # Use this for WandB etc
    ),
)
```

最后，调用 train( )方法开始训练。

```
trainer_stats = trainer.train()
```

训练过程如图 8-9 所示。

```
==((====))==  Unsloth - 2x faster free finetuning | Num GPUs = 1
   \\   /|    Num examples = 500 | Num Epochs = 1
O^O/ \_/ \    Batch size per device = 2 | Gradient Accumulation steps = 4
\        /    Total batch size = 8 | Total steps = 60
 "-____-"     Number of trainable parameters = 32,505,856
```

[14/60 00:44 < 02:51, 0.27 it/s, Epoch 0.21/1]

Step	Training Loss
1	2.240700
2	2.316900
3	2.257200
4	2.132200
5	2.052000
6	2.014000
7	2.133900
8	1.912600
9	1.971400
10	1.868200
11	1.761600

图 8-9　模型训练过程展示

8.2.5　模型推理

训练完成，我们继续向训练后的模型输入与 8.2.2 节相同的提示词，观察模型生成的响应。

```
question = "一个患有急性阑尾炎的病人已经发病五天了，腹痛稍有减轻但仍然发热，在体检时发现右下腹有压缩的包块，此时应该如何处理？"
FastLanguageModel.for_inference(model)
inputs = tokenizer([prompt_style.format(question, "")], return_tensors="pt").to("cuda")
outputs = model.generate(
    input_ids = inputs.input_ids,
    attention_mask = inputs.attention_mask,
    max_new_tokens = 1200,
    use_cache = True,
    response = tokenizer.batch_decode(outputs)
    print(response[0].split("### Response:")[1]
)
```

结果如图 8-10 和图 8-11 所示，训练后的模型回答更加贴合数据集中的回答，证明微调模型起到了作用。

```
<think>
这个病人已经有五天的急性阑尾炎了，现在腹痛有点减轻，但他还是发热的。医生在体检时发现了右下腹里有一个压缩的包块，这就有点奇怪了。

嗯，急性阑尾炎一般不会有包块啊，应该是肠的炎症导致的炎症反应。包块是不是说有了炎症结节？那可能是急性阑尾炎转化成了急性阑尾炎性炎症结节了。

这个病人发烧还挺高的，可能有炎症反应，得考虑是否需要抗生素。尤其是因为包块可能是炎症结节，抗生素可以帮助控制炎症。

不过，包块是不是有可能是其他的问题呢？比如说，急性阑尾炎的后果，比如阻塞性梗阻？那就要考虑是否需要用内镜来看看。

如果是阻塞性梗阻，可能需要用内镜检查和引流。这样可以帮助缓解症状，同时也能检查是否有阻塞。

不过，包块的出现可能不是特别常见的表现，通常来说，急性阑尾炎主要是炎症反应，不太容易形成包块。所以，可能还是得考虑其他的可能性。

嗯，还是先考虑抗生素吧。这样可以帮助控制炎症，缓解发烧，应该是最直接的治疗措施。

至于包块，如果是炎症结节，抗生素应该可以缓解症状。所以，先给病人开抗生素看看。

不过，包块的出现也可能提示需要进一步的检查，比如内镜检查，来确认是否有阻塞性梗阻。毕竟，阻塞性梗阻可能会导致更严重的症状。

好，先给病人开抗生素，控制炎症，然后再考虑是否需要内镜检查，了解是否有阻塞性梗阻。这样做比较全面，也比较安全。

嗯，总的来说，先控制炎症，再评估是否需要进一步检查，才能更好地处理病情。这样应该是比较合理的。
</think>
对于这个患有急性阑尾炎的病人，首先考虑控制炎症，通常可以采用抗生素治疗以缓解发烧和炎症反应。同时，包块的出现可能提示需要进一步检查，以确认是否存在阻塞性梗阻。如果有阻塞性梗阻，可能需要进行内镜检查以引流和缓解症状。因此，建议首先给予抗生素治疗，并根据病情进一步评估是否需要内镜检查以明确诊断和处理方案。<|end_of_sentence|>
```

图 8-10 模型回答

```
这个病人已经发病五天，腹痛稍微减轻但还在发烧，看起来情况有些复杂。哦，刚刚在体检中也发现了在右下腹有个压痛的包块，这让我想到可能是阑尾已经形成了包块或者脓肿。

既然包块已经形成，那急诊手术貌似不是个好主意。考虑到潜在的感染扩散和其他并发症，不如先尝试保守治疗吧。

所以，目前来说，最理想的方案可能是先控制感染，用抗生素治疗。同时，密切观察病情变化。如果这个包块真的发展成了脓肿，我觉得可能需要考虑穿刺引流。

那么接下来要是保守治疗起了作用，包块缩小或者症状改善很多，那就是好消息。不过，我想是得考虑等病人情况稳定下来后，再择期手术切掉这个已经愈合的阑尾，免得以后还要担心复发的问题。

这种情况下，病人很可能已经出现了阑尾周围炎性包块或者脓肿，因此建议采用保守治疗为主。首先，应通过抗生素控制感染，密切观察患者病情变化。在此期间，监测症状的进展和包块的变化是非常重要的。如果测试结果或病情表现出包块确实发展成了脓肿，可能需要考虑进行穿刺引流，以降低感染扩散的风险。

如果经过一段时间的保守治疗后，包块缩小且症状明显改善，这表明对非手术治疗的响应良好。待病人病情完全稳定后，再考虑择期手术切除阑尾，以防止将来复发。

总之，面对已形成包块或脓肿表现的急性阑尾炎患者，首选保守治疗以降低急诊手术的风险，然后在病情稳定后再进行阑尾切除是更为安全和合理的处理方案。
```

图 8-11 原始的训练数据

```
总结一下，对于这种已经有包块的情况，保守治
疗可以降低风险，等到病情稳定后再做手术应该
是稳妥的方案。这样处理似乎才符合常规的医学
原则，也更为安全。
```

图 8-11　原始的训练数据（续）

8.3　DeepSeek 模型的 GRPO 训练

在大模型的微调过程中，GRPO 是一种高效的训练方法，能够结合强化学习和监督学习的优势。本节将详细介绍如何使用 GRPO 方法对 DeepSeek 模型进行微调，包括加载模型、配置 PEFT 模型、准备数据集、训练模型，以及进行推理的完整流程。

8.3.1　加载模型

在云服务器的任意文件夹下创建一个新的 Jupyter Notebook 文件 run2.ipynb。

在第一个单元格中输入以下代码，加载模型。

```
from unsloth import FastLanguageModel, PatchFastRL

PatchFastRL("GRPO", FastLanguageModel)

from unsloth import is_bfloat16_supported
import torch

# 输入序列的最大长度，控制模型处理的输入和输出文本的最大长度
# 较大的值允许模型处理更长的文本，但可能增加内存占用和推理时间
max_seq_length = 512

# 定义了 LoRA 适配层的秩。较大的秩可以提升模型的表达能力，但相应增加内存和计算开销
lora_rank = 32

model, tokenizer = FastLanguageModel.from_pretrained(
    model_name = "DeepSeek-R1-Distill-Llama-8B",
    max_seq_length = max_seq_length,
    load_in_4bit = True,                         # 使用 4-bit 量化加载模型，节省显存
    fast_inference = True,                       # 启用 vLLM 的高性能推理模式
    max_lora_rank = lora_rank,
    gpu_memory_utilization = 0.95,               # 控制 GPU 内存的使用比例
)
```

其中，参数说明如表 8-1 所示。

表 8-1 参数说明

参 数	说 明
max_seq_length	模型处理的最大序列长度，决定了模型可以处理的文本长度
load_in_4bit	通过 4-bit 量化，模型可以在较小的显存下运行并训练，适合资源有限的场景
lora_rank	LoRA 的秩决定了微调时添加的适配器的大小

8.3.2 配置 PEFT 模型

为了对模型进行高效微调，我们需要使用 LoRA 方法对模型进行 PEFT 微调。下述代码将指定微调的目标模块，并启用一些优化功能。

```
model = FastLanguageModel.get_peft_model(
    model,
    r = lora_rank,                                # lora_rank 的值建议为 8、16、32、64、128
    target_modules = [                            # 指定需要应用 LoRA 的模型模块
        "q_proj", "k_proj", "v_proj", "o_proj", "gate_proj", "up_proj", "down_proj",
    ],
    lora_alpha = lora_rank,                       # LoRA 的缩放因子（通常与秩相关）
    use_gradient_checkpointing = "unsloth",       # 启用梯度检查点机制（减少显存占用）
    random_state = 3407,                          # 设置随机种子，确保可复现性
)
```

8.3.3 数据集准备

本次微调使用的是开源 ruozhiba_R1 数据集，其中包含许多哲学问题及其解答。

首先，下载数据集。在终端中输入以下命令，获取数据集。

```
git clone ruozhiba_R1 项目的 ModelScope 仓库地址
```

然后，在新的单元格中输入以下代码，处理数据集并创建奖励函数。

```
import re
from datasets import load_dataset, Dataset

# Load and prep dataset
SYSTEM_PROMPT = """
Respond in the following format:
```

```
    <reasoning>
    ...
    </reasoning>
    <answer>
    ...
    </answer>
    """

    XML_COT_FORMAT = """\
    <reasoning>
    {reasoning}
    </reasoning>
    <answer>
    {answer}
    </answer>
    """

# 从XML格式的文本中提取<answer>标签内的内容
def extract_xml_answer(text: str) -> str:
    """从XML格式的文本中提取<answer>标签内的内容。"""
    answer = text.split("<answer>")[-1]
    answer = answer.split("</answer>")[0]
    return answer.strip()

# 从包含<think>标签的文本中提取实际回答内容
def extract_think_answer(text: str) -> str:
    """从包含<think>标签的文本中提取实际回答内容。"""
    return text.split("</think>")[-1].strip()

def get_a_questions(split="train", local_path="ruozhiba/alpaca_output.jsonl") -> Dataset:
    """
    加载本地alpaca_output.jsonl数据集。

    Args:
        split(str): 数据集划分，默认为"train"。
        local_path(str): 本地数据集路径，默认为"/p/to/your/alpaca_output.jsonl"。

    ath
    Returns:
        Dataset: 处理后的数据集。
    """
    # 从本地路径加载数据集
    data = load_dataset('json', data_files = local_path, split = split)  # type: ignore

    # 根据Alpaca格式（一种用于模型训练的数据格式）进行字段映射
```

```
    data = data.map(lambda x: {                                    # type: ignore
        'prompt': [
            {'role': 'system', 'content': SYSTEM_PROMPT},
            {'role': 'user', 'content': x['instruction']}
        ],
        'answer': extract_think_answer(x['output'])                # 提取<think>标签后的回答
    })                                                             # type: ignore

    return data

dataset = get_a_questions()
```

为了在训练过程中对模型的输出进行评估，我们需要定义一些奖励函数。这些函数会根据模型的回答质量给出奖励值。

```
# 奖励函数：正确性奖励
def correctness_reward_func(prompts, completions, answer, **kwargs) -> list[float]:
    responses = [completion[0]['content'] for completion in completions]
    q = prompts[0][-1]['content']
    extracted_responses = [extract_xml_answer(r) for r in responses]
    print('-'*20, f"Question:\n{q}", f"\nAnswer:\n{answer[0]}",
          f"\nResponse:\n{responses[0]}", f"\nExtracted:\n{extracted_responses[0]}")
return [2.0 if r == a else 0.0 for r, a in zip(extracted_responses, answer)]

# 奖励函数：整数奖励
def int_reward_func(completions, **kwargs) -> list[float]:
    responses = [completion[0]['content'] for completion in completions]
    extracted_responses = [extract_xml_answer(r) for r in responses]
return [0.5 if r.isdigit() else 0.0 for r in extracted_responses]

# 奖励函数：严格格式奖励
def strict_format_reward_func(completions, **kwargs) -> list[float]:
    """Reward function that checks if the completion has a specific format."""
    pattern = r"^<reasoning>\n.*?\n</reasoning>\n<answer>\n.*?\n</answer>\n$"
    responses = [completion[0]["content"] for completion in completions]
    matches = [re.match(pattern, r) for r in responses]
return [0.5 if match else 0.0 for match in matches]

# 奖励函数：宽松格式奖励
def soft_format_reward_func(completions, **kwargs) -> list[float]:
    """Reward function that checks if the completion has a specific format."""
    pattern = r"<reasoning>.*?</reasoning>\s*<answer>.*?</answer>"
    responses = [completion[0]["content"] for completion in completions]
```

```
    matches = [re.match(pattern, r) for r in responses]
return [0.5 if match else 0.0 for match in matches]

# 计算 XML 格式文本的标签数量
def count_xml(text) -> float:
    count = 0.0
    if text.count("<reasoning>\n") == 1:
        count += 0.125
    if text.count("\n</reasoning>\n") == 1:
        count += 0.125
    if text.count("\n<answer>\n") == 1:
        count += 0.125
        count -= len(text.split("\n</answer>\n")[-1])*0.001
    if text.count("\n</answer>") == 1:
        count += 0.125
        count -= (len(text.split("\n</answer>")[-1]) - 1)*0.001
return count

# 奖励函数：XML 格式文本的标签计数奖励
def xmlcount_reward_func(completions, **kwargs) -> list[float]:
    contents = [completion[0]["content"] for completion in completions]
    return [count_xml(c) for c in contents]
```

通过以上步骤，我们成功下载并处理了数据集，并定义了多个奖励函数。这些函数将在训练过程中对模型的输出进行评估和指导。

8.3.4 模型训练

在完成数据集的准备和奖励函数的定义后，接下来是配置 GRPO 的训练器，并开始训练模型。

首先，配置 GRPO 的训练参数。在新的单元格中输入以下代码：

```
from trl import GRPOConfig, GRPOTrainer

# 配置 GRPO 训练参数
training_args = GRPOConfig(
    use_vllm = True,                    # 使用 vLLM 进行快速推理
    learning_rate = 5e-6,               # 学习率
    adam_beta1 = 0.9,                   # Adam 优化器的 beta1 参数
    adam_beta2 = 0.99,                  # Adam 优化器的 beta2 参数
```

```
    weight_decay = 0.1,                         # 权重衰减
    warmup_ratio = 0.1,                         # 学习率预热比例
    lr_scheduler_type = "cosine",               # 学习率调度器类型
    optim = "paged_adamw_8bit",                 # 优化器类型
    logging_steps = 1,                          # 日志记录步数
    bf16 = is_bfloat16_supported(),             # 是否支持 bfloat16
    fp16 = not is_bfloat16_supported(),         # 是否支持 fp16
    per_device_train_batch_size = 1,            # 每个设备的训练批量大小，根据 GPU 内存调整
    gradient_accumulation_steps = 1,            # 梯度累积步数，根据 GPU 内存调整
    num_generations = 6,                        # 生成数量，根据 GPU 内存调整
    max_prompt_length = 256,                    # 最大提示长度
    max_completion_length = 200,                # 最大完成长度
    max_steps = 300,                            # 最大训练步数
    save_steps = 300,                           # 保存步数
    max_grad_norm = 0.1,                        # 最大梯度范数
    report_to = "none",                         # 日志报告目标，可以使用 Weights & Biases
    output_dir = "outputs",                     # 输出目录
)
```

然后，创建新的单元格，创建 GRPO 的训练器，并进行训练，代码如下：

```
trainer = GRPOTrainer(
    model = model,                              # 模型
    processing_class = tokenizer,               # 分词器
    reward_funcs = [                            # 奖励函数列表
        xmlcount_reward_func,                   # XML 结构奖励
        soft_format_reward_func,                # 宽松格式奖励
        strict_format_reward_func,              # 严格格式奖励
        int_reward_func,                        # 整数奖励
        correctness_reward_func,                # 正确性奖励
    ],
    Args = training_args,                       # 训练参数
    train_dataset = dataset,                    # 训练数据集
)

trainer.train()                                 # 开始训练
```

8.3.5 模型推理

首先，保存训练后的 LoRA 权重，在 Jupyter Notebook 中创建新的单元格，使用以下代码进行保存。

```
model.save_lora("grpo_saved_lora")
```

然后，在 Jupyter Notebook 中创建新的单元格，使用以下代码检查训练后模型的推理效果。

```
# 加载之前保存的 LoRA 权重（通过"grpo_saved_lora"）
# 使用这些权重和配置的参数生成回答，返回生成的文本结果
text = tokenizer.apply_chat_template([
    {"role": "system", "content": SYSTEM_PROMPT},          # 系统提示
    {"role": "user", "content": "你是谁，开始你的表演"},    # 用户输入
    ],
    tokenize = False,                                       # 将用户请求封装成对话模板
    add_generation_prompt = True
)

from vllm import SamplingParams
# 定义采样参数
sampling_params = SamplingParams(
    temperature = 0.8,                                      # 控制输出的多样性
    top_p = 0.95,                                           # 核采样参数
    max_tokens = 4096,                                      # 生成文本的最大长度
)
# 调用模型生成文本
output = model.fast_generate(
    text,                                                   # 输入文本内容
    sampling_params = sampling_params,                      # 采样参数
    lora_request = model.load_lora("grpo_saved_lora"),      # 加载 LoRA 权重
)[0].outputs[0].text                                      # 获取生成结果中的第一个样本的文本内容
print(output)                                               # 输出生成的文本
```

输出结果如图 8-12 所示。

```
'嗯，我现在遇到了一个问题，需要仔细想一想。问题描述是说“你是谁，开始你的表演”。这句话有点像是一个引导，可能是在问我作为一个AI，我是谁，或者是在某个情境中的角色。\n\n首先，我要理解这句话的意思。可能是在问我作为人工智能有什么身份，或者是在某个特定的系统中扮演的角色。比如，可能是在某个聊天界面，或者是一个客服系统，或者是一个教育应用中的AI助手。\n\n然后，我应该考虑如何回答这个问题。通常，AI可能会回复自己是由公司开发的，比如“深度求索”，或者是由深度求索公司开发的智能助手。这样可以给用户一个明确的信息。\n\n接下来，我需要用中文来表达这个回答，保持自然流畅，同时避免使用任何markdown格式。所以，直接说“我是由深度求索开发的智能助手。”\n\n这样回答既回答了问题，又符合要求。没有使用任何复杂的结构，只是简单明了地表达了身份。\n\n再想一想，是否有其他可能的解释。比如，这句话可能是在某个剧中的台词，或者是某个游戏中的角色。但在这种情况下，没有更多上下文，通常都会直接说明是AI助手。\n\n总结一下，我的思考过程就是先理解问题，然后分析可能的上下文，最后给出一个合适的回答。\n</think>\n\n我是由深度求索公司开发的智能助手，随时为您提供帮助。'
```

图 8-12　模型输出结果

小 结

通过本章的学习，读者初步掌握了 DeepSeek 模型的微调流程，并了解了如何利用 Unsloth 和 TRL 框架提升训练效率和模型性能。

DeepSeek 模型的 SFT 训练和 GRPO 训练是一个复杂但高效的过程，涉及硬件配置、数据处理、模型加载和训练优化等环节，开发者可根据实际需求，合理调配资源，从而高效地完成模型的训练任务。

第 9 章

DeepSeek 的 RAG 实战

除了对模型进行训练，也可以向模型提供外置知识库，模型通过检索与用户输入有关的文档片段，补充自身知识，从而输出更优质的内容。作为一种结合检索与生成的技术范式，RAG（Retrieval-Augmented Generation，检索增强生成）正在成为解决复杂问答和知识密集型任务的重要工具。作为优秀的人工智能产品，DeepSeek 系列模型通过 RAG 技术能够高效地从海量数据中检索相关信息，并生成准确、连贯的答案。

本章将深入探讨如何利用 DeepSeek 和 LangChain 框架构建 RAG 本地系统，并通过实际案例展示其在 PDF 文档对话和知识检索中的应用，从 RAG 管道的构建、向量数据库的设计到 Web 页面的启动，逐步解析 DeepSeek RAG 的实现过程，并分享开源社区中的优秀实践案例，为读者提供全面的技术指导和实践参考。

9.1 用 LangChain 构建简单的 RAG 本地系统

本节将详细介绍如何使用 LangChain 框架构建简单的 RAG 本地系统，首先介绍 RAG 管道构建的流程，然后实操向量数据库的构建和 Web 页面启动，详细演示 RAG 管道构建的完整流程。

9.1.1 RAG 管道构建

下面深入探讨 RAG 技术框架。RAG 结合了检索（Retrieval）和生成（Generation），以提升大语言模型在知识密集型任务中的表现。通过从外部知识源中检索相关信息，并将这些信息与用户提示词结合，RAG 能够生成更准确、更可靠的回答。本节将从 RAG 的核心组成部分、工作流程、本地系统的创建三方面进行详细阐述。

1. RAG 的核心组成部分：检索和生成

检索是从外部知识源（如文档、数据库或互联网）中提取与输入问题相关的信息。检索方法包括基于关键词的检索和语义检索（如使用向量数据库）。检索结果通常是相关的文档片段或条目。例如，用户询问“人工智能的历史”，检索系统会从知识库中找到与“人工智能”相关的段落或文章。

生成是将检索到的信息与输入问题一起输入大语言模型（如 GPT 系列模型、DeepSeek 系列模型等），生成最终的答案。生成模型会结合检索到的信息和自身的知识，生成更准确、更符合上下文的回答。例如，检索到的文档提到“人工智能起源于 20 世纪 50 年代”，大模型会结合这些信息生成一个完整的回答。

2. RAG 的工作流程

RAG 的工作流程包含 4 个主要步骤。

① 输入问题：用户提出一个问题或请求，如“人工智能发展过程中的重大历史事件有哪些？”。

② 检索相关文档：系统从外部知识源中检索与问题相关的文档或信息片段。

③ 增强生成：将检索到的文档与问题一起输入大语言模型，生成最终的答案。

④ 输出答案：系统将生成的答案返回给用户。

3. RAG 的本地系统创建

RAG 流程图如图 9-1 所示，分为预处理阶段和执行阶段。

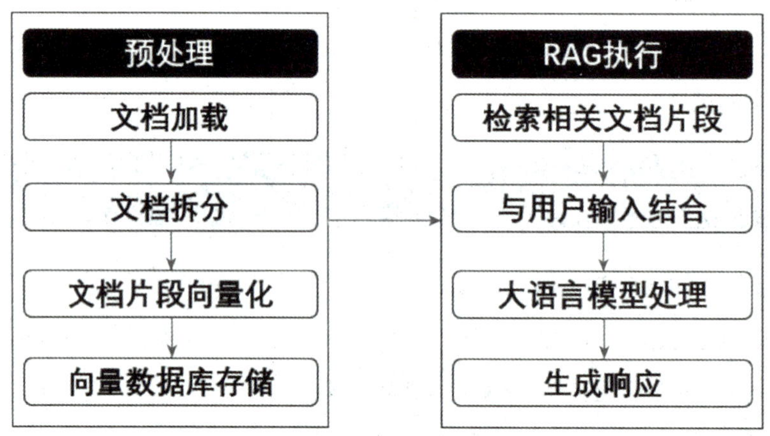

图 9-1　RAG 流程图

① 预处理阶段（Indexing）：包括四个步骤，用于加载、拆分、向量化和存储文档向量到向量数据库，称为 Indexing。

② 执行阶段（Retrieval and Generation）：包括检索、生成、发送和连接，称为 Retrieval and Generation。该阶段实时处理用户查询，从索引中检索数据，并传递给模型。

下面根据 RAG 流程图，从零开始，带领读者使用 LangChain 框架进行 RAG 本地系统的创建。

9.1.2 向量数据库构建

下面详细介绍如何构建一个基于检索增强生成（RAG）的问答系统。通过加载文档、拆分文本、向量化文本、存储和检索信息，并结合 DeepSeek 模型生成答案，下面实现一个高效的信息检索系统，使用 Gradio 构建一个可交互界面，以便用户与大模型对话。

1. 引入所需库并配置环境

我们需要引入构建 RAG 系统所需的库。这些库将帮助我们完成从文档加载到答案生成的整个流程，具体代码如下。

```
import os
from langchain.text_splitter import RecursiveCharacterTextSplitter
from langchain_community.chat_models import ChatOpenAI
from langchain_community.embeddings import HuggingFaceEmbeddings
from langchain_community.vectorstores import Chroma
from langchain.chains import RetrievalQA
from langchain_community.document_loaders import TextLoader
import gradio as gr
```

由于我们使用 DeepSeek 作为 RAG 系统的核心大模型，因此读者需要配置自己的 API Key。

```
# 配置 API 设置
DEEPSEEK_API_KEY = "读者自己的 DeepSeek API Key"
DEEPSEEK_API_BASE = "https://api.deepseek.com"
```

2. 加载文档、拆分文档和设置向量存储路径

加载文档、拆分文档，并设置向量存储路径；使用 TextLoader 加载文档，如加载名为“斗破苍穹(1-2).txt”的文件；随后，使用 RecursiveCharacterTextSplitter 工具将文档拆分为小块，以便后续处理。

```
loader = TextLoader("斗破苍穹(1-2).txt", encoding = "utf-8")
documents = loader.load()

# 拆分文档
text_splitter = RecursiveCharacterTextSplitter(
    chunk_size = 500,
    chunk_overlap = 50
```

```
)
split_docs = text_splitter.split_documents(documents)

print(f"Documents split into {len(split_docs)} chunks.")

# 设置向量存储路径
persist_directory = 'chroma'
os.makedirs(persist_directory, exist_ok = True)
```

使用 HuggingFace 提供的向量化模型（即 Embedding 模型，用于将文本转换为可以通过相似度计算来实现检索的向量），将拆分后的文档进行向量化，并将向量存储到 ChromaDB 数据库中。

```
# 初始化向量转化模型
embeddings = HuggingFaceEmbeddings(
    model_name = "sentence-transformers/paraphrase-multilingual-MiniLM-L12-v2"
)

# 创建向量存储
vectorstore = Chroma.from_documents(
    documents = split_docs,
    embedding = embeddings,
    persist_directory = persist_directory
)

print("Vector store created and persisted.")
```

3. 初始化 DeepSeek 模型和创建检索链

配置 DeepSeek 模型，用于生成答案。使用检索链将查询问题与向量数据库结合，生成最终答案。

```
# 初始化 DeepSeek 模型
llm = ChatOpenAI(
    model = "deepseek-chat",
    openai_api_key = DEEPSEEK_API_KEY,
    openai_api_base = DEEPSEEK_API_BASE,
    max_tokens = 1024,
    temperature = 0.7,
    default_headers = {"Authorization": f"Bearer {DEEPSEEK_API_KEY}"}
)
```

```
print("DeepSeek LLM initialized.")

# 创建检索链
qa_chain = RetrievalQA.from_chain_type(
    llm = llm,
    chain_type = "stuff",
    retriever = vectorstore.as_retriever(search_kwargs = {"k": 1}),
    return_source_documents = True,
)

print("Retrieval QA chain created.")
```

9.1.3 Web 页面启动

上面完成了向量数据库的建立和查询处理，接下来通过 Gradio 创建一个 Web 页面，实现 RAG 系统的交互界面。

定义 query_rag_system 函数，用于处理前端收到的用户输入，并通过大模型获取回答。

```
def query_rag_system(query):
    # 使用 qa_chain 处理查询
    result = qa_chain.invoke({"query": query})

    # 提取答案和源文档
    answer = result["result"]
    source_documents = result["source_documents"]

    # 格式化源文档信息
    source_info = ""
    for doc in source_documents:
        source_info += f"Source: {doc.metadata['source']}\n"
        source_info += f"Content: {doc.page_content[:200]}...\n\n"

    # 返回答案和源文档信息
    return answer, source_info
```

使用 Gradio 创建一个交互界面，用户可以通过输入框提出问题，并获取答案和源文档信息。

```
# 创建 Gradio 界面
iface = gr.Interface(
    # 处理查询的函数
    fn = query_rag_system,
    # 输入框
    inputs = gr.Textbox(lines = 2, placeholder = "Enter your query here..."),
    # 输出框
    Outputs = [gr.Textbox(label = "Answer"), gr.Textbox(label = "Source Documents")],
    # 界面标题
    title = "RAG Information Retrieval System",
    # 界面描述
    description = "Enter a query to retrieve information from the RAG system."
)

# 启动 Gradio 界面
iface.launch()
```

最终实现的效果如图 9-2 所示。

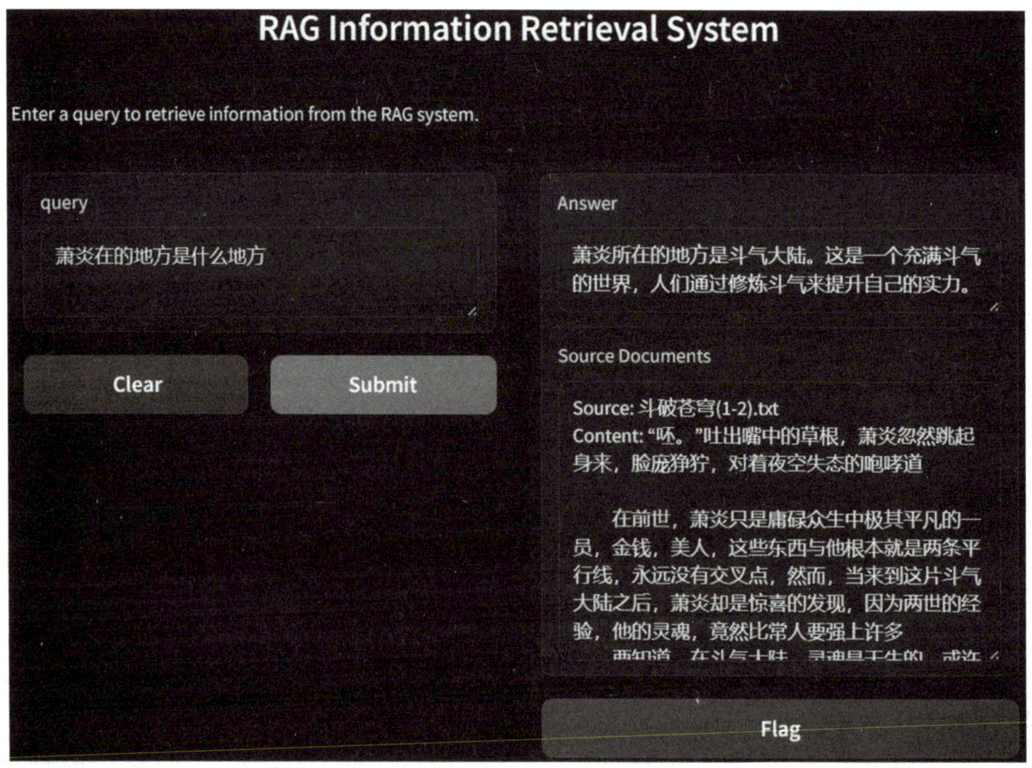

图 9-2　Web 界面演示效果

9.2 开源 DeepSeek RAG 应用案例

本节将分享开源社区中可与 DeepSeek 模型结合的优秀实践案例，为读者提供全面的技术指导和实践参考。

9.2.1 Local PDF Chat RAG

Local PDF Chat RAG 是一个开源项目，通过结合本地 PDF 文档和检索增强生成，与大模型配合，实现智能聊天。该项目允许用户上传 PDF 文档，并通过自然语言提问的方式，从文档中获取相关信息。

部署 Local PDF Chat RAG 项目需要使用 Ollama 服务。这里采用的模型是 DeepSeek-R1 的 7B 版本（5.1.2 节提到的蒸馏模型）。

1. 安装 Ollama

第 6 章已经介绍过 Ollama 的详细安装过程，这里只进行简单说明。访问 Ollama 官网，下载对应版本的 Ollama（如图 9-3 所示）。

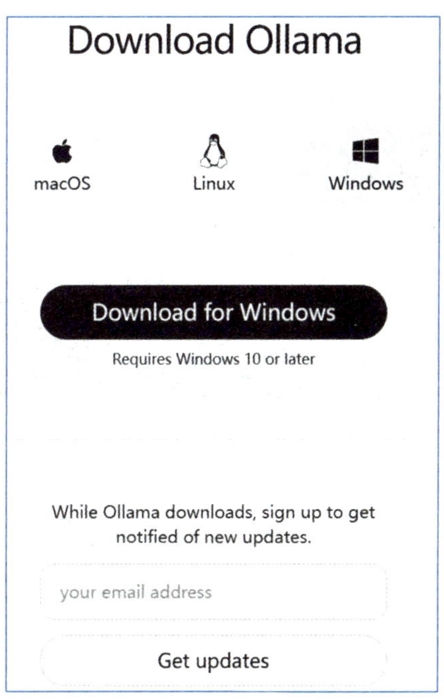

图 9-3 Ollama 官网

在 Windows 环境下，需要单击“Download for Windows”，然后进行下载。

2. 下载 Local PDF Chat RAG 项目

进入 Windows 命令提示符工具，找到合适的安装目录，输入以下指令，拉取代码仓库中的内容。

```
git clone Local_Pdf_Chat_RAG 项目的 GitHub 仓库地址
```

等待拉取完成，再输入以下指令，进入项目目录。

```
cd Local_Pdf_Chat_RAG
```

3. 创建虚拟环境，安装依赖

输入以下指令，创建 Anaconda 虚拟环境：

```
python -m venv rag_env
```

运行结果如图 9-4 所示。

```
PS E:\RAG_PDF> python -m venv rag_env
PS E:\RAG_PDF>
```

图 9-4　创建虚拟环境

激活虚拟环境并安装项目所需的依赖：

```
.\rag_env\Scripts\activate
pip install -r requirements.txt
```

运行结果如图 9-5 所示。

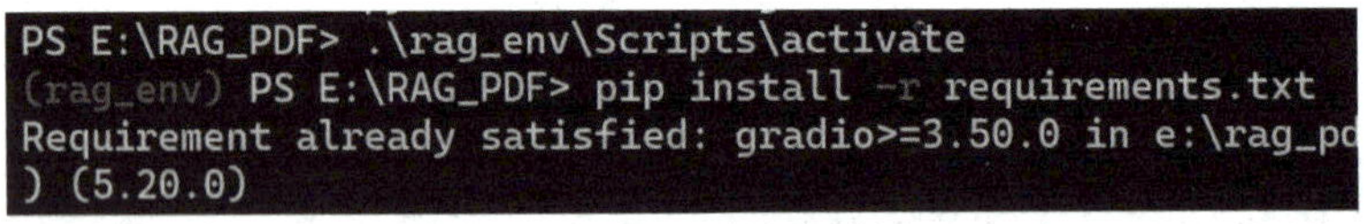

```
PS E:\RAG_PDF> .\rag_env\Scripts\activate
(rag_env) PS E:\RAG_PDF> pip install -r requirements.txt
Requirement already satisfied: gradio>=3.50.0 in e:\rag_pd
) (5.20.0)
```

图 9-5　安装依赖

4. 拉取模型并启动 Ollama 服务

输入以下指令，加载实验所需的 DeepSeek-R1 的 7B 版本模型：

```
ollama pull deepseek-r1:7b
```

运行结果如图 9-6 所示。

图 9-6 加载模型

输入以下指令，启动 Ollama 服务：

```
ollama serve &
```

运行结果如图 9-7 所示。

```
(rag_env) E:\RAG_PDF>ollama serve &
2025/03/03 11:50:16 routes.go:1187: INFO server config env="map[CUDA_VISIBLE_DEVICES: GP
VICES: HSA_OVERRIDE_GFX_VERSION: HTTPS_PROXY: HTTP_PROXY: NO_PROXY: OLLAMA_DEBUG:false O
MA_GPU_OVERHEAD:0 OLLAMA_HOST:http://0.0.0.0:11434 OLLAMA_INTEL_GPU:false OLLAMA_KEEP_AL
LLAMA_LLM_LIBRARY: OLLAMA_LOAD_TIMEOUT:5m0s OLLAMA_MAX_LOADED_MODELS:0 OLLAMA_MAX_QUEUE:
\\.ollama\\models OLLAMA_MULTIUSER_CACHE:false OLLAMA_NOHISTORY:false OLLAMA_NOPRUNE:fal
ORIGINS:[http://localhost https://localhost http://localhost:* https://localhost:* http:
tp://... htt
tauri://* vscode-webview://*] OLLAMA_SCHED_SPREAD:false ROCR_VISIBLE_DEVICES:]"
time=2025-03-03T11:50:16.910+08:00 level=INFO source=images.go:432 msg="total blobs: 5"
time=2025-03-03T11:50:16.911+08:00 level=INFO source=images.go:439 msg="total unused blo
time=2025-03-03T11:50:16.912+08:00 level=INFO source=routes.go:1238 msg="Listening on [:
time=2025-03-03T11:50:16.913+08:00 level=INFO source=routes.go:1267 msg="Dynamic LLM lib
v11_avx cuda_v12_avx rocm_avx cpu cpu_avx]"
time=2025-03-03T11:50:16.915+08:00 level=INFO source=gpu.go:226 msg="looking for compati
time=2025-03-03T11:50:16.916+08:00 level=INFO source=gpu_windows.go:167 msg=packages cou
time=2025-03-03T11:50:16.916+08:00 level=INFO source=gpu_windows.go:183 msg="efficiency
ss=1
time=2025-03-03T11:50:16.917+08:00 level=INFO source=gpu_windows.go:214 msg="" package=0
0
time=2025-03-03T11:50:17.140+08:00 level=INFO source=types.go:131 msg="inference compute
-03841a51c60d library=cuda variant=v12 compute=8.6 driver=12.7 name="NVIDIA GeForce RTX
iB" available="6.9 GiB"
```

图 9-7 启动 Ollama 服务

5. 启动应用

重新打开一个新的命令提示符工具，进入 Local PDF Chat RAG 项目所在位置，输入以下指令，启动应用：

```
.\rag_env\Scripts\activate
python rag_demo.py
```

运行结果如图 9-8 所示。

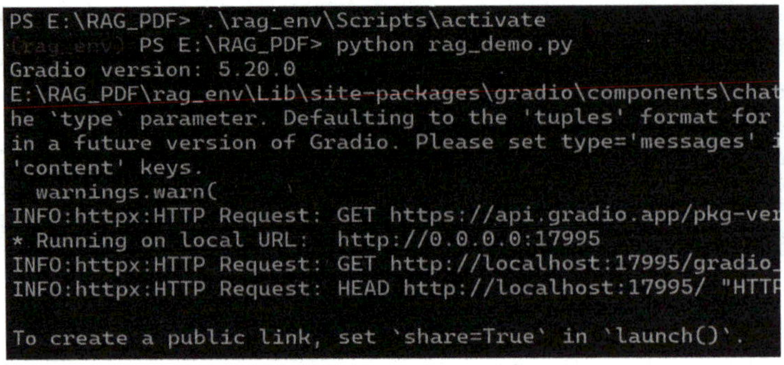

```
PS E:\RAG_PDF> .\rag_env\Scripts\activate
(rag_env) PS E:\RAG_PDF> python rag_demo.py
Gradio version: 5.20.0
E:\RAG_PDF\rag_env\Lib\site-packages\gradio\components\chat
he `type` parameter. Defaulting to the 'tuples' format for
in a future version of Gradio. Please set type='messages' i
'content' keys.
  warnings.warn(
INFO:httpx:HTTP Request: GET https://api.gradio.app/pkg-ver
* Running on local URL:  http://0.0.0.0:17995
INFO:httpx:HTTP Request: GET http://localhost:17995/gradio_
INFO:httpx:HTTP Request: HEAD http://localhost:17995/ "HTTP

To create a public link, set `share=True` in `launch()`.
```

图 9-8　启动应用

6. 使用应用

成功启动后会自动弹出应用界面，如图 9-9 所示。

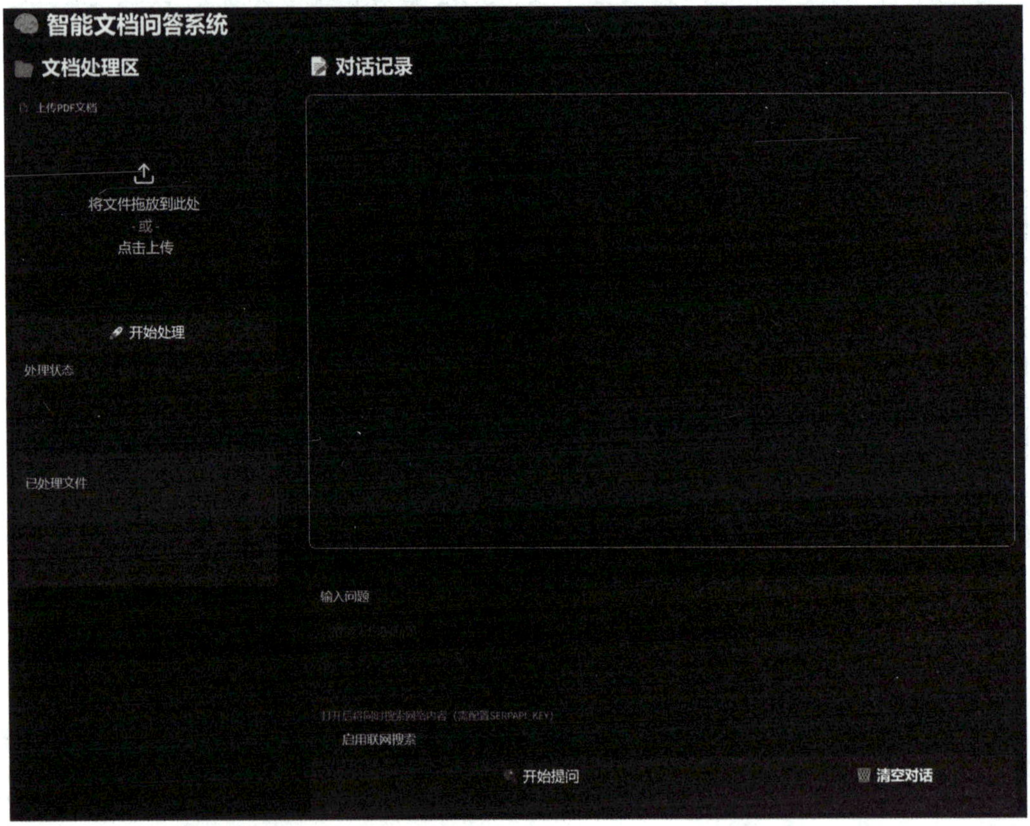

智能文档问答系统

文档处理区　　对话记录

上传PDF文档

将文件拖放到此处

- 或 -

点击上传

开始处理

处理状态

已处理文件

输入问题

启用联网搜索

开始提问　　清空对话

图 9-9　应用界面

将自己的 PDF 文件拖入文档处理区，单击“开始处理”按钮。

处理完成后，根据 PDF 文件中的内容向大模型提问，即可获得相应的回答。

9.2.2　RAG Flow

RAG Flow 是一款集合 OCR（Optical Character Recognition，光学字符识别）和深度文档理解于一身的新一代 RAG 引擎，具备文档理解、引用来源、降低幻觉、兼容异构数据源、自动化 RAG 工作流等能力。

1. Docker 下载

部署 RAG Flow 需要使用 DeepSeek 模型作为 RAG 系统的核心模型。

我们需要下载 Docker 来确保 RAG Flow 的正常运行。进入 Docker 官网，选择相应的版本进行安装，如图 9-10 所示。

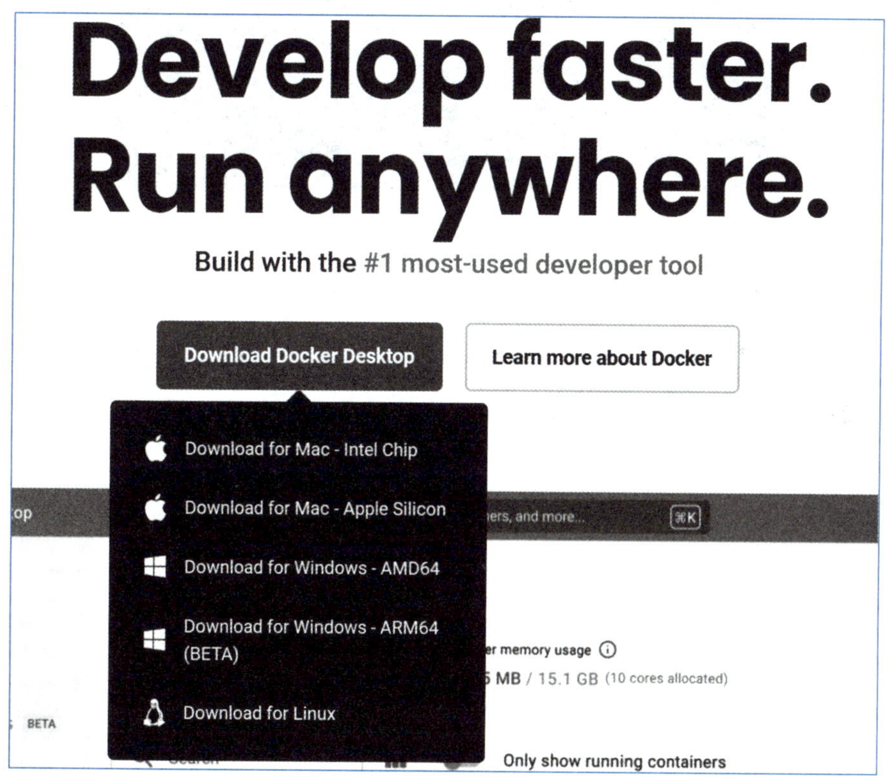

图 9-10　Docker 官网

双击 EXE 文件（如图 9-11 所示）进行下载并安装，一直单击“Next”按钮即可。

安装完成后，按住 Win+R 组合键，打开终端控制台，输入“docker”指令，如果输出结果如图 9-12 所示，就表示安装成功了。

Docker Desktop Installer.exe	2025/3/2 19:20	应用程序	536,390 KB

图 9-11　Docker 安装

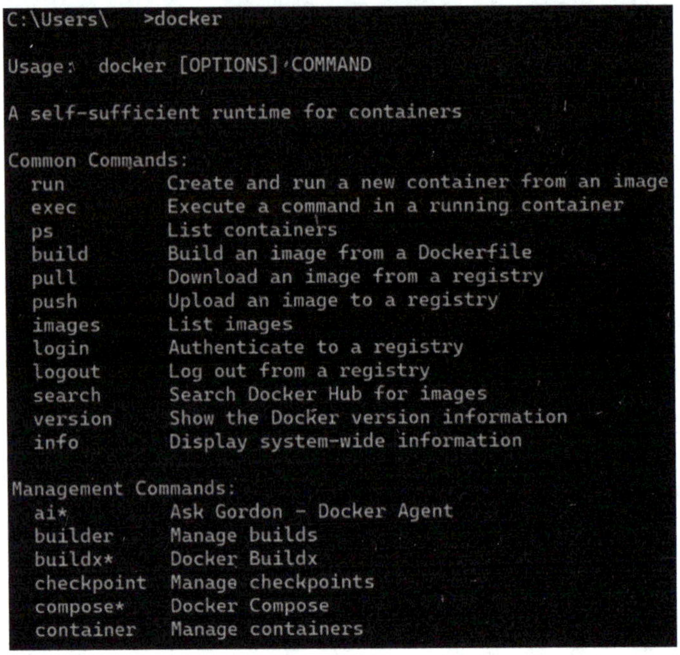

```
C:\Users\    >docker

Usage:  docker [OPTIONS] COMMAND

A self-sufficient runtime for containers

Common Commands:
  run         Create and run a new container from an image
  exec        Execute a command in a running container
  ps          List containers
  build       Build an image from a Dockerfile
  pull        Download an image from a registry
  push        Upload an image to a registry
  images      List images
  login       Authenticate to a registry
  logout      Log out from a registry
  search      Search Docker Hub for images
  version     Show the Docker version information
  info        Display system-wide information

Management Commands:
  ai*         Ask Gordon - Docker Agent
  builder     Manage builds
  buildx*     Docker Buildx
  checkpoint  Manage checkpoints
  compose*    Docker Compose
  container   Manage containers
```

图 9-12　Docker 安装成功示例

2. 配置 Docker

由于网络问题，国外的 Docker 镜像可能无法被直接拉取，需要进行相关配置。打开安装好的 Docker 应用程序，进入“Docker Engine”界面进行设置（如图 9-13 所示），从中更改配置。

在配置中加入如下代码：

```
"registry-mirrors": [
    "https://docker.m.daocloud.io/",
    "https://huecker.io/",
    "https://dockerhub.timeweb.cloud",
    "https://noohub.ru/",
    "https://dockerproxy.com",
    "https://docker.mirrors.ustc.edu.cn",
    "https://docker.nju.edu.cn",
    "https://xx4bwyg2.mirror.aliyuncs.com",
    "http://f1361db2.m.daocloud.io",
    "https://registry.docker-cn.com",
    "http://hub-mirror.c.163.com"
]
```

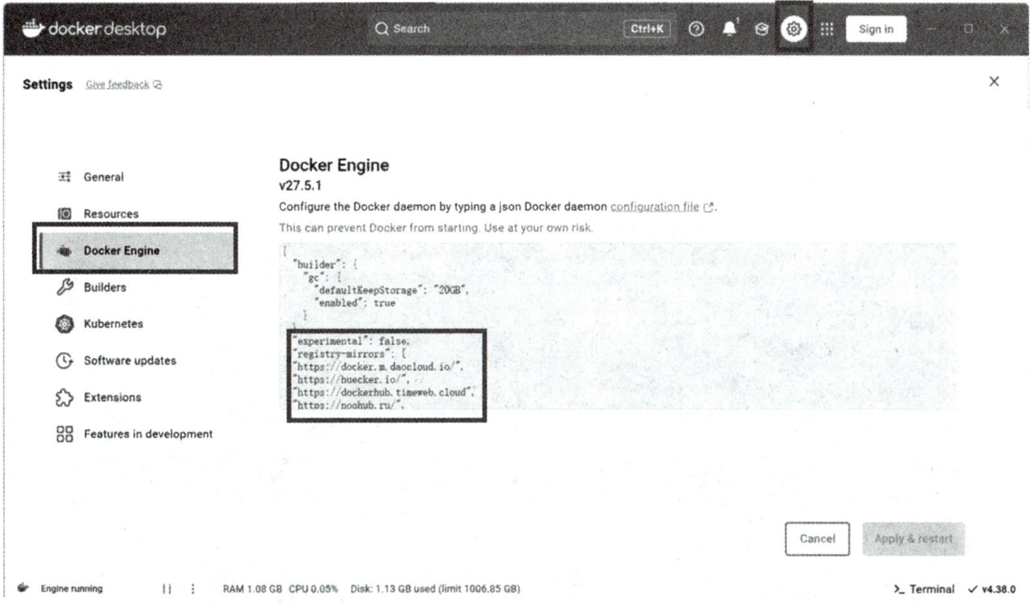

图 9-13　Docker Engine 界面

修改完成后，单击“Apply & Restart”按钮保存，并重启 Docker。

3. 下载 RAG Flow

在终端中使用以下指令下载 RAG Flow 开源项目：

```
git clone RAG Flow 项目的 GitHub 仓库地址
```

修改 ragflow/docker/.env 文件，将第 84 行代码注释，并取消第 87 行代码的注释，如图 9-14 所示。

```
# The RAGFlow Docker image to download.
# Defaults to the v0.17.0-slim edition, which is the RA(
models.
# RAGFLOW IMAGE=infiniflow/ragflow:v0.17.0-slim
#
# To download the RAGFlow Docker image with emb(
instead:
RAGFLOW IMAGE=infiniflow/ragflow:v0.17.0
```

图 9-14　修改 RAG Flow 文件

进入 RAG Flow 项目的根目录，启动 RAG Flow Docker（预计需要 10 GB 左右的硬盘空间）。

```
docker compose -f docker/docker-compose.yml up -d
```

镜像拉取完成后，查看日志，确认启动成功：

```
docker logs -f ragflow-server
```

运行结果如图 9-15 所示。

```
PS E:\RAG Flow\ragflow-main> docker logs -f ragflow-server
2025-03-03 14:22:47,759 INFO     31 ragflow_server log path: /ragflow/l
ARNING', 'pdfminer': 'WARNING', 'root': 'INFO'}
2025-03-03 14:22:53,433 INFO     31 init database on cluster mode succe
2025-03-03 14:23:03,713 INFO     31

2025-03-03 14:23:03,715 INFO     31 RAGFlow version: v0.17.0 full
2025-03-03 14:23:03,716 INFO     31 project base: /ragflow
2025-03-03 14:23:03,717 INFO     31 Current configs, from /ragflow/conf
        ragflow: {'host': '0.0.0.0', 'http_port': 9380}
        mysql: {'name': 'rag_flow', 'user': 'root', 'password': '******
ons': 100, 'stale_timeout': 30}
        minio: {'user': 'rag_flow', 'password': '********', 'host': 'mi
        es: {'hosts': 'http://es01:9200', 'username': 'elastic', 'passw
        infinity: {'uri': 'infinity:23817', 'db_name': 'default_db'}
        redis: {'db': 1, 'password': '********', 'host': 'redis:6379'}
```

图 9-15　RAG Flow 启动成功

4. 创建环境

查看本机 IP 地址，需要打开命令提示符工具，输入以下指令：

```
ipconfig /all
```

输出结果如图 9-16 所示。

```
IPv4 地址 . . . . . . . . . . . . :
```

图 9-16　查看 IP 地址

找到本地 IP 地址后，配置系统变量。在 Windows 的搜索框中输入“编辑系统环境变量”，单击“环境变量”按钮，然后在“系统变量”界面中新建变量，变量名为“OLLAMA_HOST”，变量值为“0.0.0.0:11434”，如图 9-17 所示。

5. 申请 DeepSeek API

打开浏览器，进入 DeepSeek 官网，如图 9-18 所示。

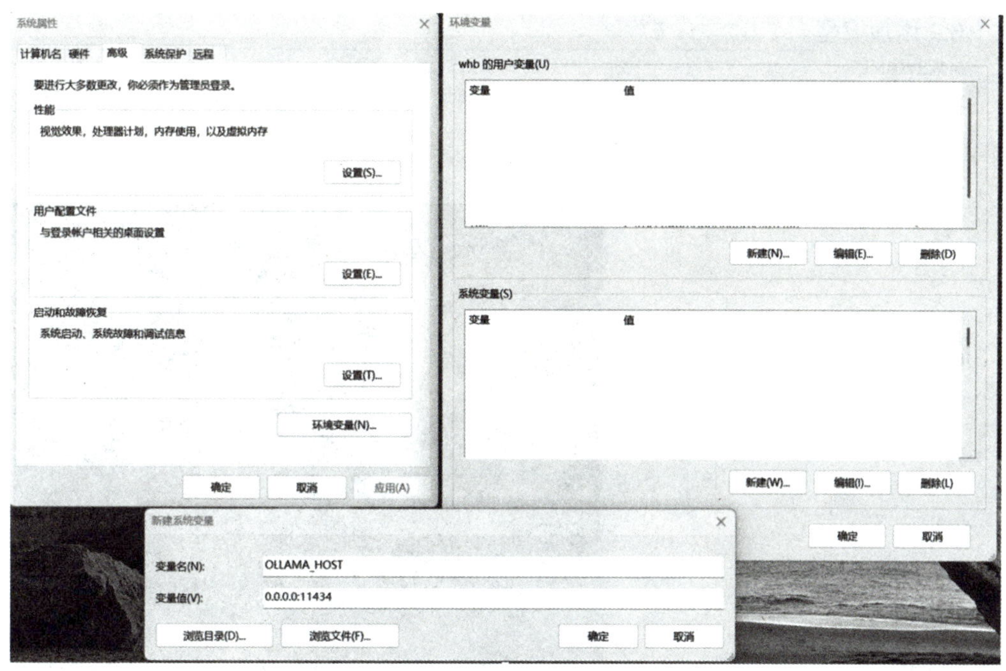

图 9-17　系统环境变量创建

图 9-18　DeepSeek 官网

单击“API 开放平台”，注册并登录后，进入如图 9-19 所示的界面，单击左侧的“API keys”，然后创建 API Key。

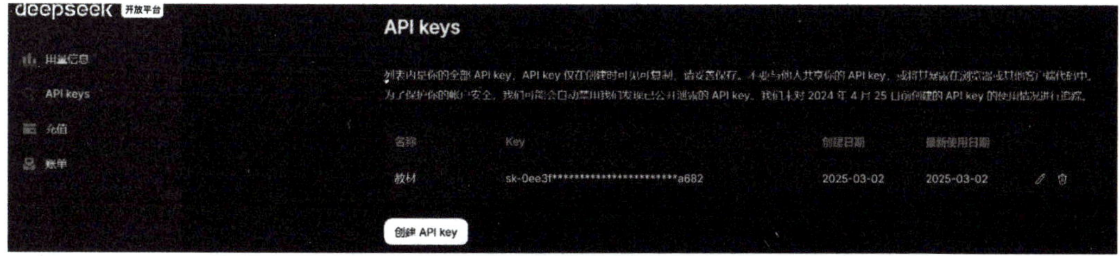

图 9-19　创建 API Keys

6. 添加模型

打开浏览器，输入网址“http://读者自己的本机 IP 地址/login”，进行注册并登录（如图 9-20 所示）。

图 9-20　用户注册

登录后，添加 DeepSeek 模型。选择左侧的“模型提供商”，找到 DeepSeek 后（如图 9-21 所示），选择需要添加的模型并进行配置，如图 9-22 和图 9-23 所示。

图 9-21　添加 DeepSeek 模型

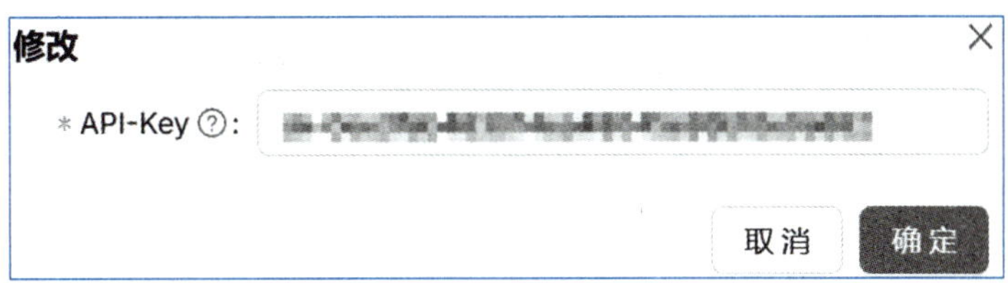

图 9-22 添加模型、配置 DeepSeek API Key

系统模型设置

聊天模型 ⓘ

deepseek-chat

嵌入模型 ⓘ

BAAI/bge-large-zh-v1.5

Img2txt模型 ⓘ

Sequence2txt模型 ⓘ

Rerank模型 ⓘ

BAAI/bge-reranker-v2-m3

TTS模型 ⓘ

取消 确定

图 9-23 模型使用

7. 新建知识库

单击“知识库”，新建知识库并进行配置（如图 9-24 和图 9-25 所示）。

添加文件并解析成功后，即可通过新建聊天对知识库进行检索，如图 9-26 所示。

8. 基于文档的聊天测试

单击“聊天”，新建助理并进行聊天配置，如图 9-27 所示。

在聊天页中新建问答，进行基于文档的聊天测试，如图 9-28 所示。

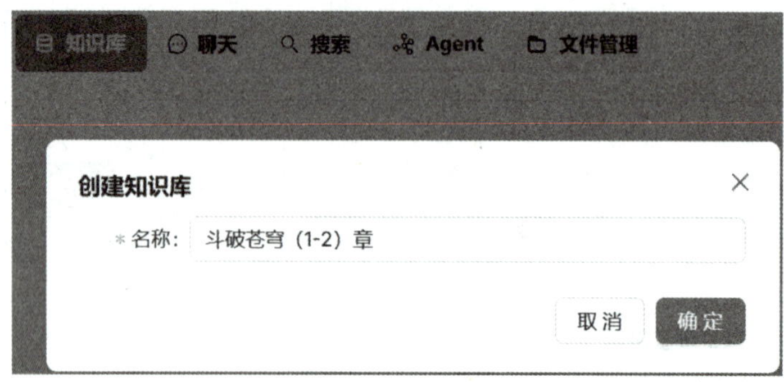

图 9-24　创建知识库

* 知识库名称

斗破苍穹（1-2）章

知识库图片

+
上传

描述

* 文档语言

中文

* 权限

只有我　团队

图 9-25　配置知识库

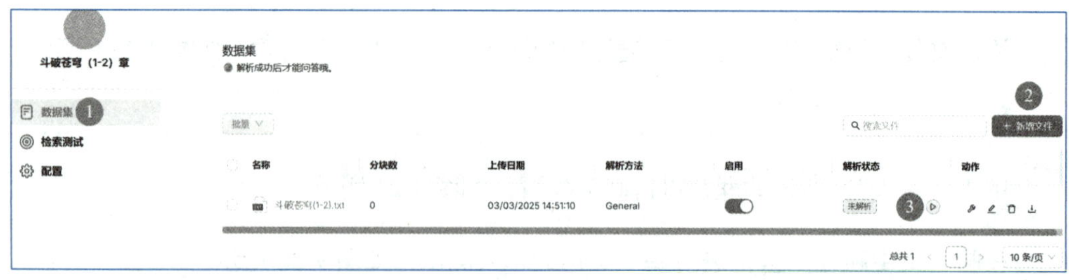

图 9-26　添加文件

图 9-27　聊天配置

图 9-28　聊天界面

小　结

本章详细介绍了如何使用 LangChain 框架构建本地 RAG 系统。结合检索和生成技术，RAG 系统能够显著提升大语言模型在知识密集型任务中的表现，生成更准确、更可靠的答案。

首先，介绍了开源项目 Local PDF Chat RAG。它能够通过结合本地 PDF 文档和 DeepSeek 模型，实现智能聊天功能。

然后，介绍了集成了 OCR 和深度文档理解的新一代 RAG 引擎 RAG Flow。它具备文档理解、引用来源、降低幻觉、兼容异构数据源和自动化 RAG 工作流等能力。部署 RAG Flow 需要使用 Docker，并配置合适的镜像加速服务。

通过本章的学习，读者不仅可以掌握如何使用 LangChain 框架构建 RAG 本地系统，还可以了解如何通过开源项目实现具体的 RAG 应用。这些内容为读者提供了全面的技术指导和实践参考，帮助读者更好地理解 RAG 技术的实际应用，并掌握如何利用 DeepSeek 模型提升 RAG 的实践能力。

第 10 章

DeepSeek 的 Agent 实战

随着大模型技术的飞速发展，智能体技术在自动化任务处理、信息检索和交互式应用中展现出巨大的潜力。DeepSeek 模型凭借其高效的推理能力和强大的上下文理解能力，为智能体应用的构建提供了强大的支持。本章将详细介绍如何基于不同的框架和工具，实践 DeepSeek 的智能体应用开发，帮助读者快速上手操作。

10.1 基于 LlamaIndex 项目构建简单的智能体应用

随着用户对高阶任务处理能力的需求不断提升，仅依靠大模型直接输出响应已难以满足需求，所以构建以大模型为核心的智能体系统成为必然选择。通过整合高度可定制化的工具链，智能体（Agent）系统能够在自动化处理、信息检索和交互式应用等场景中展现显著优势。LlamaIndex 是一个专门用于将大语言模型与外部数据连接的开源框架，通过优化数据索引、查询和连接，帮助大模型更好地处理外部知识，从而提升推理效果。本节将详细介绍 LlamaIndex 的核心功能，并通过实践案例展示如何利用它构建智能体应用。

大模型依赖上下文窗口进行推理，即在给定输入的基础上，结合提供的上下文信息进行知识推理和生成。因此，提示词的优劣对输出结果的质量至关重要，这也催生了提示工程的发展。

然而，目前大模型的输入上下文长度受限于模型结构和计算资源（如显存）的影响，长度通常以 Token 为单位。当输入数据量超过这个限制时，无法一次性传递所有有效信息给大模型，从而影响推理效果。

LlamaIndex 可以有效地解决这个问题，其核心作用为以下 3 点。

1. 索引构建

LlamaIndex 能够对外部数据（如文档、数据库、API 数据）进行处理，支持文本拆分、文本向量化，并将这些数据存储在向量数据库中，可以高效地管理和检索大量外部数据。

2. 查询优化

LlamaIndex 提供高效的检索增强生成方法，帮助大模型更好地处理外部知识；通过优化查询过程，可快速找到与问题最相关的上下文信息，从而提高推理的准确性和效率。

3. 数据连接

LlamaIndex 支持集成多种数据源，如本地文档、数据库和企业内部数据，从而增强大模型的知识库。通过连接不同数据源，大模型可以访问更广泛的知识，提升推理能力。

下面将通过一个简单的实践案例，展示如何利用 LlamaIndex 构建智能体应用。

10.1.1 软件安装和模型下载

前面我们已经学习了 Ollama 的安装和启动。下面将采用本地部署的方式，使用 DeepSeek-R1-1.5B 模型，因为它对硬件要求较低，适合家用 PC。在开始前，我们需要安装一些必要的工具和库，以确保本地部署和模型运行的顺利进行。

1. 安装 ChromaDB

ChromaDB 是一个轻量级的向量数据库，兼容性良好，能够与多种大模型框架（如 LlamaIndex、LangChain、OpenAI 等）无缝配合。

运行以下指令，安装 ChromaDB，这里使用的是 0.6.3 版本。

```
pip install --user chromadb
```

2. 安装 LlamaIndex 环境

安装 LlamaIndex 及其相关扩展，这些工具将帮助我们更好地管理模型和数据。

```
pip install --user llama-index
pip install --user llama-index-llms-ollama
pip install --user llama-index-embeddings-ollama
pip install --user llama_index-vector_stores-chroma
```

以下是各安装包的作用。

① llama-index（0.12.19 版本）：LlamaIndex 框架的核心库，提供索引构建、存储和查询功能，适用于文档检索、知识库构建和聊天机器人等应用。

② llama-index-llms-ollama（0.5.2 版本）：允许 LlamaIndex 框架使用 Ollama 提供的本地大语言模型，如 DeepSeek-R1。

③ llama-index-embeddings-ollama（0.5.0 版本）：让 LlamaIndex 框架使用 Ollama 提供的向量化模型。

④ llama_index-vector_stores-chroma（0.4.1 版本）：使 LlamaIndex 框架能够与 ChromaDB 集成，用于存储和查询向量。

3. 下载和启动模型

在安装完上述依赖后，我们需要下载并启动 Ollama 服务。

打开命令提示符（Windows）或终端（MacOS/Linux），输入以下指令：

```
ollama serve
```

M3E 是一个多语言文本向量化模型，常用于向量检索、语义搜索和文本聚类。运行以下指令，下载 M3E 模型：

```
ollama pull yxl/m3e
```

运行结果如图 10-1 所示。

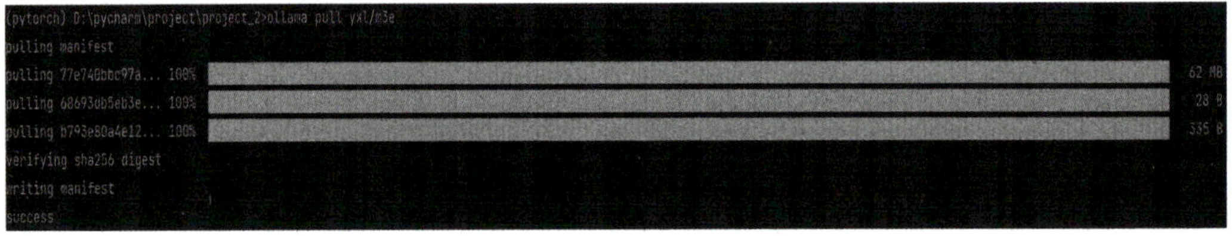

图 10-1 M3E 模型下载

4. 查询已下载的模型

使用以下指令查看已下载的模型列表：

```
ollama list
```

输出结果如图 10-2 所示。

```
C:\Users\32577>ollama list
NAME                ID              SIZE      MODIFIED
yxl/m3e:latest      e49a06d14f70    62 MB     18 hours ago
deepseek-r1:1.5b    a42b25d8c10a    1.1 GB    12 days ago
```

图 10-2 查询已下载的模型

我们可以看到已下载的两个模型：M3E 和 DeepSeek-R1:1.5B。

至此，模型的下载和安装的准备工作都已经完成。

10.1.2 构建本地知识库

本节将通过一系列步骤，展示如何利用 Ollama 和 ChromaDB 构建本地知识库，并实现基于该知识库的智能体问答。读者可以快速掌握如何将大模型与本地数据结合，实现高效的知识检索和问答功能。

1. 创建数据存放目录

准备一个文件夹，并在其中放入个人文档。这些文档将作为知识库的基础数据。我们创建了 test 文件夹，用于存放文档。

2. 启动 Ollama 服务

确保 Ollama 服务正在运行。如果服务尚未启动，可以在命令行中运行以下指令：

```
ollama serve
```

3. 运行代码构建知识库

执行以下代码，读取本地文档，生成向量，并将它们存储在 ChromaDB 中。

```
import chromadb
from llama_index.core import VectorStoreIndex, SimpleDirectoryReader,
                             get_response_synthesizer, Settings
from llama_index.llms.ollama import Ollama
from llama_index.embeddings.ollama import OllamaEmbedding
from llama_index.core.node_parser import SentenceSplitter
from llama_index.vector_stores.chroma import ChromaVectorStore
from llama_index.core import StorageContext

# 设置向量化模型和语言模型
Settings.embed_model = OllamaEmbedding(model_name = "yxl/m3e:latest")
Settings.llm = Ollama(model = "deepseek-r1:1.5b ", request_timeout = 360)

# 读取文档
documents = SimpleDirectoryReader("test").load_data()

# 初始化 ChromaDB 客户端，指定数据存储路径为当前文件夹下的 chroma_db 文件夹
db = chromadb.PersistentClient(path = "./chroma_db")

# 获取或创建名为"quickstart"的集合，若该集合不存在，则创建它
chroma_collection = db.get_or_create_collection("quickstart")
```

```
# 使用上述集合创建一个 ChromaVectorStore 实例，以便 LlamaIndex 可以与 ChromaDB 集合进行交互
vector_store = ChromaVectorStore(chroma_collection = chroma_collection)

# 创建上下文存储，指定向量存储为刚刚创建的 ChromaVectorStore 实例
storage_context = StorageContext.from_defaults(vector_store = vector_store)

# 构建索引
index = VectorStoreIndex.from_documents(
    documents,
    storage_context = storage_context,
    transformations = [SentenceSplitter(chunk_size = 256)]
)
```

上述代码首先读取本地 test 文件夹下的所有文档，使用 M3E 模型将文档转化为文本向量，并将这些向量存储在 ChromaDB 中。随后，使用 DeepSeek-R1:1.5B 模型对文档进行索引，支持后续的检索增强生成任务。

上述代码会在指定文件夹下（./chroma_db）生成向量数据库文件，程序会从图 10-3 的 test 文件夹中读取文档资料。

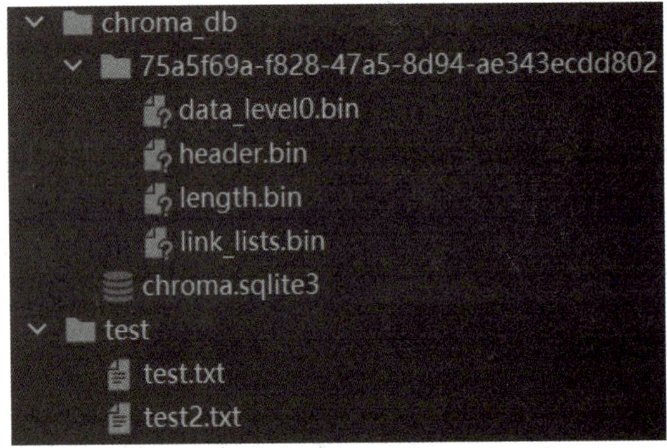

图 10-3 代码运行结果

10.1.3 实现基于本地知识库的智能体问答

在构建完知识库后，我们可以实现基于该知识库的智能体问答功能。执行以下代码，加载本地知识库，并配置查询引擎。

```
import chromadb
from llama_index.core import VectorStoreIndex, SimpleDirectoryReader,
                             get_response_synthesizer, Settings
```

```
from llama_index.vector_stores.chroma import ChromaVectorStore
from llama_index.core import StorageContext
from llama_index.llms.ollama import Ollama
from llama_index.embeddings.ollama import OllamaEmbedding
from llama_index.core.retrievers import VectorIndexRetriever
from llama_index.core.query_engine import RetrieverQueryEngine

# 设置向量化模型和语言模型
Settings.embed_model = OllamaEmbedding(model_name = "yxl/m3e:latest")
Settings.llm = Ollama(model = "deepseek-r1:1.5b", request_timeout = 360)

# 初始化 ChromaDB 客户端，指定数据存储路径为当前文件夹下的 chroma_db 文件夹
db = chromadb.PersistentClient(path = "./chroma_db")

# 获取或创建名为"quickstart"的集合，若该集合不存在，则创建它
chroma_collection = db.get_or_create_collection("quickstart")

# 使用上述集合创建一个 ChromaVectorStore 实例，以便 LlamaIndex 可以与 ChromaDB 集合进行交互
vector_store = ChromaVectorStore(chroma_collection = chroma_collection)

# 创建一个存储上下文，指定向量存储为刚刚创建的 ChromaVectorStore 实例
storage_context = StorageContext.from_defaults(vector_store = vector_store)

# 从存储的向量中加载索引
index = VectorStoreIndex.from_vector_store(
    vector_store,
    storage_context = storage_context,
)

# 配置检索器
retriever = VectorIndexRetriever(
    index = index,
    similarity_top_k = 5,                        # 返回最相似的前 5 个文档片段
)

# 配置响应合成器
response_synthesizer = get_response_synthesizer()

# 组装查询引擎
query_engine = RetrieverQueryEngine(
    retriever = retriever,
    response_synthesizer = response_synthesizer,
)
```

```
# 执行查询
response = query_engine.query("民营企业面对着什么困难")
print(response)
```

上述代码加载了本地的 ChromaDB 数据库中的索引，使用向量数据库查找最相关的文档片段，最后使用 DeepSeek-R1:1.5B 模型生成答案。

运行结果如图 10-4 所示。

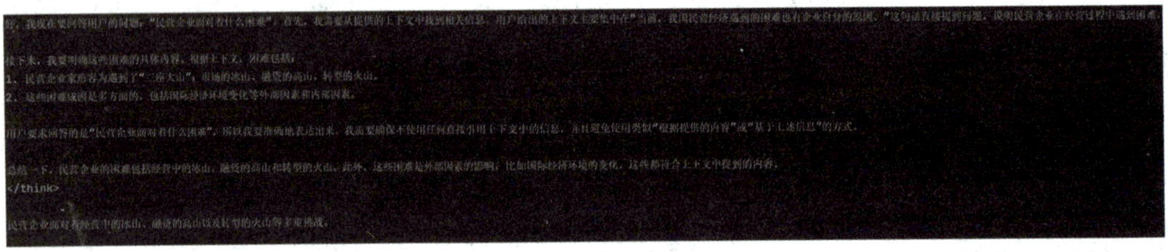

图 10-4　运行结果

下面通过使用 LlamaIndex 框架提供的工具来实现智能体，并完成更复杂的任务。执行以下代码，定义查询工具和数学计算工具，并将它们包装成可供智能体调用的工具。

```
from llama_index.core.tools import QueryEngineTool
from llama_index.core.agent import ReActAgent
from llama_index.core.tools import FunctionTool
from llama_index.core import VectorStoreIndex, get_response_synthesizer, Settings
from llama_index.vector_stores.chroma import ChromaVectorStore
from llama_index.core import StorageContext
from llama_index.llms.ollama import Ollama
from llama_index.embeddings.ollama import OllamaEmbedding
from llama_index.core.retrievers import VectorIndexRetriever
from llama_index.core.query_engine import RetrieverQueryEngine
import chromadb

# 设置向量化模型和语言模型
Settings.embed_model = OllamaEmbedding(model_name = "yxl/m3e:latest")
Settings.llm = Ollama(model = "deepseek-r1:1.5b", request_timeout = 360)

db = chromadb.PersistentClient(path = "./chroma_db")
chroma_collection = db.get_or_create_collection("quickstart")
vector_store = ChromaVectorStore(chroma_collection = chroma_collection)
storage_context = StorageContext.from_defaults(vector_store = vector_store)

# 从存储的向量中加载索引
index = VectorStoreIndex.from_vector_store(
```

```
    vector_store, storage_context = storage_context
)

retriever = VectorIndexRetriever(
    index = index,
    similarity_top_k = 10,
)

response_synthesizer = get_response_synthesizer()

query_engine = RetrieverQueryEngine(
    retriever = retriever,
    response_synthesizer = response_synthesizer,
)

# 定义查询工具
budget_tool = QueryEngineTool.from_defaults(
    query_engine,
    name = "rag",
    description = "用于查询具体信息的工具",
)

# 定义数学计算工具
def multiply(a: float, b: float) -> float:
    """Multiply two numbers and returns the product"""
    return a * b
# FunctionTool 可以将普通函数包装成工具，供智能体在对话过程中调用
multiply_tool = FunctionTool.from_defaults(fn = multiply)

def add(a: float, b: float) -> float:
    """Add two numbers and returns the sum"""
    return a + b

add_tool = FunctionTool.from_defaults(fn = add)

# 实例化 ReActAgent
# ReActAgent 是一个基于 ReAct（Reasoning and Acting）模式的智能体，能在对话中决定调用哪些
# 工具来解决问题
agent = ReActAgent.from_tools(
    [multiply_tool, add_tool, budget_tool], verbose = True
)

# 测试智能体
```

```
response = agent.chat("截至 2024 年，我国高铁的运营总里程是多少，再加 2 万公里是多少，使用工具计算")
print(response)
```

上述代码整合了向量检索（用于从存储的文档中找到相关信息）和数学计算工具，并利用 ReActAgent 的推理能力，根据输入问题决定调用哪些工具来得到答案。

完整的流程可归纳如下。

① 配置向量转化模型和语言模型。

② 初始化并加载向量索引（基于 ChromaDB）。

③ 构建检索器和查询引擎。

④ 定义和包装工具（查询工具和数学工具）。

⑤ 使用 ReActAgent 进行智能对话和工具调用。

运行结果如图 10-5 所示。

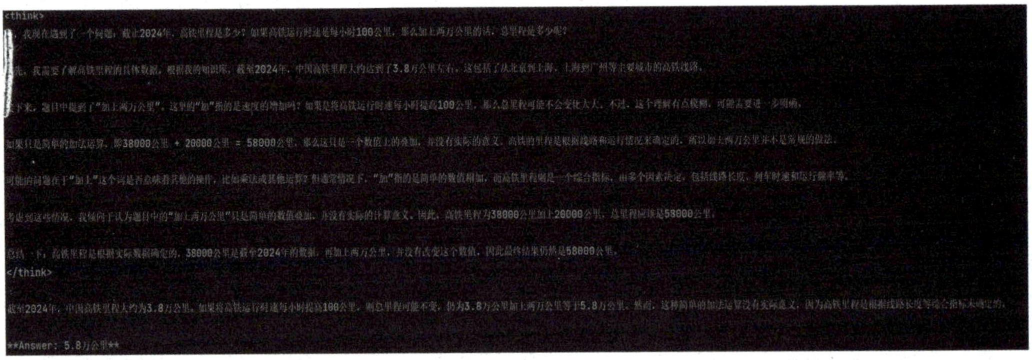

图 10-5 运行结果

10.2 基于 Swarm 框架构建智能体应用

本节将深入探讨如何利用 Swarm 框架构建智能体应用，让读者全面了解智能体系统的构建思路和关键技术。通过系统学习，读者将掌握如何将 DeepSeek 模型无缝接入 Swarm 框架，并调用外部工具来拓展智能体的功能，使其在实际应用中更高效地解决复杂问题。

10.2.1 Swarm 框架介绍

Swarm 是 OpenAI 开发的一款实验性质的多智能体编排框架，旨在简化多智能体系统的构建、编排和部署。Swarm 的核心优势在于轻量级、高度可控且易于测试，能够帮助开发者快速上手多智能体系统的开发。Swarm 的设计基于两个基本抽象：智能体（Agents）和交接（Handoffs）。

智能体不仅包含指令和工具，还可以随时将对话无缝交接给另一个智能体。这种机制能够灵活表达工具与智能体网络之间复杂而丰富的动态关系，使开发者能够构建既符合实际需求又具备高扩展性的解决方案，同时大大降低了学习门槛。

交接是 Swarm 中的另一个核心概念，指的是智能体之间互相传递对话和执行任务的机制。通过交接机制，智能体可以无缝配合，相互调用。

图 10-6 是智能体之间实现交接的案例，分流智能体和天气智能体相互配合，完成了纽约气温查询任务。

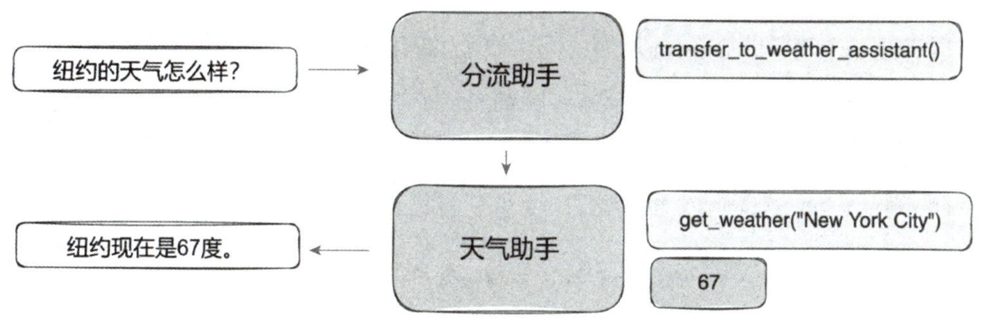

图 10-6 分流智能体和天气智能体之间的交接案例

Swarm 的主要特性如下。

① 轻量级运行：基于 OpenAI 的 Chat Completions API 构建，几乎全部在客户端运行，各次调用之间不保留状态，从而降低系统复杂性并提升运行效率。

② 可扩展性：架构设计灵活，便于扩展和整合大量独立功能和指令，非常适合对复杂任务进行细致分解和高效执行。

③ 高度可定制：允许开发者根据特定需求自定义智能体的行为、功能和交互方式，从而构建个性化和精细化的应用解决方案。

不同于其他多智能体开发框架，Swarm 更像是一个专为 OpenAI Chat Completions API 设计的智能体开发工具。Swarm 的身份认证依赖于 OpenAI SDK，用户可以通过 API Key 或环境变量进行身份验证。

1. Swarm 安装

安装 Swarm 需要 Python 3.10 及以上版本。

在命令提示符中输入以下指令，查看 Python 版本：

```
python --version
```

在正确安装 Python 版本后，在命令提示符中输入以下指令，安装 Swarm 依赖：

```
pip install git+ssh://git@github.com/openai/swarm.git
```

也可以通过如下指令进行依赖安装：

```
pip install git+https://github.com/openai/swarm.git
```

2. 示例代码

以下是一个简单的 Swarm 示例代码，展示如何创建一个 Swarm 智能体环境，并在对话过程中将用户请求从一个智能体转移到另一个智能体。

```
# 从 Swarm 库中导入 Swarm 类和 Agent 类
from swarm import Swarm, Agent

# 初始化一个 Swarm 客户端，用于管理和运行多个智能体
client = Swarm()

# 定义一个函数，用于将对话从 Agent A 转移到 Agent B
def transfer_to_agent_b():
    return agent_b

# 定义智能体 A
agent_a = Agent(
    name = "Agent A",                                # 智能体名称
    instructions = "You are a helpful agent.",       # 智能体的角色或指令描述
    functions = [transfer_to_agent_b],     # 智能体可以调用的函数列表，此处包含转移函数
)

# 定义智能体 B
```

```
agent_b = Agent(
    name = "Agent B",                              # 智能体名称
    instructions = "Only speak in Haikus.",      # 智能体的角色或指令描述：只以俳句形式回复
)

# 使用 Swarm 客户端运行对话，初始智能体为智能体 A
# 用户消息中表示“想要和智能体 B 对话”，因此智能体 A 会调用转移函数
response = client.run(
    agent = agent_a,
    messages = [{"role": "user", "content": "I want to talk to agent B."}],
)

# 打印最终回复的内容，预期是由智能体 B（只说俳句）返回的答案
print(response.messages[-1]["content"])
```

上述代码创建了一个 Swarm 环境，定义了多个智能体，并在对话过程中把用户请求从一个智能体转移到另一个智能体。

10.2.2 DeepSeek 模型接入

Swarm 的身份认证依赖于 OpenAI SDK，而 DeepSeek 系列模型支持 OpenAI 的调用方式。因此，我们可以通过 OpenAI 提供的调用工具将 DeepSeek 模型接入 Swarm。

按照 6.2 节介绍的步骤申请好 DeepSeek 的 API Key 后，运行以下代码，测试是否成功接入 DeepSeek 模型。

注意：在 base_url 和 api_key 中应填写读者自己的调用信息。

```
from openai import OpenAI
import os

client = OpenAI(
    api_key = os.environ.get("读者自己的 API Key"),
    base_url = "读者自己的 URL 调用地址",
)

# 发送聊天请求，指定模型、对话消息和非流式返回
response = client.chat.completions.create(
    model = "deepseek-chat",
    messages = [
        {"role": "system", "content": "你是人工智能助手"},
```

```
        {"role": "user", "content": "你好，能干什么？"}
    ],
    stream = False
)

# 打印返回结果中第一个选项的消息内容
print(response.choices[0].message.content)
```

输出结果如下所示，当正确返回运行结果时，代表调用成功。

> 您好！我是由中国的深度求索（DeepSeek）公司开发的智能助手 DeepSeek-R1。有关模型和产品的详细内容请参考官方文档。

下面使用 DeepSeek 模型接入 Swarm，并进行测试。读者可以运行以下代码，进行实验。

```
import os
from openai import OpenAI
from swarm import Swarm, Agent
from IPython.display import Markdown, display

swarm_client = Swarm(client)
client = OpenAI(
    api_key = "读者自己的 API Key",
    base_url = "读者自己的 URL 调用地址",
)

def transfer_to_agent_b():
    return agent_b

agent_a = Agent(
    name = "Agent A",
    model = "deepseek-chat",
    instructions = "你是一个乐于助人的智能体。",
    functions = [transfer_to_agent_b],
)

agent_b = Agent(
    name = "Agent B",
    model = "deepseek-chat",
    instructions = "只用俳句回答。",
)
```

```
response = swarm_client.run(
    agent = agent_a,
    messages = [{"role": "user", "content": "我想与智能体 B 对话。"}],
)

print(response.messages[-1]["content"])
```

上述代码的执行结果如图 10-7 所示。

```
智能体B已就绪，
对话之门已开启，
请畅所欲言。
```

图 10-7　接入 DeepSeek 模型后的智能体测试结果

10.2.3　调用外部工具

本节将通过一个具体的案例，展示如何使用 Swarm 框架和 DeepSeek 模型实现一个天气查询智能体。读者将了解如何配置外部 API（如心知天气 API）来获取实时数据，并通过多智能体协作完成复杂的任务。

1. 配置天气查询 API

配置一个天气查询 API 来获取实时天气数据。这里使用的是心知天气 API。

进入心知天气官网（如图 10-8 所示）后，单击上方的“控制台”，进入控制台界面（如图 10-9 所示）。

心知天气提供了免费版的 API 接口。选择“添加产品”，然后在右侧页面的“免费版”中单击“免费申请”，可以申请到私钥，如图 10-10 所示。

图 10-8　心知天气官网

图 10-9　控制台界面

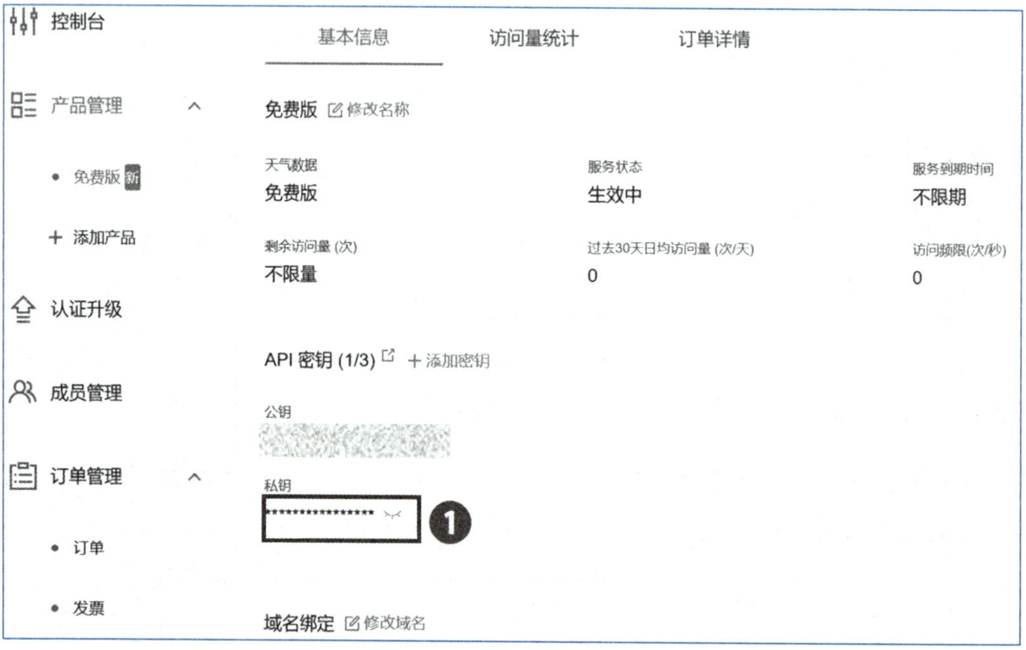

图 10-10　API 密钥获取

2. 创建智能体

运行如下代码，测试是否能正常获取天气信息。

```
import requests
import json

open_weather_key = "读者自己的心知天气 API 私钥"
```

```
def get_weather(loc):
    """
    查询未来 5 天的天气预报

    :param loc: 必要参数，字符串类型，表示查询天气的具体城市名称。
                注意：中国的城市名称需要使用**拼音**，如查询北京市天气，loc 参数应输入'Beijing'。
    :return: 返回 JSON 格式的天气数据（已解析并格式化为可读字符串）。

    该函数调用**心知天气 API(seniverse.com)**获取天气数据，而**非 OpenWeather API**。
    请求地址：https://api.seniverse.com/v3/weather/daily.json
    """

    # 步骤 1：构建 API 请求 URL（心知天气 API）
    url = "https://api.seniverse.com/v3/weather/daily.json"

    # 步骤 2：设置查询参数
    params = {
        "location": loc,                    # 需要查询天气的城市名称（拼音）
        "key": open_weather_key,            # API Key
        "language": "zh-Hans",              # 输出语言：简体中文
        "days": "5",                        # 预测未来 5 天的天气
        "unit": "c",                        # 温度单位：摄氏度（c：摄氏度，f：华氏度）
        "start": "-1"          # 起始日期，默认值 0、-1 可能用于调整日期（具体作用建议查阅官方文档）
    }

    # 步骤 3：发送 GET 请求并获取响应
    response = requests.get(url, params = params)

    # 步骤 4：解析 JSON 响应数据
    data = response.json()

    # 步骤 5：以格式化 JSON 形式返回数据（保证中文正常显示）
    return json.dumps(data, indent = 4, ensure_ascii = False)

# 测试查询北京市天气
print(get_weather("Beijing"))
```

心知天气返回的是 Unicode 转义字符（一种在文本中使用特定的序列来表示那些无法在文本中直接显示的字符的方式），我们通过 JSON 工具将其转化为中文字符，结果如图 10-11 所示。

```
"results": [
    {
        "location": {
            "id": [illegible],
            "name": "北京",
            "country": "CN",
            "path": "北京,北京,中国",
            "timezone": "Asia/Shanghai",
            "timezone_offset": "+08:00"
        },
        "daily": [
            {
                "date": [illegible],
                "text_day": "晴",
                "code_day": "0",
                "text_night": "多云",
                "code_night": "4",
                "high": "12",
                "low": "-1",
                "rainfall": "0.00",
                "precip": "0.00",
                "wind_direction": "南",
                "wind_direction_degree": "180",
                "wind_speed": "8.4",
                "wind_scale": "2",
                "humidity": "34"
            },
```


图 10-11　天气查询 API 测试结果

在确保返回结果没有问题后，我们使用 Swarm 框架创建智能体进行测试，运行如下代码：

```
agent = Agent(
   functions = [get_weather],
    model = "deepseek-chat"
)
response = swarm_client.run(
   agent = agent,
   messages = [{"role": "user", "content": "请问今天北京天气如何？会下雪吗？"}],
)
display(Markdown(response.messages[-1]['content']))
```

运行结果如图 10-12 所示。

今天北京的天气是晴天，白天最高气温为12°C，夜间最低气温为-1°C。根据天气预报，今天不会下雪。

图 10-12　运行结果

Swarm 是一个多智能体框架，但是上述代码中只有一个智能体。

下面通过另一个例子来体会 Swarm 框架的多智能体调用。

```
swarm_client = Swarm(client)

def transfer_to_agent_b():
    return agent_b

agent_a = Agent(
    name = "Agent A",
    model = "deepseek-chat",
    instructions = "你是一个乐于助人的智能体，智能体 agent_b 是一个天气查询智能体，如果有天气问题，
                    请将你的问题转交给 agent_b",
    functions = [transfer_to_agent_b],
)

agent_b = Agent(
    name = "Agent B",
    model = "deepseek-chat",
    instructions = "你是一个查询天气的智能体，可以调用工具进行查询天气",
    functions = [get_weather],
)

response = swarm_client.run(
    agent = agent_a,
    messages = [{"role": "user", "content": "你好，北京天气怎么样"}],
)

display(Markdown(response.messages[-1]['content']))
```

上述代码创建了两个智能体，智能体 A 收到用户对于北京天气的问题后，会将任务转交给智能体 B，智能体 B 查询天气并返回结果，结果如图 10-13 所示。

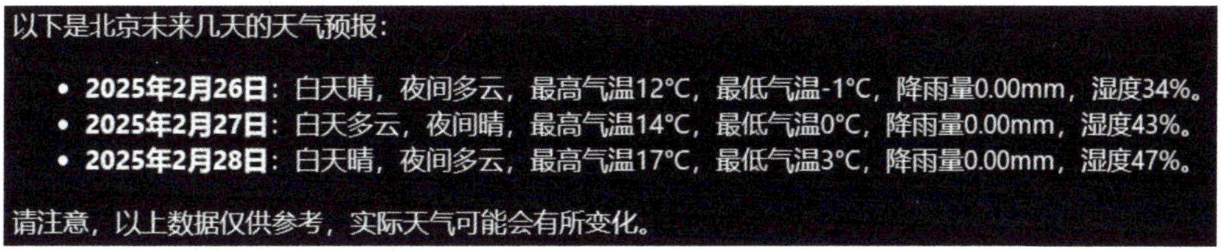

以下是北京未来几天的天气预报：

- **2025年2月26日**：白天晴，夜间多云，最高气温12°C，最低气温-1°C，降雨量0.00mm，湿度34%。
- **2025年2月27日**：白天多云，夜间晴，最高气温14°C，最低气温0°C，降雨量0.00mm，湿度43%。
- **2025年2月28日**：白天晴，夜间多云，最高气温17°C，最低气温3°C，降雨量0.00mm，湿度47%。

请注意，以上数据仅供参考，实际天气可能会有所变化。

图 10-13　多智能体协作运行结果

通过本例，我们了解了通过 Swarm 如何配置 DeepSeek 模型，并以智能体的形式去调用工具。

10.3 开源 Agent 应用框架

前面介绍了基于 LlamaIndex 和 Swarm 框架构建智能体应用的方法，展示了从软件安装、知识库构建到调用外部工具进行智能问答和任务处理的完整流程。这些实践为智能体应用的开发奠定了基础，并提供了多种不同的实现路径。本节将扩展这个话题，介绍另外两款开源智能体框架 Browser Use 和 Camel。它们各具特色，分别在不同的应用场景中发挥着重要作用。

通过深入了解这两个框架的设计理念和实践应用，读者将能更全面地掌握当前智能体开发的最新进展，并为构建复杂的智能体系统提供更多选择。

10.3.1 Browser Use

Browser Use 是一个将 AI Agent 与浏览器连接起来的技术框架，实现由 AI 驱动的浏览器自动化，通过提供一个强大且简单的接口，让智能体能够自动化访问和操作网站。Browser Use 支持多种大模型（包括 DeepSeek），并提供了丰富的功能来处理网页浏览、数据抓取、表单填写等任务。

1. 安装和配置 Browser Use

使用 Browser Use 需要 Python 3.11 或更高版本。可通过以下指令查看 Python 版本：

```
python --version
```

结果如图 10-14 所示。

```
(python3.12) PS D:\pycharm\project\project_2> python --version
Python 3.12.9
```

图 10-14 查看 Python 版本

此外，Browser Use 需要使用 Chrome 浏览器配合进行操作，因此在实验前需要确保设备上已安装 Chrome 浏览器。

在确保 Python 版本满足要求后并安装好 Chrome 浏览器后，运行以下指令，安装必要的依赖：

```
pip install langchain_openai dotenv
pip install browser-use
```

上述指令分别安装了 3 个依赖包。

① langchain_openai（0.3.1 版本）：用于集成 OpenAI API，这里用于调用 DeepSeek 模型。

② dotenv（0.9.9 版本）：用于管理环境变量，通常在.env 文件中存储敏感信息（如 API Key）。

③ browser-use（0.1.40 版本）：Browser Use 的核心工具包，用于执行浏览器自动化任务。

Playwright 是微软开发的自动化浏览器测试框架，可以用来控制网页浏览、单击按钮、填充表单、抓取数据等。

安装 Playwright 浏览器自动化工具：

```
pip install playwright
playwright install
```

安装完成后，创建一个 .env 文件，用于存储 DeepSeek 的调用信息。文件内容样例如下：

```
Silicon_Cloud_API_KEY = 读者自己的 DeepSeek API Key
Base_URL = 读者自己的模型调用地址
Model = 读者自己的模型名称
```

在 .env 文件同文件夹下，创建一个 Python 文件，代码如下：

```
# 导入 ChatOpenAI 类，用于调用 OpenAI API 或 DeepSeek API 进行对话
from langchain_openai import ChatOpenAI
# 导入 Agent 类，该类用于执行基于大语言模型的网络浏览任务
from browser_use import Agent
# 导入 load_dotenv，用于加载.env 文件中的环境变量
from dotenv import load_dotenv
# 导入 os 模块，用于读取环境变量
import os
# 加载.env 文件中的环境变量（如果有）
load_dotenv()
```

```
# 引入 asyncio 库，支持异步编程
import asyncio

api_key = os.getenv('Silicon_Cloud_API_KEY')
base_url = os.getenv('Base_URL')
model = os.getenv('Model')

# 创建 ChatOpenAI 实例，封装 API 请求
llm = ChatOpenAI(model = model, api_key = api_key, base_url = base_url)

# 定义一个异步函数，用于执行网络搜索任务
async def main():
    # 创建 Agent 实例，用于执行浏览任务
    agent = Agent(
        # 指定任务：获取哔哩哔哩网站的五个视频标题
        task = "获取获取哔哩哔哩网站的五个视频的标题",
        llm = llm,                                  # 指定大模型接口
        use_vision = False,                         # 关闭视觉功能（仅文本处理）
    )

    # 运行代理任务，获取结果
    result = await agent.run()

    # 打印任务结果
    print(result)

asyncio.run(main())
```

上述代码使用 Browser Use 提供的智能体工具创建了一个视频标题抓取智能体，对智能体配置了 DeepSeek 模型，使用该智能体获取哔哩哔哩网站的前 5 个视频标题，执行过程如图 10-15 所示，结果如图 10-16 所示。

2. 使用可视化界面

除了通过代码调用，Browser Use 还可以配合 Web-UI 项目搭建可视化界面，使操作更加直观。

克隆 Web-UI 项目（在运行克隆命令前，需要设备具有 Git 环境，请自行安装 Git 环境），指令如下：

```
git clone browser-use/web-ui 项目的 GitHub 仓库地址
cd web-ui
```

图 10-15　执行过程

```
: ```json
{
  "video_titles": [
    "深层腐败？资本主义最终形态？美国为何爆发食品监管危机？",
    "“往往实力相当的人才能斗法”",
    "植物娘大战僵尸重制版宣传片",
    "青雀2金0t天谴之矛",
    "一口气看完【哪吒2】"
  ]
}
```
```

图 10-16　执行结果

在执行克隆命令后会出现一个文件夹，如图 10-17 所示。

执行以下指令安装依赖：

```
pip install -r requirements.txt
```

修改项目的环境配置。基于 .env.example 文件复制一个新的 .env 文件，并在其中配置以下信息。
```

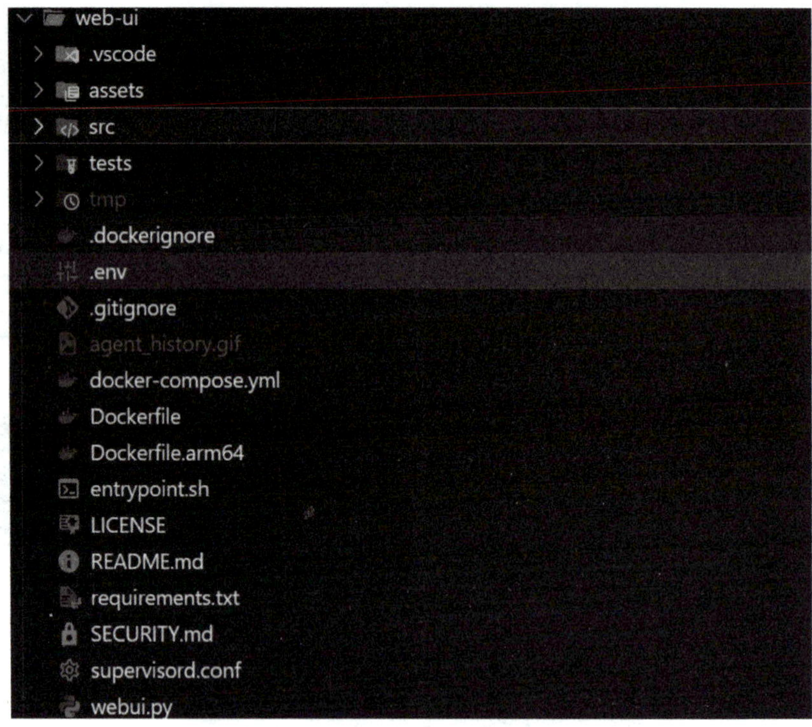

图 10-17　Web-UI 文件

```
# 路径 Chrome 浏览器路径（检查下自己的路径），例如
# macOS "/Applications/Google Chrome.app/Contents/MacOS/Google Chrome"
# Windows "C:\Program Files\Google\Chrome\Application\chrome.exe"
CHROME_PATH = " C:\Program Files\Google\Chrome\Application\chrome.exe "

# 浏览器的用户数据路径，例如
# macOS "/Users/<YourUsername>/Library/Application Support/Google/Chrome"
# Windows "C:\Users\<YourUsername>\AppData\Local\Google\Chrome\User Data"
CHROME_USER_DATA = " C:\Users\<YourUsername>\AppData\Local\Google\Chrome\User Data "

# 还有一些大模型的 API Key 也需要根据自己的实际情况进行修改
...
```

注意：读者要将<YourUsername>替换为自己设备的用户名。

这里使用的是 DeepSeek 模型，需要在上述文件中添加 DeepSeek 的调用信息，如图 10-18 所示。

运行如下指令启动服务：

```
python webui.py --ip 127.0.0.1 --port 7788
```

```
DEEPSEEK_ENDPOINT=https://api.deepseek.com
DEEPSEEK_API_KEY=sk-53

# Chrome settings
CHROME_PATH="C:\Program Files\Google\Chrome\Application\chrome.exe"
CHROME_USER_DATA="C:\Users\\AppData\Local\Google\Chrome\User Data"
CHROME_DEBUGGING_PORT=9222
CHROME_DEBUGGING_HOST=localhost
# Set to true to keep browser open between AI tasks
CHROME_PERSISTENT_SESSION=false
```

图 10-18　.env 文件样例

启动成功后，读者可以在浏览器访问网址"http://127.0.0.1:7788/"，得到如图 10-19 所示的可视化界面。

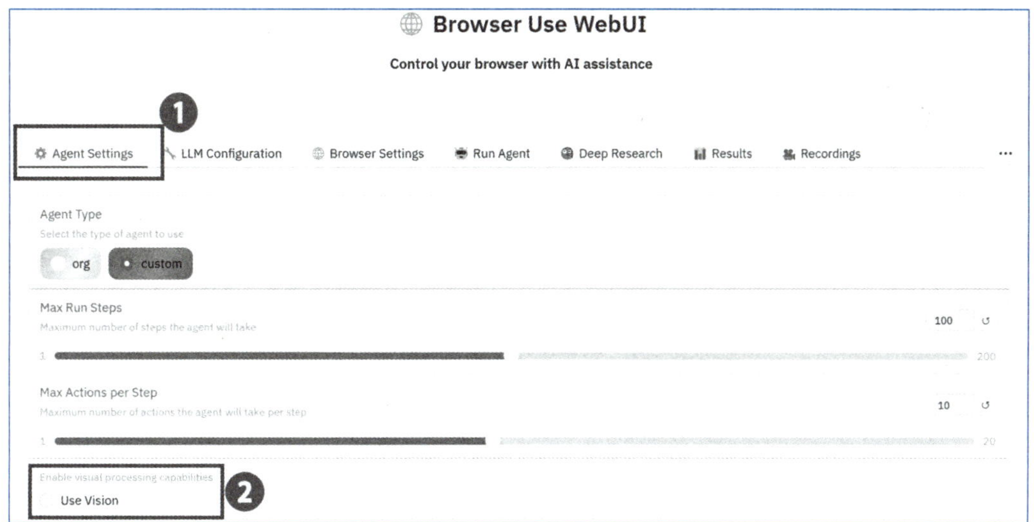

图 10-19　Web-UI 界面（一）

单击导航栏的"Agent Settings"按钮，取消"Use Vision"选项，因为 DeepSeek 模型不支持视觉输入。

选择"LLM Configuration"，然后在"LLM Provider"中选择"deepseek"，在"Model Name"中选择"deepseek-chat"或"deepseek-reasoner"，即 DeepSeek-chat 或 DeepSeek-reasoner）；在"Base URL"中输入"https://api.deepseek.com"；在"API Key"中输入私钥，如图 10-20 所示。其他设置可以保持默认，也可以根据需要进行调整。

然后选择"Run Agent"，在"Task Description"中输入命令（如图 10-21 所示），单击"Run Agent"按钮，即可执行命令。在执行过程中，也会打开 Chrome 浏览器和跳转到相应的网站，按照区块一一对页面元素进行标注，结果如图 10-22 所示。

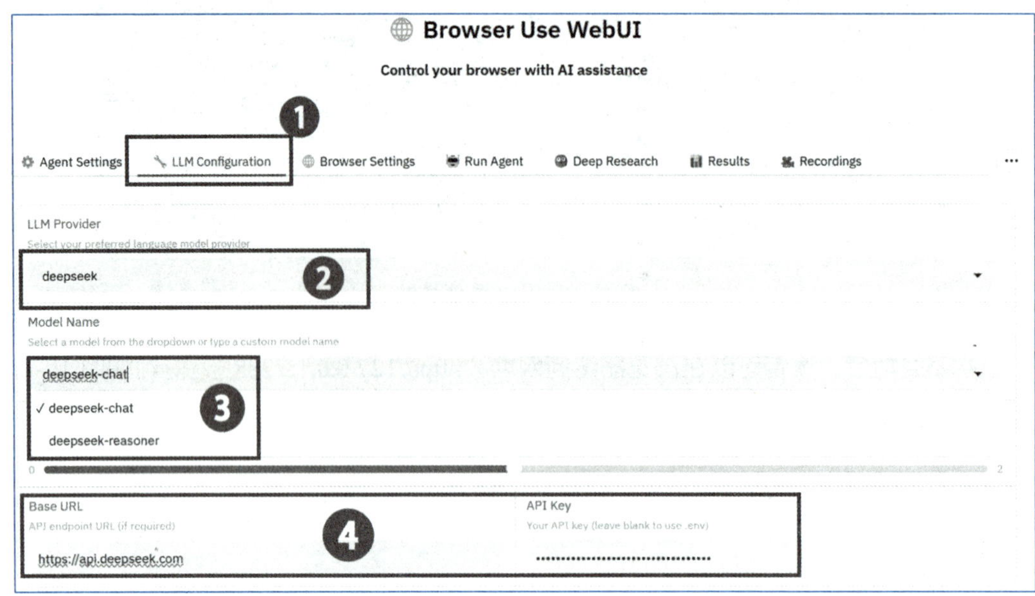

图 10-20　Web-UI 界面（二）

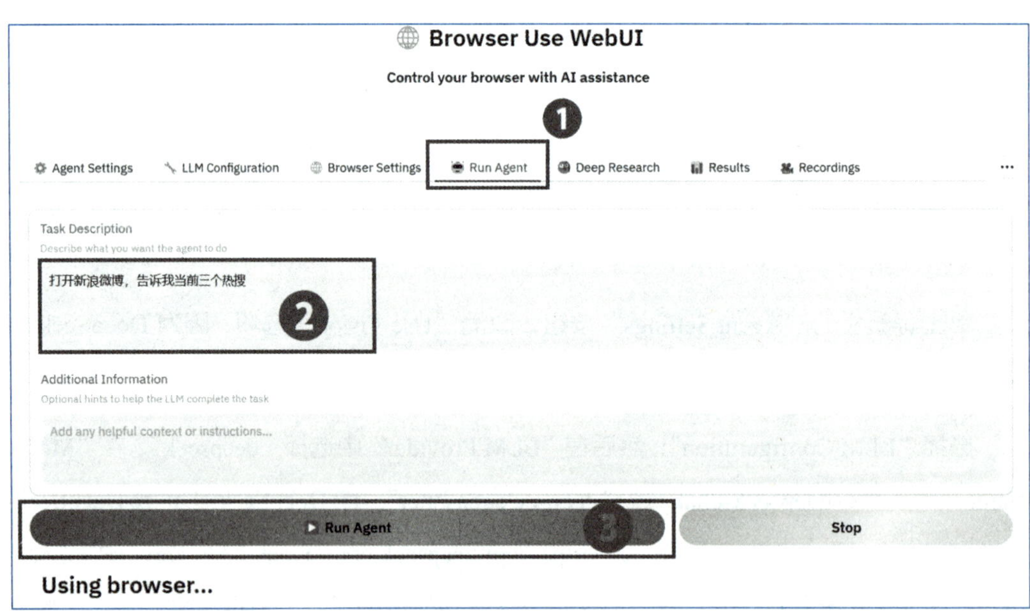

图 10-21　Web-UI 界面（三）

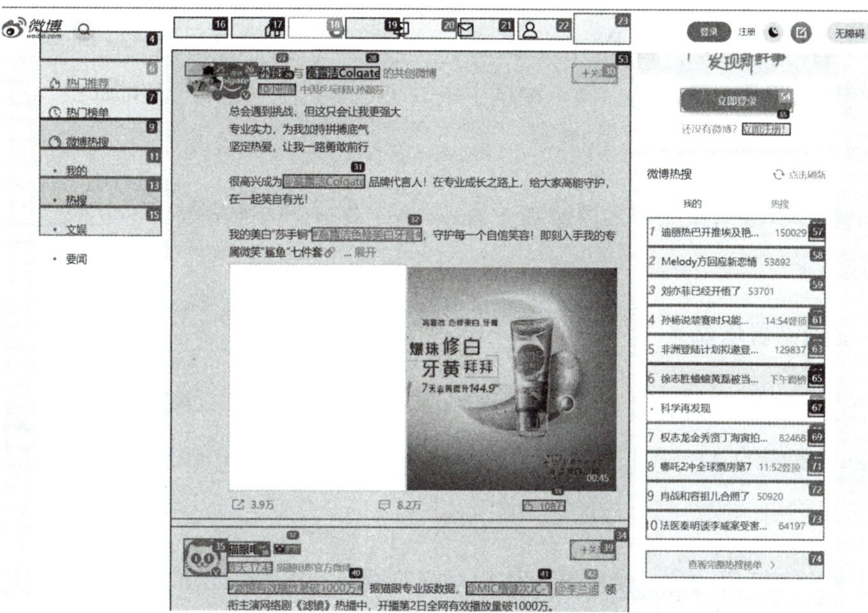

图 10-22 Web-UI 界面（四）

等待执行结束，单击“Results”按钮，可以查看运行结果（如图 10-23 所示）。

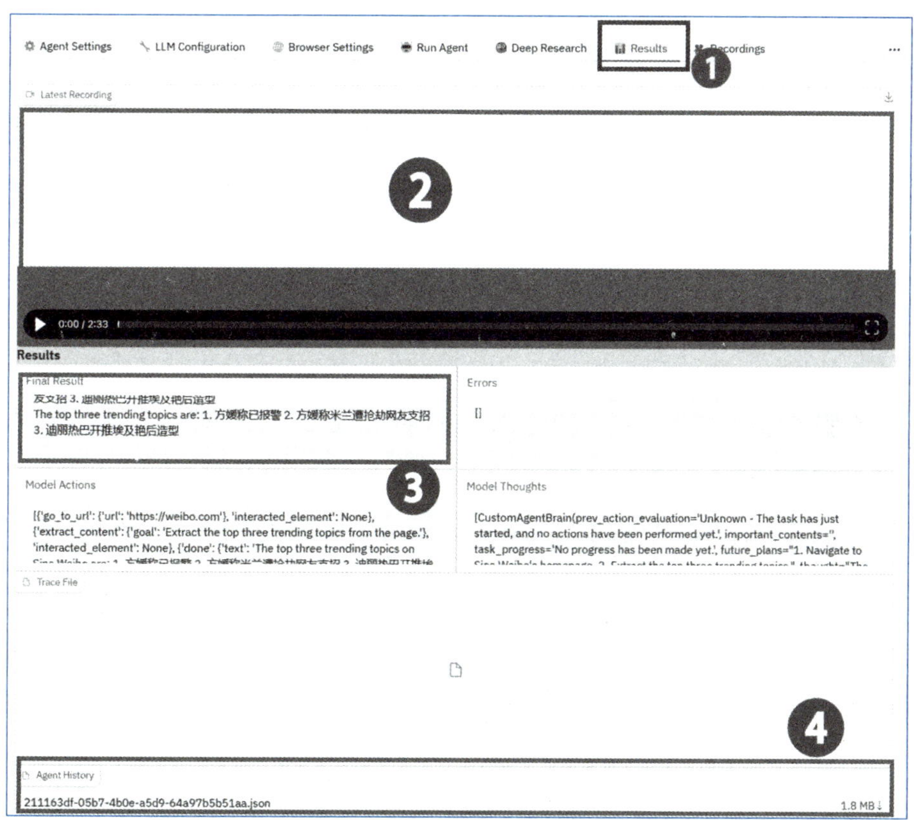

图 10-23 Web-UI 界面（五）

在图 10-23 中，“Latest Recording”是执行过程中的浏览器录屏，“Final Result”展示输出结果，“Agent History”展示模型生成的 JSON 文件（记录了智能体的执行过程），可以直接下载。

至此，与 Web-UI 配合，搭建基于 Browser Use 的简单智能体样例的构建过程已经讲解完毕。

3. 企业部署建议

对于中小企业来说，租用服务器托管部署是最适合的选择。核心的大模型可以通过云服务部署提供的 API 调用来实现。企业可以利用 Browser Use 进行多种浏览器自动化任务，满足自身需求。具体应用场景包括如下。

① 客户支持自动化。使用智能体自动浏览网页、抓取信息、更新支持请求的状态等，实现自动化聊天机器人，处理用户查询。

② 电子商务自动化。自动化从多个网站添加商品到购物车并结账，进行市场分析和价格比较。

③ 社交媒体管理。自动化抓取社交媒体平台（如微博、Twitter 等）的信息，获取潜在客户数据并导入系统。自动化发布内容、评论、点赞等操作，提升品牌曝光度。

④ 市场调研和数据抓取。自动提取网页中的结构化数据，并生成报告，节省人工输入和分析的时间。

如果项目复杂且访问量较大，建议使用 Docker 进行部署。Docker 可以简化环境配置、提升可移植性，并在不同的开发和生产环境中一致运行。对于涉及多个服务（如数据库、缓存服务等）的项目，可以使用 Docker Compose 定义和管理多容器应用。在生产环境中，建议使用 Docker Swarm 或 Kubernetes 管理多个容器实例，实现负载均衡和自动扩展，配置合适的反向代理（如 Nginx 或 Traefik）来处理流量分发，尤其是在多个服务和容器运行时。

10.3.2 Camel

Camel 是一个灵活的开源多智能体框架，专注于构建和模拟多智能体系统。作为最早基于 ChatGPT 的自动化智能体项目之一，Camel 探索了一种称为角色扮演（Role

Playing）的合作智能体新路径，可以有效缓解智能体对话过程中出现的错误现象，从而引导智能体完成各种复杂任务。人类用户只需要输入一个初步的想法，就可以启动整个过程。

如图 10-24 所示，Camel 的角色扮演框架允许用户定义不同的角色和任务。例如，开发一个用于股票市场的交易机器人，任务涉及的角色可以是 AI 助理智能体（扮演 Python 程序员角色）和 AI 用户智能体（扮演股票交易员角色）。通过聊天协作，智能体可以逐步完成指定的任务。

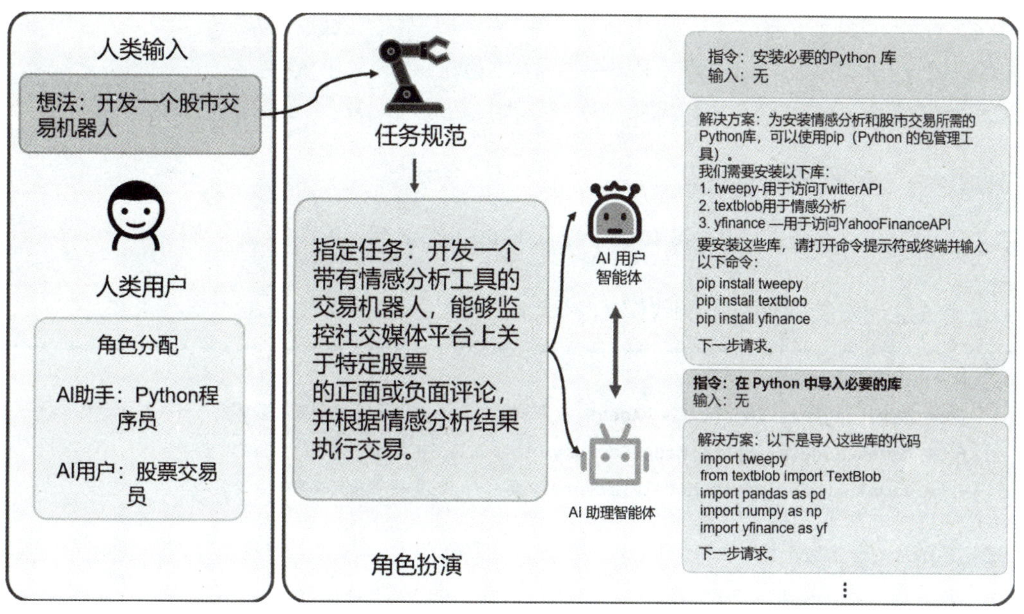

图 10-24　Camel 的角色扮演框架[19]

为了增强角色扮演框架的可控性，Camel 设计了 Critic-in-the-loop（批评者环节）机制，如图 10-25 所示。这种机制受到 MCTS（Monte Carlo Tree Search，蒙特卡罗树搜索）方法（一种用于决策问题的智能搜索算法，适用于博弈和复杂决策环境）的启发，结合人类偏好，实现树搜索的决策逻辑，从而帮助用户解决任务。通过这个机制，在任务执行过程中，Camel 可以确保生成更加符合预期的决策结果，并在多轮协作中进行必要的调整。

1. 安装和测试 Camel

安装 Camel 的依赖包，指令如下：

```
pip install "camel-ai[all] == 0.2.19"
```

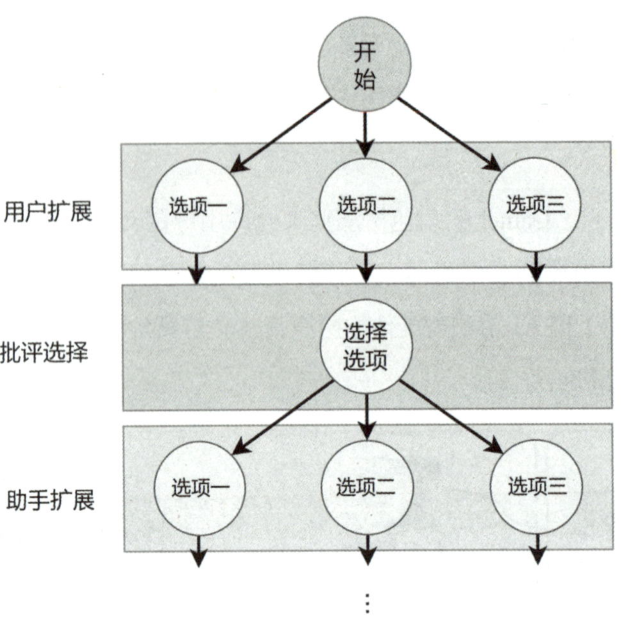

图 10-25 Critic-in-the-loop 机制[19]

测试是否安装成功，示例代码如下：

```
# 导入所需的模块和类
from camel.agents import ChatAgent              # 用于创建聊天智能体类，负责与模型交互
from camel.models import ModelFactory           # 用于创建模型实例的工厂类
from camel.types import ModelPlatformType       # 用于指定模型平台类型

# 创建一个模型实例
model = ModelFactory.create(
    # 指定模型平台类型为 OpenAI 兼容模型
    model_platform = ModelPlatformType.OPENAI_COMPATIBLE_MODEL,
    model_type = "deepseek-chat",               # 指定模型类型为"deepseek-chat"
    url = 'https://api.deepseek.com',           # 指定 DeepSeek 模型的 API 地址
    api_key = '读者自己的 API Key'
)

# 创建一个聊天智能体实例
agent = ChatAgent(
    model = model,                              # 将之前创建的模型传入智能体
    output_language = '中文'                    # 指定输出语言为中文，模型回复时使用中文
)

# 进行一次对话交互，向模型发送消息
response = agent.step("你好，我想去北京旅游，请帮我规划一个旅游计划")
```

```
# 输出模型的回复内容
print(response.msgs[0].content)                    # 获取并打印模型对消息的第一条回复内容
```

上述代码从 Camel 中导入了相关文件，通过 ModelFactory.create( )方法创建一个模型实例，并使用 ChatAgent 构造方法创建了一个智能体实例。

运行结果如图 10-26 所示。

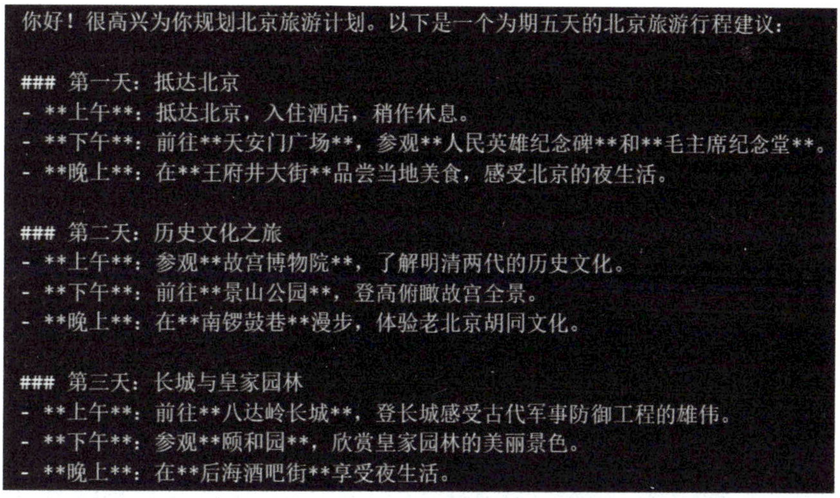

```
你好！很高兴为你规划北京旅游计划。以下是一个为期五天的北京旅游行程建议：

### 第一天：抵达北京
- **上午**：抵达北京，入住酒店，稍作休息。
- **下午**：前往**天安门广场**，参观**人民英雄纪念碑**和**毛主席纪念堂**。
- **晚上**：在**王府井大街**品尝当地美食，感受北京的夜生活。

### 第二天：历史文化之旅
- **上午**：参观**故宫博物院**，了解明清两代的历史文化。
- **下午**：前往**景山公园**，登高俯瞰故宫全景。
- **晚上**：在**南锣鼓巷**漫步，体验老北京胡同文化。

### 第三天：长城与皇家园林
- **上午**：前往**八达岭长城**，登长城感受古代军事防御工程的雄伟。
- **下午**：参观**颐和园**，欣赏皇家园林的美丽景色。
- **晚上**：在**后海酒吧街**享受夜生活。
```

图 10-26　运行结果

2. 基于本地部署模型构建 Camel 智能体

Camel 支持本地部署的模型，这里使用 Ollama 工具部署的本地 DeepSeek-R1:1.5B 模型。

开启 Ollama 服务后，执行如下代码：

```
from camel.agents import ChatAgent
from camel.messages import BaseMessage
from camel.models import ModelFactory
from camel.types import ModelPlatformType

# 创建一个基于 Ollama 的大模型实例
ollama_model = ModelFactory.create(
    model_platform = ModelPlatformType.OLLAMA,    # 指定模型平台为 Ollama
    model_type = "deepseek-r1:1.5b",              # 选择 DeepSeek-R1:1.5B 作为具体的模型
    url = "http://localhost:11434/v1",            # 可选参数，指定 Ollama 服务器的 API 地址
    # 配置模型参数，temperature 控制生成文本的随机性
    model_config_dict = {"temperature": 0.4},
)
```

```
# 定义 AI 助手的系统消息，即它的角色或设定
agent_sys_msg = "你是一个有用的助手"

# 创建一个 ChatAgent 实例
agent = ChatAgent(
    agent_sys_msg,                        # 传入系统消息，设定 AI 助手的角色
    model = ollama_model,                 # 指定使用的模型
    token_limit = 4096                    # 设定最大 Token 限制，防止超出上下文窗口
)

# 定义用户的输入消息
user_msg = "请用一首诗介绍一下北京"

# 让 AI 助手根据用户输入生成响应
assistant_response = agent.step(user_msg)

# 打印 AI 助手生成的文本内容
print(assistant_response.msg.content)
```

结果如图 10-27 所示。

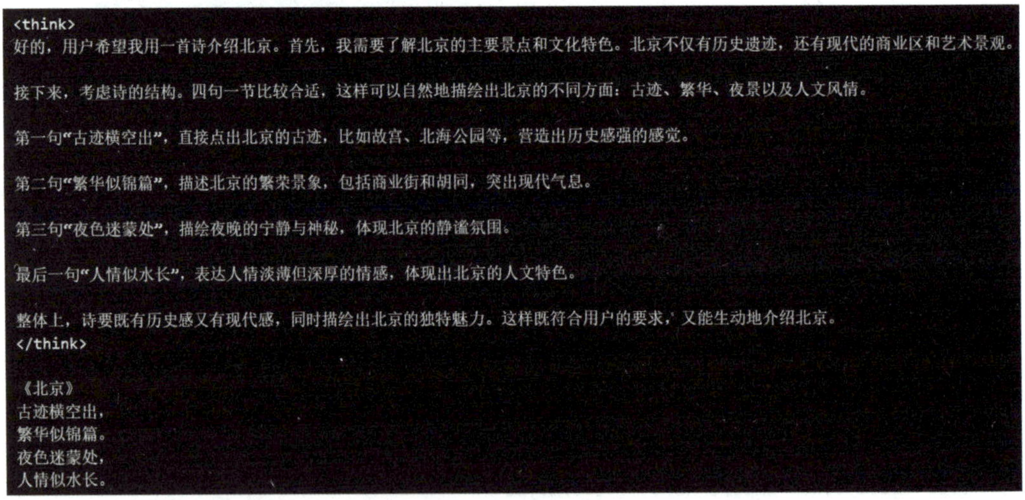

```
<think>
好的，用户希望我用一首诗介绍北京。首先，我需要了解北京的主要景点和文化特色。北京不仅有历史遗迹，还有现代的商业区和艺术景观。

接下来，考虑诗的结构。四句一节比较合适，这样可以自然地描绘出北京的不同方面：古迹、繁华、夜景以及人文风情。

第一句"古迹横空出"，直接点出北京的古迹，比如故宫、北海公园等，营造出历史感强的感觉。

第二句"繁华似锦篇"，描述北京的繁荣景象，包括商业街和胡同，突出现代气息。

第三句"夜色迷蒙处"，描绘夜晚的宁静与神秘，体现北京的静谧氛围。

最后一句"人情似水长"，表达人情淡薄但深厚的情感，体现出北京的人文特色。

整体上，诗要既有历史感又有现代感，同时描绘出北京的独特魅力。这样既符合用户的要求，又能生动地介绍北京。
</think>

《北京》
古迹横空出，
繁华似锦篇。
夜色迷蒙处，
人情似水长。
```

图 10-27　使用本地模型运行智能体任务的结果

Camel 支持的本地部署方式多样，除了 Ollama，还有 vLLM 和 SGLong 部署，只需将示例代码中"model_platform"的信息修改为对应的平台即可。

3. 使用工具进行任务执行

下面学习如何通过 Camel 来使用工具，如何通过单个智能体来实现工具的调用。

导入对应包，我们将以搜索工具（下述代码的“SearchToolkit”）作为利用现有工具的示例。我们也可以在下述代码中看到 Camel 也支持其他一些工具（如“MathToolkit”和“GoogleMapsToolkit”等）。

```
from camel.agents import ChatAgent
from camel.configs import ChatGPTConfig
from camel.toolkits import (
    SearchToolkit,
    # MathToolkit,
    # GoogleMapsToolkit,
    # TwitterToolkit,
    # WeatherToolkit,
    # RetrievalToolkit,
    # TwitterToolkit,
    # SlackToolkit,
    # LinkedInToolkit,
    # RedditToolkit,
)
from camel.messages import BaseMessage
from camel.models import ModelFactory
from camel.types import ModelPlatformType, ModelType
```

现在以简单的数学计算器函数 add( )和 sub( )为例，自定义一个工具。自定义函数时，请确保参数名和函数说明清晰明了，这样智能体就能根据所提供的函数信息了解这个函数能做什么，以及何时使用这个函数。

```
def add(a: int, b: int) -> int:
    r"""两个数相加。

    参数:
        a (int): 第一个加数。
        b (int): 第二个加数。

    返回:
        integer: 两个数的和。
    """
    return a + b

def sub(a: int, b: int) -> int:
    r"""对两个数进行减法运算。
```

```
    参数:
        a (int): 被减数。
        b (int): 减数。

    返回:
        integer: 计算结果，即:obj:`a`减去 :obj:`b`的值。
    """
    return a - b
```

将工具添加到 Camel 的 FunctionTool 列表中：

```
from camel.toolkits import FunctionTool

# 定义 MATH_FUNCS 变量，存储数学函数工具列表
MATH_FUNCS: list[FunctionTool] = [
    FunctionTool(func) for func in [add, sub]   # 将 add 和 sub 函数封装为 FunctionTool 实例
]

# 定义工具列表 tools_list
tools_list = [
    # *MathToolkit().get_tools(),
    *SearchToolkit().get_tools(),               # 获取搜索工具并展开到工具列表中
    *MATH_FUNCS,                                # 添加数学函数工具（add 和 sub）
]
```

下面设置智能体的参数，并初始化 ChatAgent 来调用该工具。

```
# 设置后端模式，该模型应支持工具调用（Tool Calling）
model = ModelFactory.create(
    model_platform = ModelPlatformType.OPENAI_COMPATIBLE_MODEL,
    model_type = "deepseek-chat",
    url = 'https://api.deepseek.com',
    api_key = '读者自己的 API Key'
)

# 设定 AI 助手的系统消息，定义其行为和功能
assistant_sys_msg = """你是一个优秀的助手，可以做搜索工作"""

# 创建 ChatAgent 智能体，并赋予智能体角色
agent = ChatAgent(
    assistant_sys_msg,          # 传入系统消息，限定智能体的行为
    model = model,              # 绑定 deepseek-chat 作为对话模型
    tools = tools_list          # 传入工具列表，使智能体具备调用工具的能力
)
```

这里自定义了两个测试提示词，询问有关世界知识的事实，智能体需要利用搜索功能来了解全世界有多少个国家，并利用计算工具计算新中国成立以来的时间跨度。

```
# 设置搜索任务的提示词
prompt_search = """全世界有多少个国家"""

# 设置计算任务的提示词
prompt_calculate = """假设现在是 2025 年，新中国成立于 1949 年，那么新中国成立了多少年"""

# 将搜索任务的提示转换为智能体可接受的消息格式
user_msg_search = BaseMessage.make_user_message(
    role_name = "User",
    content = prompt_search
)

# 将计算任务的提示转换为智能体可接受的消息格式
user_msg_calculate = BaseMessage.make_user_message(
    role_name = "User",
    content = prompt_calculate
)

# 获取搜索任务的智能体响应
assistant_response_search = agent.step(user_msg_search)

# 获取计算任务的智能体响应
assistant_response_calculate = agent.step(user_msg_calculate)
```

输出智能体响应信息：

```
print(assistant_response_search.info['tool_calls'])
print(assistant_response_calculate.info['tool_calls'])
```

运行结果如图 10-28 所示。

```
[FunctionCallingRecord(func_name='search_wiki', args={'entity': 'List of sovereign
[FunctionCallingRecord(func_name='sub', args={'a': 2025, 'b': 1949}, result=76, to
```

图 10-28 运行结果

我们能在图 10-28 中看到调用的过程和调用的函数名称和参数。

4. 通过角色扮演构建多智能体系统

Camel 不仅是一个智能体角色扮演框架，更是一个多智能体框架。下面来学习如何通过角色扮演来构建多智能体。如下代码实现了两个智能体（用户智能体和助理智能体）之间的任务协作。

```
# 导入 colorama 库，用于在控制台中输出彩色文本
from colorama import Fore
# 导入 RolePlaying 类，用于角色扮演会话
from camel.societies import RolePlaying
# 导入 print_text_animated 函数，用于动画效果打印文本
from camel.utils import print_text_animated
# 导入 ModelFactory 类，用于创建模型实例
from camel.models import ModelFactory
# 导入 ModelPlatformType 枚举，用于指定模型平台类型
from camel.types import ModelPlatformType

import os

# 使用 ModelFactory 创建 DeepSeek 模型实例
model = ModelFactory.create(
    model_platform = ModelPlatformType.OPENAI_COMPATIBLE_MODEL,
    model_type = "deepseek-chat",
    url = 'https://api.deepseek.com',
    api_key = '读者自己的 API Key'
)

def main(model = model, chat_turn_limit = 50) -> None:
    task_prompt = "写出冒泡排序的算法"                    # 设置任务目标
    role_play_session = RolePlaying(
        assistant_role_name = "Python 程序员",            # 设置助手智能体角色名
        assistant_agent_kwargs = dict(model = model),     # 传入模型
        # 设置用户角色名，在角色扮演中，用户智能体用于指导助手智能体完成任务
        user_role_name = "股票交易员",
        user_agent_kwargs = dict(model = model),          # 传入模型
        task_prompt = task_prompt,                        # 传入任务提示
        with_task_specify = True,                         # 启用任务细化功能
        task_specify_agent_kwargs = dict(model = model),  # 传入模型
        output_language = '中文'                          # 设置输出语言为中文
    )

    # 打印助手智能体的系统消息
    print(
        Fore.GREEN
        + f"AI 助手系统消息:\n{role_play_session.assistant_sys_msg}\n"
```

```
)
# 打印用户智能体的系统消息
print(
    Fore.BLUE + f"AI 用户系统消息:\n{role_play_session.user_sys_msg}\n"
)

# 打印原始任务提示
print(Fore.YELLOW + f"原始任务提示:\n{task_prompt}\n")
# 打印细化后的任务提示
print(
    Fore.CYAN
    + "指定的任务提示:"
    + f"\n{role_play_session.specified_task_prompt}\n"
)
# 打印最终任务提示
print(Fore.RED + f"最终任务提示:\n{role_play_session.task_prompt}\n")

n = 0                                               # 初始化对话轮次计数器
input_msg = role_play_session.init_chat()           # 初始化聊天会话

while n < chat_turn_limit:                          # 限制对话轮次
    n += 1
    # 执行一步对话，获取助手智能体和用户智能体的响应
    assistant_response, user_response = role_play_session.step(input_msg)
    # 如果助手智能体终止对话，打印终止原因并退出循环
    if assistant_response.terminated:
        print(
            Fore.GREEN
            + (
                "AI 助手已终止。原因: "
                f"{assistant_response.info['termination_reasons']}."
            )
        )
        break
    # 如果用户智能体终止对话，打印终止原因并退出循环
    if user_response.terminated:
        print(
            Fore.GREEN
            + (
                "AI 用户已终止。"
                f"原因: {user_response.info['termination_reasons']}."
            )
        )
```

```
                break

            # 动画效果打印用户智能体的响应
            print_text_animated(
                Fore.BLUE + f"AI 用户:\n\n{user_response.msg.content}\n"
            )
            # 动画效果打印助手智能体的响应
            print_text_animated(
                Fore.GREEN + "AI 助手:\n\n"
                f"{assistant_response.msg.content}\n"
            )

            # 如果用户智能体响应中包含任务完成标志，退出循环
            if "CAMEL_TASK_DONE" in user_response.msg.content:
                break

            input_msg = assistant_response.msg                # 更新输入消息为助手智能体的响应

    if __name__ == "__main__":
        main()                                                # 执行主函数
```

上述代码实现了一个基于角色扮演交互的任务执行流程，模拟了助手智能体和用户智能体之间的对话。首先初始化一个任务目标（如写出冒泡排序算法），然后创建一个角色扮演会话，设置助手智能体和用户智能体的角色、任务提示等。接着，通过循环执行对话，每次助手智能体和用户智能体进行互动，直到达到最大对话轮次或任务完成标志。在对话过程中，系统会输出各类消息并使用动画效果逐字展示助手智能体和用户智能体的响应，最终根据对话是否终止或任务是否完成来决定是否结束会话。

运行结果如图 10-29 和图 10-30 所示。

```
原始任务提示:

原始任务提示:
原始任务提示:
写出冒泡排序的算法
写出冒泡排序的算法


指定的任务提示:
指定的任务提示:
编写一个Python函数，使用冒泡排序算法对股票交易员的每日交易记录按交易金额从低到高排序，并输出排序后的结果。要求函数能处理包含负数和零的交易金额，并确保算法在最坏情况下的时间复杂度为O(n^2
)。

最终任务提示:
编写一个Python函数，使用冒泡排序算法对股票交易员的每日交易记录按交易金额从低到高排序，并输出排序后的结果。要求函数能处理包含负数和零的交易金额，并确保算法在最坏情况下的时间复杂度为O(n^2
)。

AI 用户:

Instruction: 编写一个Python函数，使用冒泡排序算法对股票交易员的每日交易记录按交易金额从低到高排序，并输出排序后的结果。要求函数能处理包含负数和零的交易金额，并确保算法在最坏情况下的时间
复杂度
为O(n^2)。
Input: None
AI 助手:

Solution: 下面是一个使用冒泡排序算法对股票交易员的每日交易记录按交易金额从低到高排序的Python函数，该函数能够处理包含负数和零的交易金额，并且确保算法在最坏情况下的时间复杂度为O(n^2)。
```

图 10-29　运行结果（一）

```
```python
def bubble_sort_transactions(transactions):
    """
    使用冒泡排序算法对交易记录按交易金额从低到高排序。

    :param transactions: 包含交易金额的列表，可以是正数、负数或零。
    :return: 排序后的交易金额列表。
    """
    n = len(transactions)
    for i in range(n):
        # 标志位，用于检测是否发生了交换
        swapped = False
        for j in range(0, n-i-1):
            if transactions[j] > transactions[j+1]:
                # 交换元素
                transactions[j], transactions[j+1] = transactions[j+1], transactions[j]
                swapped = True
        # 如果没有发生交换，说明列表已经有序，提前退出
        if not swapped:
            break
    return transactions

# 示例使用
transactions = [100, -50, 0, 200, -150, 300]
sorted_transactions = bubble_sort_transactions(transactions)
print("排序后的交易金额:", sorted_transactions)
```
```

图 10-30　运行结果（二）

在执行过程中，助手智能体会分析用户智能体的意图，见图 10-29。用户智能体会将任务指派给助手智能体，助手智能体则会完成任务，见图 10-30。

Camel 的基本使用方式已经介绍完毕，更详细的说明请参考官方文档。

小　结

本章深入探讨了构建智能体应用的不同方法和技术框架，涵盖了从简单到复杂的多个真实案例。通过系统学习，读者将掌握如何使用不同的工具和框架构建智能体应用，并理解如何通过技术的组合与优化，提升智能体的实用性和性能。

首先，介绍了如何基于 LlamaIndex 框架构建一个简单的智能体应用。这部分从基础入手，包括软件安装、模型下载、本地知识库的构建，以及利用知识库实现智能体问答功能。通过详细的步骤和示例代码，读者可以快速掌握如何将本地存储的知识与智能体相互结合，为后续的复杂应用开发打下坚实的基础。

然后，介绍了 Swarm 框架的应用。Swarm 框架为构建分布式智能体系统提供了强大的支持。通过接入 DeepSeek 模型并实现外部工具的调用，我们展示了如何扩展智能体的能力，使其能够执行更加复杂的任务。这部分强调了框架间的兼容性和可扩展性，帮助读者了解如何通过组合不同工具和模型，提升智能体系统的功能和灵活性。

最后，介绍了两种流行的开源智能体应用框架 Browser Use 和 Camel。这些框架提供了高效的开发方式，使得智能体可以在不同的环境中执行任务。Browser Use 框架使智能体能够与浏览器交互，进行网页信息的采集与处理；而 Camel 框架在任务调度和数据流管理方面提供了更多的选择。这部分内容展示了开源框架的多样性，并为有志于开发智能体应用的读者提供了丰富的参考。

通过本章的学习，读者不仅掌握了如何使用不同的工具和框架构建智能体应用，还理解了如何通过技术的组合和优化，提升智能体的实用性和性能。

参考文献

[1] Kaplan J, McCandlish S, Henighan T, et al. Scaling laws for neural language models[J]. arXiv preprint arXiv : 2001.08361, 2020.

[2] Bi X, Chen D, Chen G, et al. Deepseek llm: Scaling open-source language models with longtermism[J]. arXiv preprint arXiv : 2401.02954, 2024.

[3] Guo D, Zhu Q, Yang D, et al. DeepSeek-Coder : When the Large Language Model Meets Programming--The Rise of Code Intelligence[J]. arXiv preprint arXiv:2401.14196, 2024.

[4] Shao Z, Wang P, Zhu Q, et al. Deepseekmath: Pushing the limits of mathematical reasoning in open language models[J]. arXiv preprint arXiv : 2402.03300, 2024.

[5] Lu H, Liu W, Zhang B, et al. DeepSeek-vl: towards real-world vision-language understanding[J]. arXiv preprint arXiv : 2403.05525, 2024.

[6] Liu A, Feng B, Wang B, et al. DeepSeek-v2: A strong, economical, and efficient mixture-of-experts language model[J]. arXiv preprint arXiv : 2405.04434, 2024.

[7] Zhu Q, Guo D, Shao Z, et al. DeepSeek-coder-v2: Breaking the barrier of closed-source models in code intelligence[J]. arXiv preprint arXiv : 2406.11931, 2024.

[8] Liu A, Feng B, Xue B, et al. DeepSeek-v3 technical report[J]. arXiv preprint arXiv: 2412.19437, 2024.

[9] Guo D, Yang D, Zhang H, et al. DeepSeek-r1: Incentivizing reasoning capability in llms via reinforcement learning[J]. arXiv preprint arXiv : 2501.12948, 2025.

[10] Dai D, Deng C, Zhao C, et al. Deepseekmoe: Towards ultimate expert specialization in mixture-of-experts language models[J]. arXiv preprint arXiv : 2401.06066, 2024.

[11] Waswani A, Shazeer N, Parmar N, et al. Attention is all you need[C]. NIPS. 2017.

[12] Stern M, Shazeer N, Uszkoreit J. Blockwise parallel decoding for deep autoregressive models[J]. Advances in Neural Information Processing Systems, 2018, 31.

[13] Gloeckle F, Idrissi B Y, Rozière B, et al. Better & faster large language models via multi-token prediction[J]. arXiv preprint arXiv : 2404.19737, 2024.

[14] Harlap A, Narayanan D, Phanishayee A, et al. Pipedream: Fast and efficient pipeline parallel dnn training[J]. arXiv preprint arXiv:1806.03377, 2018.

[15] Qi P, Wan X, Huang G, et al. Zero bubble pipeline parallelism[J]. arXiv preprint arXiv:2401.10241, 2023.

[16] Stiennon N, Ouyang L, Wu J, et al. Learning to summarize with human feedback[J]. Advances in neural information processing systems, 2020, 33: 3008-3021.

[17] Zheng L, Yin L, Xie Z, et al. Sglang : Efficient execution of structured language model programs[J]. Advances in Neural Information Processing Systems, 2025, 37: 62557-62583.

[18] Kwon W, Li Z, Zhuang S, et al. Efficient memory management for large language model serving with pagedattention[C]//Proceedings of the 29th Symposium on Operating Systems Principles. 2023: 611-626.

[19] Li G, Hammoud H, Itani H, et al. Camel : Communicative agents for" mind" exploration of large language model society[J]. Advances in Neural Information Processing Systems, 2023, 36: 51991-52008.

反侵权盗版声明